高 等 学 校 规 划 教 材

高等数学
辅导与检测

张绪林　秦少武　主编

化学工业出版社

·北京·

内容简介

《高等数学辅导与检测》是与秦少武、张绪林主编的高职高专教材《高等数学》(化学工业出版社出版)相配套的、集学习指导和习题训练于一体的教学辅导书,本书紧扣教材的教学内容和教学进度,按照"注重基础,强调应用"的原则进行设计和编写,作为学习高等数学的配套用书。本书的章节划分和内容设置与教材一致,共分八章,主要内容包括:函数、极限与连续的辅导与检测,导数及其应用的辅导与检测,不定积分的辅导与检测,定积分及其应用的辅导与检测,微分方程的辅导与检测,多元函数微积分的辅导与检测,无穷级数的辅导与检测,线性代数初步的辅导与检测。每章以节为单位,给出重点与难点辅导、教材习题解析和自我检测题;每章末有教材复习题解析和自测题;在书的最后给出本书检测题和自测题答案。本书旨在帮助读者掌握知识要点,学会分析问题和解决问题的方法技巧,提高学习能力。

本书可作为高职高专、成人教育及同类学校各专业学生学习高等数学的辅导用书,也可作为专升本的教学参考书。

图书在版编目(CIP)数据

高等数学辅导与检测/张绪林,秦少武主编. —北京:
化学工业出版社,2021.9(2022.9重印)
高等学校规划教材
ISBN 978-7-122-39730-0

Ⅰ.①高… Ⅱ.①张… ②秦… Ⅲ.①高等数学-高等学校-教材 Ⅳ.①O13

中国版本图书馆 CIP 数据核字(2021)第 162823 号

责任编辑:甘九林 杨 菁 闫 敏　　　　　　　　装帧设计:张 辉
责任校对:田睿涵

出版发行:化学工业出版社(北京市东城区青年湖南街 13 号　邮政编码 100011)
印　　装:三河市双峰印刷装订有限公司
787mm×1092mm　1/16　印张 11¼　字数 272 千字　2022 年 9 月北京第 1 版第 2 次印刷

购书咨询:010-64518888　　　　　　　　售后服务:010-64518899
网　　址:http://www.cip.com.cn
凡购买本书,如有缺损质量问题,本社销售中心负责调换。

定　价:36.00 元

《高等数学辅导与检测》
编写人员

主　　编　　张绪林　秦少武

参编人员　　严中芝　卢社军　郑清平

　　　　　　董文娟　何丙年

前　言

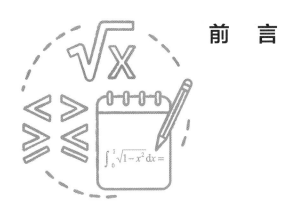

　　本书是秦少武、张绪林主编的高职高专教材《高等数学》的配套教学辅导用书。本书在编写过程中紧扣教材、贴近学生、立足基础，注重内容的广度和深度，并注意掌握难度，充分体现"以应用为目的，以必需够用为度"的编写原则；力求做到使学生通过对教材内容的回顾、训练与反思，明确学习要求及重难点，掌握基础知识和基本技能，强化常用的数学思想和方法，提高分析问题和应用数学知识的能力。

　　本书具有以下特点：

　　1.实现教辅与教材的紧密结合。本书的章节划分和内容设置与教材一致，同步使用更方便；每节内容包括重点与难点辅导、教材习题解析、自我检测题；每章末有教材复习题解析和自测题；在书的最后给出本书检测题和自测题答案，以供学生自学和自我测评、查阅和查缺补漏。

　　2.助力学生轻松高效地学好高等数学。本书结构清晰，每节均先进行知识结构梳理，对重难点进行精练、准确地提炼和总结，以便学生有的放矢、快速学习，形成稳固、扎实的知识网；随后对教材的全部习题进行翔实精确解析，加深学生对知识的理解，帮助学生举一反三，归纳解决问题的思路与方法、技巧与规律，为提高解题能力和思维水平夯实基础；最后让学生进行自我检测，真正将知识掌握和解题能力提升高效结合，一举完成，达到巩固提高的功效。

　　3.遵循新大纲及人才培养要求。针对高职学生的接受能力和理解程度，精心设计了每节的自我检测题及每章的自测题，设置了多种题型，内容覆盖面宽，富有启发性、应用性，且注重专业应用，并与常见的考试题型及同步考试接轨，提供了更广泛、更新颖、更实用的题目，具有很强的针对性、指导性和补充性，易学实用。同时降低了习题难度，循序渐进，层次分明，适合不同层次要求，便于学生复习巩固所学知识，掌握职业岗位和生活中所必需的数学基础知识，逐步养成良好的学习习惯，从而提高数学的应用能力和数学素养，提高就业能力、创业能力和创新能力。

　　本辅导用书如有不妥之处，恳请读者指正。

编者

目 录

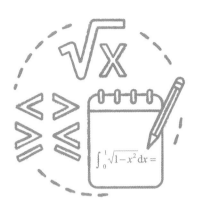

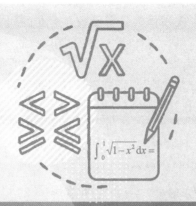

第一章

函数、极限与连续的辅导与检测

第一节　函数

 重点与难点辅导

1.理解函数的概念，会求函数的值、定义域，会通过定义域、解析式的比较来判别函数是否相同。

2.理解函数的奇偶性、单调性、周期性和有界性及其图像特征，会通过定义或图像判断函数的奇偶性、单调性。

3.理解分段函数、复合函数、反函数的概念，会分析复合函数的复合过程。

4.掌握基本初等函数的图像及其性质。

5.重点是（1）熟练掌握基本初等函数的图像与性质；（2）会求函数的值与定义域。难点是掌握复合函数的复合过程。

 教材习题解析

习题 1-1

1.**解答**　选 B。因为 $f(x+1)=x^2+3x+2=(x+1)^2+(x+1)$，所以 $f(x)=x^2+x$。

2.**解答**　选 D。答案 A 与 B 中两个函数的定义域不同；答案 C 中，定义域虽然相同，但当

$x>1$ 时，$f(x) \neq g(x)$，即两个函数的对应法则不相同；而答案 D 中定义域、对应关系均相同。3.**解答** 选 B。因为答案 C 中函数为偶函数；答案 D 中函数是指数函数，为非奇非偶函数。排除掉 C 与 D。答案 A 中函数是奇函数，但在区间 $(0, +\infty)$ 内为增函数。只有答案 B 中函数是奇函数，且在区间 $(0, +\infty)$ 内为减函数。4.**解答** 选 D。函数 $y = \pi + \sin x$ 的特性有：在定义域上是有界函数、非奇非偶函数、非单调函数、周期函数。5.**解答** 24。因为当 $x - 2 = 1$ 时，$x = 3$，所以 $f(1) = f(3-2) = 3^3 - 2 \times 3 + 3 = 24$。6.**解答** 直线 $y = x$。7.**解答** $\ln^2 x$；x^4；$\ln x^2$。因为 $f[\varphi(x)] = [\varphi(x)]^2 = (\ln x)^2 = \ln^2 x$；$f[f(x)] = f(x^2) = (x^2)^2 = x^4$；$\varphi[f(x)] = \varphi(x^2) = \ln x^2$。8.**解答** R。因为分段函数的定义域为各个小段函数的定义域的并集，所以所求定义域为 $(-\infty, 0] \bigcup (0, +\infty) = (-\infty, +\infty) = R$。9.**解答** 由 $f(1) = -1$ 得 $1^2 - m \times 1 + 1 = -1$，故 $m = 3$。从而 $f(x) = x^2 - 3x + 1$，$f(5) = 5^2 - 3 \times 5 + 1 = 11$。10.**解答** （1）要使函数 $y = \dfrac{1}{4-x^2} + \sqrt{1+x}$ 有意义，必须有 $\begin{cases} 1+x \geqslant 0 \\ 4 - x^2 \neq 0 \end{cases}$ 解之得 $\begin{cases} x \geqslant -1 \\ x \neq \pm 2 \end{cases}$，故定义域为 $[-1, 2) \bigcup (2, +\infty)$；（2）要使函数 $y = \arcsin \dfrac{x-3}{4}$ 有意义，必须有 $-1 \leqslant \dfrac{x-3}{4} \leqslant 1$，则 $-1 \leqslant x \leqslant 7$，故定义域为 $[-1, 7]$。11.**解答** （1）因为 $f(-x) = 2(-x)^4 - 5(-x)^2 + 1 = 2x^4 - 5x^2 + 1 = f(x)$，所以函数 $f(x) = 2x^4 - 5x^2 + 1$ 是偶函数；（2）因为 $f(-x) = \lg \dfrac{1-(-x)}{1+(-x)} = \lg \dfrac{1+x}{1-x} = \lg \left(\dfrac{1-x}{1+x}\right)^{-1} = -\lg \dfrac{1-x}{1+x} = -f(x)$，$x \in (-1, 1)$，所以函数 $f(x) = \lg \dfrac{1-x}{1+x}$ 是奇函数。12.**解答** （1）函数 $y = \ln \sin x$ 是由 $y = \ln u$ 和 $u = \sin x$ 复合而成；（2）函数 $y = \cos^3(1+2x)$ 是由 $y = u^3$、$u = \cos v$、$v = 1 + 2x$ 复合而成。

自我检测题

检测题 1-1

1. 下列各组函数中，是相同函数的为（   ）。

    A. $f(x) = (\sqrt{x})^2$ 与 $g(x) = x$；

    B. $f(x) = \sqrt{x^2}$ 与 $g(x) = x$；

    C. $f(x) = \ln x^3$ 与 $g(x) = 3\ln x$；

    D. $f(x) = x+1$ 与 $g(x) = \dfrac{x^2-1}{x-1}$。

2. 函数 $f(x) = \dfrac{\sqrt{x+2}}{x-1}$ 的定义域是（   ）。

    A. $[-2, 1)$；

    B. $(1, +\infty)$；

    C. $[-2, +\infty)$；

    D. $[-2, 1) \bigcup (1, +\infty)$。

3. 下列函数中为非奇非偶函数的是（   ）。

    A. $y = |1+x|$；　　B. $y = 1+x^2$；　　C. $y = x+x^3$；　　D. $y = x\cos x$。

4. 函数 $y = \dfrac{e^{-x} - e^x}{2}$ 的图形关于（   ）对称。

A. 坐标原点；   B. x 轴；   C. y 轴；   D. $y=x$。

5. 下列函数在其定义域内不是单调函数的是（　　　）。

    A. $y=x-1$；   B. $y=x^2+1$；   C. $y=x$；   D. $y=x^3$。

6. 函数 $f(x)=\dfrac{2x}{1+x^2}$ 是（　　　）。

    A. 偶函数；   B. 有界函数；   C. 单调函数；   D. 周期函数。

7. 下列函数可以复合成一个函数的是（　　　）。

    A. $y=\ln u$ 与 $u=-x^2$；   B. $y=\arcsin u$ 与 $u=2+x^2$；

    C. $y=\sin u$ 与 $u=\dfrac{x}{2}$；   D. $y=\sqrt{u}$ 与 $u=-(x^2+1)$。

8. 设函数 $f(x)=\dfrac{4x}{x-1}$，那么 $f^{-1}(3)=($　　　$)$。

    A. 3；   B. -3；   C. 4；   D. -4。

9. 已知函数 $f(x+1)=3x^2-2x+6$，则 $f(0)=$ _____。

10. 函数 $f(x)=\begin{cases}\cos x & (-2<x<0) \\ 1+x^2 & (0\leqslant x\leqslant 2)\end{cases}$ 的定义域是 _____。

11. 已知 $f(x)=\sin x$，$g(x)=x^2+2x+3$。则有 $f[g(x)]=$ _____。

12. 求函数 $y=\arcsin(x-1)$ 的反函数。

13. 指出函数 $y=\tan\left(2x+\dfrac{\pi}{4}\right)$ 的复合过程。

14. 在某种细菌培养过程中，每 30 分钟分裂一次（一个分裂为两个）。设经过 x 个小时，这种细菌由一个可繁殖成 y 个，请用 y 表示成 x 的函数。

第二节　极限的概念

 重点与难点辅导

1.理解数列极限的定义,注意极限必须是唯一的常数。熟记三个常用的数列极限: $\lim\limits_{n\to\infty}\dfrac{1}{n^{a}}=0(a>0)$, $\lim\limits_{n\to\infty}q^{n}=0(|q|<1)$, $\lim C=C$ (C 为常数)。

2.理解 $x\to\infty$、$x\to x_{0}$ 时函数极限的定义。

3.理解 $\lim\limits_{x\to\infty}f(x)=A$ 的充分必要条件是 $\lim\limits_{x\to+\infty}f(x)=\lim\limits_{x\to-\infty}f(x)=A$,会判断函数在 $x\to\infty$ 时是否存在极限;理解 $\lim\limits_{x\to x_{0}}f(x)=A$ 的充分必要条件是 $\lim\limits_{x\to x_{0}^{+}}f(x)=\lim\limits_{x\to x_{0}^{-}}f(x)=A$;会判断分段函数在 $x\to x_{0}$ 时是否存在极限。

4.重点是会利用变化趋势求极限。难点是理解并掌握函数极限存在的充要条件。

 教材习题解析

习题 1-2

1.**解答**　选 B。因为数列的通项不能趋近于一个确定的常数。2.**解答**　选 B。因为函数在某点处的极限存在与否,与函数在某点处有无定义无关。3.**解答**　选 D。因为通过观察变化趋势,可以发现 $\lim\limits_{x\to0^{-}}f(x)=\lim\limits_{x\to0^{-}}x=0$, $\lim\limits_{x\to0^{+}}f(x)=\lim\limits_{x\to0^{+}}(x+1)=1$,所以 $\lim\limits_{x\to0^{-}}f(x)\neq\lim\limits_{x\to0^{+}}f(x)$,即 $\lim\limits_{x\to0}f(x)$ 不存在。4.**解答**　(1) 0;(2) 0;(3) 1。5.**解答**　(1) 数列发散。(2) 数列收敛, $\lim\limits_{n\to\infty}\dfrac{n-1}{n+1}=1$。(3) 数列收敛, $\lim\limits_{n\to\infty}\left(1-\dfrac{1}{10^{n}}\right)=1$。6.**解答**　观察函数的变化趋势,发现 $\lim\limits_{x\to0^{-}}f(x)=\lim\limits_{x\to0^{-}}(x^{2}-1)=-1$, $\lim\limits_{x\to0^{+}}f(x)=\lim\limits_{x\to0^{+}}(x^{2}+1)=1$。可以看出, $f(x)$ 的左、右极限都存在但不相等,所以 $\lim\limits_{x\to0}f(x)$ 不存在。

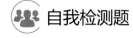 **自我检测题**

检测题 1-2

1.观察下列数列的变化趋势,指出其中收敛的是 (　　　)。

　　A. $a_{n}=(-1)^{n}\dfrac{n-1}{n}$;　　　　　　　　　　　B. $a_{n}=(-1)^{n}\dfrac{1}{n}$;

C. $a_n = \sin \dfrac{n\pi}{2}$;   D. $a_n = 2^n$。

2.思考函数的变化趋势，下列极限中不正确的是（　　　）。

 A. $\lim\limits_{x \to 1^-}(x+1) = 2$；   B. $\lim\limits_{x \to 0}\dfrac{1}{x+1} = 1$；

 C. $\lim\limits_{x \to 2}4^{x-2} = \infty$；   D. $\lim\limits_{x \to -\infty}e^x = 0$。

3.设函数 $f(x) = \begin{cases} 1 & (x \ne 1) \\ 0 & (x = 1) \end{cases}$，则 $\lim\limits_{x \to 1}f(x) = ($　　$)$。

 A. 不存在；   B. 0；   C. 1；   D. ∞。

4.若 $\lim\limits_{x \to -\infty}f(x) = \lim\limits_{x \to +\infty}f(x) = A$，则有 $\lim\limits_{x \to \infty}f(x) = $_____；

若 $\lim\limits_{x \to x_0^-}f(x) = \lim\limits_{x \to x_0^+}f(x) = A$，则有 $\lim\limits_{x \to x_0}f(x) = $_____。

5.设函数 $f(x) = \begin{cases} x, & x < 3 \\ 3x-1, & x \geqslant 3 \end{cases}$，求 $\lim\limits_{x \to 2}f(x)$ 和 $\lim\limits_{x \to 3}f(x)$。

6.设函数 $f(x) = \begin{cases} 2x^2 & (x < 1) \\ 0 & (x = 1) \\ kx+1 & (x > 1) \end{cases}$，观察它在 $x \to 1$ 时的变化趋势，有 $\lim\limits_{x \to 1}f(x)$ 存在。

求常数 k 的值。

第三节　极限的运算

 ## 重点与难点辅导

1.通过极限的四则运算，可以解决由多个函数组成的较为复杂的函数的极限问题。

2.通过两个重要极限 $\lim\limits_{x \to 0}\dfrac{\sin x}{x} = 1$ 与 $\lim\limits_{x \to \infty}\left(1 + \dfrac{1}{x}\right)^x = e$ 或 $\lim\limits_{x \to 0}(1+x)^{\frac{1}{x}} = e$，解决一些常用的 $\dfrac{0}{0}$

型与 1^∞ 型的极限；理解 $\lim\limits_{\square \to 0} \dfrac{\sin\square}{\square}=1$，$\lim\limits_{\square \to \infty}\left(1+\dfrac{1}{\square}\right)^{\square}=e$ 中作为整体变量的 $\square$ 要相同；掌握由重要极限推出的一般结论：$\lim\limits_{x \to 0}\dfrac{\sin kx}{x}=k$（$k$ 为常数），$\lim\limits_{x \to \infty}\left(1+\dfrac{k}{x}\right)^{x}=e^k$，$\lim\limits_{x \to 0}(1+kx)^{\frac{1}{x}}=e^k$。

3.能识别无穷小，会运用等价无穷小的替换定理来解决常规的 $\dfrac{0}{0}$ 型极限。

4.掌握求数列极限的方法技巧，如（1）利用极限存在的充要条件；（2）利用极限的四则运算法则；（3）利用初等数学的恒等变形方法（因式分解、有理化因式、三角公式等），通过约分化简将 $\dfrac{0}{0}$ 型或 $\dfrac{\infty}{\infty}$ 型转化为能用四则运算计算的极限；（4）利用两个重要极限；（5）利用等价无穷小的替换定理。

5.重点是（1）极限的四则运算法则的应用；（2）会使用两个重要极限求解极限问题；（3）会利用等价无穷小的替换定理求解极限。难点是熟练掌握极限的各种求解方法。

 教材习题解析

习题 1-3

1.**解答** 选 C。因为 $\lim\limits_{x \to 3}\dfrac{x+a}{x^2-5}=\dfrac{3+a}{4}=\dfrac{1}{4}$，故 $a=-2$。2.**解答** 选 D。因为

$\lim\limits_{n \to \infty}\dfrac{5n+2}{n}=\lim\limits_{n \to \infty}\dfrac{5+\dfrac{2}{n}}{1}=5$。3.**解答** 选 B。因为 $\lim\limits_{x \to 0}\dfrac{x}{\sin x}=\lim\limits_{x \to 0}\dfrac{1}{\dfrac{\sin x}{x}}=\dfrac{1}{\lim\limits_{x \to 0}\dfrac{\sin x}{x}}=1$。4.**解答**

选 C。5.**解答** 选 B。6.**解答** 选 B。7.**解答** （1）0；因为有限个无穷小的和等于无穷小。（2）x^2；（3）k；（4）无穷小；（5）3；（6）-2。8.**解答** （1）$\lim\limits_{x \to 1}(2x+3)=$

$2\times 1+3=5$；（2）$\lim\limits_{x \to 4}\dfrac{x^2-16}{x-4}=\lim\limits_{x \to 4}\dfrac{(x+4)(x-4)}{x-4}=\lim\limits_{x \to 4}(x+4)=8$；（3）$\lim\limits_{x \to 0}\dfrac{x}{\sqrt{1+x}-1}=$

$\lim\limits_{x \to 0}\dfrac{x(\sqrt{1+x}+1)}{(\sqrt{1+x}-1)(\sqrt{1+x}+1)}=\lim\limits_{x \to 0}\dfrac{x(\sqrt{1+x}+1)}{(1+x)-1}=\lim\limits_{x \to 0}(\sqrt{1+x}+1)=2$；

（4）$\lim\limits_{x \to 0}\dfrac{\sqrt{1+x}-\sqrt{1-x}}{x}=\lim\limits_{x \to 0}\dfrac{(\sqrt{1+x}-\sqrt{1-x})(\sqrt{1+x}+\sqrt{1-x})}{x(\sqrt{1+x}+\sqrt{1-x})}=\lim\limits_{x \to 0}\dfrac{(1+x)-(1-x)}{x(\sqrt{1+x}+\sqrt{1-x})}=$

$\lim\limits_{x \to 0}\dfrac{2}{\sqrt{1+x}+\sqrt{1-x}}=1$；（5）$\lim\limits_{x \to \infty}\dfrac{2x^2+x-5}{x^2-4x+2}=\lim\limits_{x \to \infty}\dfrac{2+\dfrac{1}{x}-\dfrac{5}{x^2}}{1-\dfrac{4}{x}+\dfrac{2}{x^2}}=2$；

（6）$\lim\limits_{x \to \infty}\dfrac{x^2+x+1}{x^3+2x^2+3x+1}=\lim\limits_{x \to \infty}\dfrac{\dfrac{1}{x}+\dfrac{1}{x^2}+\dfrac{1}{x^3}}{1+\dfrac{2}{x}+\dfrac{3}{x^2}+\dfrac{1}{x^3}}=0$；（7）$\lim\limits_{x \to \infty}\dfrac{(2x+1)^{10}(3x-2)^{20}}{(6x+1)^{30}}=$

$$\lim_{x\to\infty}\frac{\left(2+\dfrac{1}{x}\right)^{10}\left(3-\dfrac{2}{x}\right)^{20}}{\left(6+\dfrac{1}{x}\right)^{30}}=\frac{2^{10}\times 3^{20}}{6^{30}}=\frac{3^{10}}{6^{20}}=12^{-10}\;；（8）\lim_{n\to\infty}\frac{1+3+5+\cdots+(2n-1)}{2n^2}=$$

$$\lim_{n\to\infty}\frac{\dfrac{1+(2n-1)}{2}n}{2n^2}=\lim_{n\to\infty}\frac{\dfrac{1}{n}+\left(2-\dfrac{1}{n}\right)}{4}=\frac{2}{4}=\frac{1}{2}\;；（9）\lim_{n\to\infty}\sqrt{n}\,(\sqrt{n+1}-\sqrt{n})=$$

$$\lim_{n\to\infty}\frac{\sqrt{n}\,(\sqrt{n+1}-\sqrt{n})(\sqrt{n+1}+\sqrt{n})}{\sqrt{n+1}+\sqrt{n}}=\lim_{n\to\infty}\frac{\sqrt{n}\,((n+1)-n)}{\sqrt{n+1}+\sqrt{n}}=\lim_{n\to\infty}\frac{\sqrt{n}}{\sqrt{n+1}+\sqrt{n}}=$$

$$\lim_{n\to\infty}\frac{1}{\sqrt{1+\dfrac{1}{n}}+1}=\frac{1}{2}\text{。}\ \mathbf{9.\ 解答}\quad（1）\lim_{x\to0}\frac{\sin6x}{2x}=\lim_{6x\to0}\left(\frac{\sin6x}{6x}\times3\right)=3\;；（2）\lim_{x\to0}\frac{\sin ax}{\sin bx}=$$

$$\lim_{x\to0}\left(\frac{\dfrac{\sin ax}{ax}}{\dfrac{\sin bx}{bx}}\times\frac{a}{b}\right)=\frac{a}{b}\;；（3）\lim_{x\to0}\frac{\tan3x}{x}=\lim_{x\to0}\left(\frac{\sin3x}{3x}\times\frac{1}{\cos3x}\times3\right)=3\lim_{3x\to0}\frac{\sin3x}{3x}\lim_{x\to0}\frac{1}{\cos3x}=3\;；$$

$$（4）\lim_{x\to0}\frac{x-\sin x}{x+\sin x}=\lim_{x\to0}\frac{1-\dfrac{\sin x}{x}}{1+\dfrac{\sin x}{x}}=\frac{1-\lim\limits_{x\to0}\dfrac{\sin x}{x}}{1+\lim\limits_{x\to0}\dfrac{\sin x}{x}}=\frac{1-1}{1+1}=0\text{。}\ \mathbf{10.\ 解答}\quad（1）\lim_{x\to\infty}\left(1-\frac{2}{x}\right)^{x}=$$

$$\left[\lim_{x\to\infty}\left(1+\frac{-2}{x}\right)^{\frac{x}{-2}}\right]^{\frac{-2}{x}x}=e^{-2}\;；（2）\lim_{x\to0}(1-3x)^{\frac{2}{x}}=\left\{\lim_{x\to0}\left[1+(-3x)\right]^{\frac{1}{-3x}}\right\}^{(-3x)\frac{2}{x}}=e^{-6}\;；$$

$$（3）\lim_{x\to\infty}\left(1+\frac{1}{x}\right)^{x+3}=\left[\lim_{x\to\infty}\left(1+\frac{1}{x}\right)^{x}\right]^{\lim\limits_{x\to\infty}\left[\frac{1}{x}(x+3)\right]}=e\;；（4）\lim_{x\to\infty}\left(\frac{x+2}{x-1}\right)^{x}=\lim_{x\to\infty}\left(\frac{1+\dfrac{2}{x}}{1-\dfrac{1}{x}}\right)^{x}=$$

$$\lim_{x\to\infty}\frac{\left(1+\dfrac{2}{x}\right)^{x}}{\left(1-\dfrac{1}{x}\right)^{x}}=\frac{\lim\limits_{x\to\infty}\left(1+\dfrac{2}{x}\right)^{x}}{\lim\limits_{x\to\infty}\left(1-\dfrac{1}{x}\right)^{x}}=\frac{e^{2}}{e^{-1}}=e^{3}\text{。}\ \mathbf{11.\ 解答}\quad（1）\lim_{x\to0}\frac{1-\cos x}{\tan^2 x}=\lim_{x\to0}\frac{\dfrac{1}{2}x^2}{x^2}=\frac{1}{2}\;；$$

$$（2）\lim_{x\to0}\frac{\ln(1+2x)}{e^{2x}-1}=\lim_{x\to0}\frac{2x}{2x}=1\;；（3）\lim_{x\to1}\frac{1-x^2}{\sin(x-1)}=\lim_{x\to1}\frac{1-x^2}{x-1}=-\lim_{x\to1}(x+1)=-2\;；$$

$$（4）\lim_{x\to\infty}x^2\sin\frac{3}{x^2}=\lim_{x\to\infty}\left(x^2\frac{3}{x^2}\right)=3\text{。}$$

自我检测题

检测题 1-3

1. $\lim\limits_{n\to\infty}\dfrac{3n-2}{2n}=$ （　　）。

A. $\dfrac{3}{2}$；   B. 1；   C. ∞；   D. 0。

2. 设 $\lim\limits_{x\to 2}\dfrac{x^2-k}{x-2}=4$，则 $k=$（   ）。

A. 0；   B. ∞；   C. $\dfrac{1}{4}$；   D. 4。

3. 若 $\lim\limits_{x\to\infty}\left(1+\dfrac{1}{ax}\right)^{3x}=\mathrm{e}$，则 $a=$（   ）。

A. 1；   B. 2；   C. 3；   D. 4。

4. 下列等式不成立的是（   ）。

A. $\lim\limits_{x\to 0}x\sin\dfrac{1}{x}=0$；   B. $\lim\limits_{x\to\infty}x\sin\dfrac{1}{x}=1$；

C. $\lim\limits_{x\to 0}\dfrac{\sin x}{x}=1$；   D. $\lim\limits_{x\to\infty}\dfrac{x}{\sin x}=1$。

5. 下列变量在给定变化过程中为无穷小的是（   ）。

A. $2^{-x}-1\,(x\to 0)$；   B. $\mathrm{e}^{\frac{1}{x}}\,(x\to\infty)$；

C. $\ln x\,(x\to 0^+)$；   D. $\mathrm{e}^{\frac{1}{x}}\,(x\to 0^+)$。

6. 填空。

（1）$\lim\limits_{n\to\infty}\left(5-\dfrac{3}{n}\right)=$ _____；   （2）$\lim\limits_{x\to 3}\dfrac{\sin\,(x-3)}{x-3}=$ _____；

（3）$\lim\limits_{x\to\frac{\pi}{2}}(1+\cos x)^{\sec x}=$ _____；   （4）$\lim\limits_{x\to\infty}\left(1+\dfrac{k}{x}\right)^{x}=$ _____。

（5）有限个无穷小的和是 _____；（6）已知 $\lim\limits_{x\to\infty}\dfrac{ax-1}{2x+1}=4$，则 $a=$

_____；

（7）若函数 $f(x)$ 是 $x\to 3$ 时的无穷小量，则 $\lim\limits_{x\to 3}f(x)=$ _____。

7. 求下列极限。

（1）$\lim\limits_{x\to 3}\dfrac{1}{x+3}$；   （2）$\lim\limits_{x\to 3}\dfrac{x-3}{x^2-9}$；

（3）$\lim\limits_{x\to 0}\dfrac{\sqrt{4-x}-2}{x}$；   （4）$\lim\limits_{n\to\infty}\dfrac{n(n+1)(n+2)}{2n^3}$；

（5）$\lim\limits_{n \to \infty} \dfrac{2^n - 3^n}{2^n + 3^n}$；

（6）$\lim\limits_{x \to 1} \left(\dfrac{1}{1-x} - \dfrac{3}{1-x^3} \right)$。

8.求下列极限。

（1）$\lim\limits_{x \to 0} \dfrac{\sin 5x}{2x}$；

（2）$\lim\limits_{x \to 0} \dfrac{\sin 3x}{\sin x}$；

（3）$\lim\limits_{x \to 0} \dfrac{1 - \cos 2x}{x^2}$；

（4）$\lim\limits_{x \to \infty} \left(1 + \dfrac{2}{x}\right)^{5x}$；

（5）$\lim\limits_{n \to \infty} \left(1 + \dfrac{1}{2n}\right)^{n-3}$；

（6）$\lim\limits_{x \to 1} (2 - x)^{\frac{2}{1-x}}$；

（7）$\lim\limits_{x \to \infty} x \ln \left(1 + \dfrac{1}{x}\right)$；

（8）$\lim\limits_{x \to 1} \dfrac{\ln x}{\sin (x-1)}$。

第四节　函数的连续性

 重点与难点辅导

1.函数 $f(x)$ 在点 x_0 处连续 $\Leftrightarrow \lim\limits_{x \to x_0^-} f(x) = \lim\limits_{x \to x_0^+} f(x) = f(x_0)$。

2.理解函数 $f(x)$ 在点 x_0 处连续，等价于函数 $f(x)$ 在 x_0 处既左连续又右连续，并会分析分段函数在某点处的连续性。

3.(1) $f(x)$ 在点 x_0 处没有定义；（2）虽然 $f(x)$ 在点 x_0 处有定义，$\lim\limits_{x \to x_0} f(x)$ 不存在；（3）虽然 $f(x)$ 在点 x_0 处有定义，且 $\lim\limits_{x \to x_0} f(x)$ 存在，但 $\lim\limits_{x \to x_0} f(x) \neq f(x_0)$。

满足以上三点中的任意一个点都是间断点。

4.求函数的间断点的思路应该有两个方向：（1）分母等于零的点；（2）分段函数中的分界点也有可能是间断点。

5.了解闭区间上连续函数的性质，会构造函数来解决方程的根的问题。

6.重点是（1）能判断函数在某一点处连续；（2）能寻找间断点及判断间断点的类型。

难点是（1）会区别极限存在与函数在某点连续；（2）会通过图形来理解函数连续、间断点以及函数连续的性质。

 教材习题解析

习题 1-4

1.**解答** 选 A。 2.**解答** 选 D。 $\lim\limits_{x \to 0} \dfrac{\ln(1+x)}{x} = 1$，$f(0) = k$。由于连续，所以 $\lim\limits_{x \to 0} \dfrac{\ln(1+x)}{x} = f(0)$，即有 $k = 1$。 3.**解答** 选 D。 4.**解答** 0.1；0.3。因为 $\Delta x = x_1 - x_0 = 1.1 - 1 = 0.1$；$\Delta y = f(1.1) - f(1) = (3 \times 1.1 - 1) - (3 \times 1 - 1) = 0.3$。 5.**解答** $(-\infty, -1) \bigcup (-1, 3) \bigcup (3, +\infty)$。 6.**解答** $x = 0$，$x = 3$。 7.**解答**（1）因为函数 $\ln x + \mathrm{e}^x$ 的连续区间为 $(0, +\infty)$，而 $2 \in (0, +\infty)$，即函数 $\ln x + \mathrm{e}^x$ 在点 $x = 2$ 处连续，故原式 $= \ln 2 + \mathrm{e}^2$；（2）原式 $= \sqrt{1 - 1 + 1^2} = 1$。 8.**解答** 因为 $\lim\limits_{x \to 1^-} f(x) = \lim\limits_{x \to 1^-} (a + x) = a + 1$；$\lim\limits_{x \to 1^+} f(x) = \lim\limits_{x \to 1^+} (b - x) = b - 1$；$f(1) = 3$。由于函数 $f(x)$ 在 $x = 1$ 点处连续，所以 $\lim\limits_{x \to 1^-} f(x) = \lim\limits_{x \to 1^+} f(x) = f(1)$，则有 $a + 1 = b - 1 = 3$，故 $a = 2$，$b = 4$。 9.**解答**（1）显然，只有 $x = -2$ 点是间断点，由于 $\lim\limits_{x \to -2} \dfrac{3}{x + 2} = \infty$，所以 $x = -2$ 点是无穷间断点，属于第二类间断点；（2）在 $x = 1$ 点以外的任意点处连续。在 $x = 1$ 点处时，有 $\lim\limits_{x \to 1} f(x) = \lim\limits_{x \to 1} \dfrac{x^2 - 1}{x - 1} = \lim\limits_{x \to 1} (x + 1) = 2$，而 $f(1) = 3$，$\lim\limits_{x \to 1} f(x) \neq f(1)$。所以 $x = 1$ 点是可去间断点，属于第一类间断点；（3）在点 $x = 0$ 以外的任意点处连续。在 $x = 0$ 点处时，有 $\lim\limits_{x \to 0^-} f(x) = \lim\limits_{x \to 0^-} (x - 1) = -1$，$\lim\limits_{x \to 0^+} f(x) = \lim\limits_{x \to 0^+} (x + 1) = 1$。所以 $x = 0$ 点是跳跃间断点，属于第一类间断点。 10.**证明** 设 $f(x) = x^5 - 3x - 1$，显然 $f(x)$ 在 $[1, 2]$ 上是连续的，又 $f(1) = -3 < 0$，$f(2) = 25 > 0$，$f(1) f(2) < 0$。由零点定理可知，在开区间 $(1, 2)$ 内至少有一点 ξ，使得 $f(\xi) = \xi^5 - 3\xi - 1 = 0$。即方程 $x^5 - 3x - 1 = 0$ 在开区间 $(1, 2)$ 内至少有一个根 $x = \xi$。

检测题 1-4

1. 函数 $f(x)=2x^2$，则 $\Delta y=$ (　　　)。

  A. $4x\Delta x$；   B. $2x\Delta x+4$；

  C. $4x\Delta x+2(\Delta x)^2$；   D. $4\Delta x+(\Delta x)^2$。

2. 函数 $f(x)$ 在点 x_0 处极限存在是 $f(x)$ 在点 x_0 处连续的 (　　　)。

  A. 必要条件； B. 充分条件； C. 充分必要条件； D. 无关条件。

3. 函数 $f(x)=\dfrac{x-3}{x^2-3x+2}$ 的间断点是 (　　　)。

  A. $x=1$，$x=2$； B. $x=3$； C. $x=1$，$x=2$，$x=3$； D. 无间断点。

4. 点 $x=0$ 是函数 $y=\dfrac{\sin x}{x}$ 的 (　　　)。

  A. 连续点；   B. 可去间断点；   C. 跳跃间断点；   D. 第二类间断点。

5. 若函数 $f(x)$ 在点 $x=x_0$ 处连续，则有 $f(x_0^-)=f(x_0^+)=$ _____。

6. 设 $f(x)=\begin{cases} e^{-\frac{1}{x^2}} & (x\neq 0) \\ 0 & (x=0) \end{cases}$，则函数 $f(x)$ 在 $x=0$ 处的连续性为 _____。

7. 讨论函数 $f(x)=\begin{cases} x+2 & (x\geqslant 0) \\ x-2 & (x<0) \end{cases}$ 在点 $x=0$ 处的连续性。

8. 求下列极限。

(1) $\lim\limits_{x\to 0}(e^x+4x+1)$；   (2) $\lim\limits_{x\to\frac{\pi}{2}}\ln(2+\sin x)$。

9. 设 $f(x)$ 在点 $x=2$ 处连续，且 $f(x)=\begin{cases} \dfrac{x^2-3x+2}{x-2} & (x\neq 2) \\ a & (x=2) \end{cases}$，求 a。

10. 求函数 $f(x)=\begin{cases}(1+x)^{\frac{1}{x}} & (x\neq 0)\\ 2 & (x=0)\end{cases}$ 的间断点并判断其类型。

11. 试证方程 $x=a\sin x+b$ （其中 $a>0,b>0$） 至少有一个正根，并且不超过 $a+b$。

 教材复习题解析

复习题一

一、选择题

1. **解答** 选 C。 2. **解答** 选 C。 3. **解答** 选 A。因为 $f(1)=1-2=-1$，所以 $f[f(1)]=f(-1)=-1$。 4. **解答** 选 D。因为 $\lim\limits_{x\to 4^-}f(x)=\lim\limits_{x\to 4^-}\dfrac{|x-4|}{x-4}=\lim\limits_{x\to 4^-}\dfrac{4-x}{x-4}=-1$，

$\lim\limits_{x\to 4^+}f(x)=\lim\limits_{x\to 4^+}\dfrac{|x-4|}{x-4}=\lim\limits_{x\to 4^-}\dfrac{x-4}{x-4}=1$，故 $\lim\limits_{x\to 4}f(x)$ 不存在。 5. **解答** 选 C。因为

$\lim\limits_{n\to\infty}\dfrac{1^2+2^2+\cdots+n^2}{n^3}=\lim\limits_{n\to\infty}\dfrac{n\ (n+1)(2n+1)}{6n^3}=\lim\limits_{n\to\infty}\dfrac{\left(1+\frac{1}{n}\right)\left(2+\frac{1}{n}\right)}{6}=\dfrac{1}{3}$。 6. **解答** 选 C。

7. **解答** 选 D。

二、填空题

8. **解答** -7。因为 $f(1)=0^3-0-1=-1$，所以 $f(f(1))=f(-1)=(-2)^3-(-2)-$

$1=-7$。 9. **解答** $0；4$。因为 $\lim\limits_{x\to\infty}\dfrac{ax^2+bx-1}{2x+1}-2=\lim\limits_{x\to\infty}\dfrac{(ax^2+bx-1)-2(2x+1)}{2x+1}=$

$\lim\limits_{x\to\infty}\dfrac{ax^2+(b-4)x-3}{2x+1}=0$，所以有 $\begin{cases}a=0\\b-4=0\end{cases}$，则有 $\begin{cases}a=0\\b=4\end{cases}$。 10. **解答** $-\dfrac{1}{2}；\infty；0$。 11. **解**

答 $\dfrac{3}{2}；e^{-1}$。因为 $\lim\limits_{x\to 0}\dfrac{\sin 3x}{2x}=\lim\limits_{3x\to 0}\left(\dfrac{\sin 3x}{3x}\times\dfrac{3}{2}\right)=\dfrac{3}{2}$；$\lim\limits_{x\to\infty}\left(\dfrac{x+1}{x}\right)^{-x}=\lim\limits_{x\to\infty}\Big[(1+$

$\frac{1}{x})^x\Big]^{-1}=e^{-1}$。 12. **解答** 2。因为 $\lim\limits_{x\to 0}\dfrac{\ln(1+ax)}{\sin 2x}=\lim\limits_{x\to 0}\dfrac{ax}{2x}=\dfrac{a}{2}=1$，所以 $a=2$。 13. **解答**

$x=-3$ 与 $x=3$。

三、解答题

14.解答 (1) 由 $\begin{cases} x>0 \\ x-1\neq 0 \end{cases}$ 可知，$x\in(0,1)\bigcup(1,+\infty)$；(2) 分段函数的定义域就是各个小段函数的定义域的并集，即 $x\in[-1,+\infty)$。**15.解答** (1) 因为 $f(-x)=(-x)^3-\sin(-x)=-x^3+\sin x=-(x^3-\sin x)=-f(x)$，所以函数 $f(x)=x^3-\sin x$ 是奇函数；(2) 因为 $f(-x)=e^{-x}+e^{-(-x)}=e^{-x}+e^x=f(x)$，所以 $f(x)=e^x+e^{-x}$ 是偶函数。

16.解答 (1) 原式 $=\dfrac{1^2-1}{1+2}=0$；(2) 原式 $=\lim\limits_{x\to 1}\dfrac{(x+1)(x-1)}{(x-1)(x^2+x+1)}=\lim\limits_{x\to 1}\dfrac{x+1}{x^2+x+1}=\dfrac{1+1}{1^2+1+1}=\dfrac{2}{3}$；(3) 原式 $=\lim\limits_{x-1\to 0}\dfrac{\sin (x-1)}{x-1}=1$；(4) 原式 $=\lim\limits_{x\to\infty}[(1+\dfrac{2}{x+1})^{\frac{x+1}{2}}]^{\frac{2}{x+1}(x+1)}=e^2$。**17.解答** 在 $x=0$ 点处，有 $\lim\limits_{x\to 0^-}f(x)=\lim\limits_{x\to 0^-}(x^2-1)=-1$，$\lim\limits_{x\to 0^+}f(x)=\lim\limits_{x\to 0^+}x=0$。由于 $\lim\limits_{x\to 0^-}f(x)\neq\lim\limits_{x\to 0^+}f(x)$，所以函数在 $x=0$ 点处不连续，$x=0$ 点是跳跃间断点，属于第一类间断点。在 $x=1$ 点处，有 $\lim\limits_{x\to 1^-}f(x)=\lim\limits_{x\to 1^-}x=1$，$\lim\limits_{x\to 1^+}f(x)=\lim\limits_{x\to 1^+}(2-x)=1$，$f(1)=1$。由于 $\lim\limits_{x\to 1^-}f(x)=\lim\limits_{x\to 1^+}f(x)=f(1)$，所以函数在 $x=1$ 点处连续。**18.解答** 设 $f(x)=4x^4+3x^3+2x^2+x-1$，显然，函数在 $[0,1]$ 上是连续的。$f(0)=-1$，$f(1)=9$，$f(0)f(1)<0$。由零点定理知，至少有一点 $\xi\in(0,1)$，使得 $f(\xi)=0$，即方程 $4x^4+3x^3+2x^2+x-1=0$ 在 $(0,1)$ 之间至少有一实根 $x=\xi$。

自测题

自测题一

一、选择题

1. 函数 $y=x^2-\cos x$ 是 (　　)。

   A. 有界函数；   B. 单调函数；   C. 偶函数；   D. 周期函数。

2. 若函数 $f(3-x)=2x^2+1$，则 $f[f(3)]=$ (　　)。

   A. 0；   B. 1；   C. 19；   D. 9。

3. $\lim\limits_{x\to 0^-}e^{\frac{1}{x}}=$ (　　)。

   A. 0；   B. 1；   C. $+\infty$；   D. 不存在。

4. $\lim\limits_{n\to\infty}\left(\dfrac{1}{n^2}+\dfrac{4}{n^2}+\dfrac{7}{n^2}+\cdots+\dfrac{100}{n^2}\right)=$ (　　)。

   A. 0；   B. ∞；   C. $\dfrac{1}{2}$；   D. $\dfrac{3}{2}$。

5. 设 $\lim\limits_{x\to 1}f(x)=\infty$，则 $\lim\limits_{x\to 1}\dfrac{1}{f(x)}=$ (　　)。

   A. 0；   B. ∞；   C. 1；   D. 不存在。

6. 函数 $f(x)$ 在 $x=x_0$ 点处连续，则在 $x=x_0$ 点处 (　　)。

   A. 可能有极限；   B. 可能有函数值；

C. $\lim\limits_{x \to x_0} f(x) \neq f(x_0)$;   D. 既有左连续又有右连续。

7. 设函数 $f(x) = \begin{cases} 2x+1 & (x \leqslant 0) \\ 2x-1 & (x > 0) \end{cases}$，则在 $x=1$ 点处为（   ）。

  A. 连续点；   B. 可去间断点；

  C. 跳跃间断点；   D. 第二类间断点。

8. 方程 $x^3 + x^2 - 3 = 0$ 在 $(-1, 2)$ 内（   ）。

  A. 有四个实根；   B. 只有一个实根；

  C. 无实根；   D. 至少有一个实根。

二、填空题

9. 设函数 $f(x)$ 为偶函数，则它的图形关于_____对称。

10. 设函数 $f(x) = \ln 3$，则 $f(x+1) - f(x) =$ _____。

11. 数列 $2, \dfrac{1}{2}, \dfrac{4}{3}, \dfrac{3}{4}, \dfrac{6}{5}, \dfrac{5}{6}, \dfrac{8}{7}, \dfrac{7}{8}, \cdots$ 的极限是_____。

12. $\lim\limits_{n \to \infty} \dfrac{n^2 - 1}{n^3 + n + 1} =$ _____。

13. $\lim\limits_{x \to 0} (1-x)^{\frac{2}{x}} =$ _____。

14. 函数 $y = \dfrac{x^2 - 1}{x + 1}$ 的间断点为_____。

三、解答题

15. 求 $\lim\limits_{x \to 1} \dfrac{x^5 - 1}{x - 1}$。

16. 求 $\lim\limits_{x \to 0} \dfrac{\sqrt{1+x} - \sqrt{1-x}}{\sqrt{1+x} - 1}$。

17. 求 $\lim\limits_{x \to \infty} \dfrac{2x^2 + 5}{4 - 4x^2}$。

18. 求 $\lim\limits_{x \to \infty} \left(1 + \dfrac{2}{x}\right)^x$。

19. 求 $\lim\limits_{x \to 0} \dfrac{\tan x - \sin x}{x^2}$。

20. 求 $\lim\limits_{x \to 0} \dfrac{e^{\sin x} + e^{-2\sin x} - 2}{3x}$。

21. 讨论函数 $f(x) = \begin{cases} 1+x & (x < 0) \\ 1+x^2 & (x \geqslant 0) \end{cases}$ 在点 $x=0$ 处的连续性。

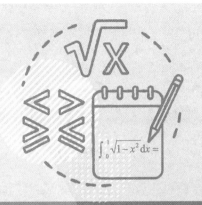

第二章

导数及其应用的辅导与检测

第一节　导数的概念

 重点与难点辅导

1. 变化率的极限值存在，则称该极限值为导数，也称可导。分流动点的导数与固定点的导数两种情况。

2. 熟记导数公式。

3. 掌握求导数的方法。理解左导数与右导数。

4. 函数 $y=f(x)$ 在 x_0 处的导数 $f'(x_0)$ 就是曲线 $y=f(x)$ 在点 $(x_0, f(x_0))$ 处切线的斜率。会求切线方程与法线方程。

5. 理解函数连续与可导的关系。

6. 重点是熟练掌握导数的概念和导数公式。难点是理解函数连续与可导的关系。

 教材习题解析

习题 2-1

1. **解答** 选 D。因为 $\lim\limits_{\Delta x \to 0} \dfrac{f(x_0 - 2\Delta x) - f(x_0)}{\Delta x} = \lim\limits_{-2\Delta x \to 0} \dfrac{f(x_0 - 2\Delta x) - f(x_0)}{-2\Delta x} \times (-2) = $

$-2f'(x_0)$。2.**解答** 选 A。因为 $y'=4x^3=4$，$x=1$，将 $x=1$ 带入到曲线 $y=x^4$ 中，$y=1^4=1$。所以切点 M 的坐标为 $(1,1)$。3.**解答** 选 A。因为 $\lim\limits_{x\to 1^-}f(x)=\lim\limits_{x\to 1^-}x^2=1$，$\lim\limits_{x\to 1^+}f(x)=\lim\limits_{x\to 1^+}2x=2$，$\lim\limits_{x\to 1^-}f(x)\neq\lim\limits_{x\to 1^+}f(x)$，函数 $f(x)$ 在点 $x=1$ 处不连续，所以就不可导。4.**解答** $f'_-(x_0)=f'_+(x_0)$。5.**解答** (1) $y=\sqrt[3]{x^2}=x^{\frac{2}{3}}$，$y'=\frac{2}{3}x^{-\frac{1}{3}}=\frac{2}{3\sqrt[3]{x}}$；

(2) $y'=1.6x^{0.6}$；(3) $y=x^2\sqrt{x}=x^{\frac{5}{2}}$，$y'=\frac{5}{2}x^{\frac{3}{2}}=\frac{5}{2}x\sqrt{x}$；(4) $y'=5^x\ln5$；(5) $y'=\dfrac{1}{x\ln3}$。6.**解答** $f'(x)=-\sin x$，$f'\left(\dfrac{\pi}{3}\right)=-\sin\left(\dfrac{\pi}{3}\right)=-\dfrac{\sqrt{3}}{2}$，$f'\left(\dfrac{\pi}{6}\right)=-\sin\left(\dfrac{\pi}{6}\right)=-\dfrac{1}{2}$。

7.**解答** $f'(x)=3x^2$，$f'(0)=3\times0^2=0$；$f'(3)=3\times3^2=27$。8.**解答** $y=\sqrt{x}=x^{\frac{1}{2}}$，$y'=\dfrac{1}{2}x^{-\frac{1}{2}}=\dfrac{1}{2\sqrt{x}}$；$y'|_{x=1}=\dfrac{1}{2\sqrt{1}}=\dfrac{1}{2}$；所求切线方程为 $y-1=\dfrac{1}{2}(x-1)$，即 $x-2y+1=0$；所求法线方程为 $y-1=-2(x-1)$，即 $2x+y-3=0$。9.**解答** 直线 $3x-y+1=0$ 的斜率为 3，而 $y'=3x^2$。曲线 $y=x^3$ 上的切线与直线 $3x-y+1=0$ 平行，则有 $3x^2=3$，$x=\pm1$，因而曲线 $y=x^3$ 上的切点有两个：$(1,1)$ 与 $(-1,-1)$。在点 $(1,1)$ 处的切线为 $y-1=3(x-1)$，即 $3x-y-2=0$。在点 $(-1,-1)$ 处的切线为 $y+1=3(x+1)$，即 $3x-y+2=0$。10.**解答** $s'=4t^3$，$s'|_{t=4}=4\times4^3=256$，即瞬时速度为 $256\mathrm{m/s}$。11.**解答** 因 $f(x)$ 在点 $x=1$ 处可导，故 $f(x)$ 在点 $x=1$ 处连续，于是有 $\lim\limits_{x\to 1^+}f(x)=\lim\limits_{x\to 1^+}(ax+b)=a+b=$

$f(1)=1$，又由于 $f'_-(1)=\lim\limits_{\Delta x\to 0^-}\dfrac{f(1+\Delta x)-f(1)}{\Delta x}=\lim\limits_{\Delta x\to 0^-}\dfrac{\dfrac{2}{(1+\Delta x)^2+1}-1}{\Delta x}=$

$\lim\limits_{\Delta x\to 0^-}\dfrac{-2-\Delta x}{2+2\Delta x+(\Delta x)^2}=-1$，$f'_+(1)=\lim\limits_{\Delta x\to 0^+}\dfrac{f(1+\Delta x)-f(1)}{\Delta x}=\lim\limits_{\Delta x\to 0^+}\dfrac{a(1+\Delta x)+b-(a+b)}{\Delta x}=$

$\lim\limits_{\Delta x\to 0^+}\dfrac{a+a\Delta x+b-a-b}{\Delta x}=a$，由于可导，$f'_-(1)=f'_+(1)$，可得到 $a=-1$，代入 $a+b=1$，得 $b=2$。

自我检测题

检测题 2-1

1.设函数 $f(x)$ 在点 x_0 处可导，则 $\lim\limits_{h\to 0}\dfrac{f(x_0+h)-f(x_0)}{h}=$（   ）。

  A. $f'(x_0)$ B. $-f'(x_0)$ C. $f'(h)$ D. $-f'(h)$。

2.若 $f'(x_0)$ 存在，且 $f(x_0)=0$，则 $\lim\limits_{h\to\infty}hf\left(x_0-\dfrac{3}{h}\right)=$（   ）。

  A. $f'(x_0)$ B. $-f'(x_0)$ C. $-3f'(x_0)$ D. $3f'(x_0)$。

3.导数 $f'(x_0)$ 的几何意义就是曲线 $y=f(x)$ 在点 x_0 处的切线的_____。

4.可导_____连续；连续_____可导。

5.求下列函数的导数。

（1） $y = x^5$ ；

（2） $f(x) = \dfrac{1}{x}$ ；

（3） $y = \log_2 x$ ；

（4） $y = 2^x$ ；

（5） $y = \ln 4$ 。

6.求函数 $y = \ln x$ 在点 $x = 4$ 处的导数。

7.求曲线 $y = x^3$ 在点 $x = 2$ 处的切线方程。

8.已知物体的运动规律为 $s = t^3$ （ m ），求这个物体在 $t = 2$ （ s ）时的瞬时速度。

9.讨论函数 $f(x) = \begin{cases} -x & (x \leqslant 0) \\ x^2 & (x > 0) \end{cases}$ 在 $x = 0$ 点处的连续性与可导性。

第二节　函数的求导方法

 重点与难点辅导

1.在熟记导数公式的基础上运用函数的四则运算求导，其中法则（1）和（2）可推广到任意有限个可导函数的情形。

2.熟练运用复合函数求导方法，理解复合函数的每一层都要求导。

3.隐函数中含有函数变量的代数式对自变量的求导，应理解为复合函数求导：先让整个函数变量代数式对函数变量求导，再让函数变量对自变量求导。利用隐函数的方程属性来求解隐函数的导数。

4.理解参数方程的求解过程。抓住每一个具体方程中的函数变量与自变量，理解"谁对谁求导"。

5.重点是（1）熟练掌握四则运算和复合函数求导；（2）会利用导数公式及求导法则求解函数的导数。难点是理解复合函数中的每一层都要求导。

 教材习题解析

习题 2-2

1.**解答** 选 B。2.**解答** 选 A。因为 $y' = \dfrac{\mathrm{d}y}{\mathrm{d}x} = \dfrac{\mathrm{d}y}{\mathrm{d}\cos x} \times \dfrac{\mathrm{d}\cos x}{\mathrm{d}x} = \sin x\,(-\sin x) =$
$-\sin^2 x$。3.**解答** 选 D。4.**解答** （1）$3x^2 + 3^x \ln 3$；（2）$\mathrm{e}^x + \cos x$；（3）$3^{\sin x}\cos x \ln 3$。

5.**解答** （1）$y' = \ln x + x \cdot \dfrac{1}{x} = \ln x + 1$；（2）$y' = \mathrm{e}^x$；（3）$y' = 3x^2 - 4x + 4$；（4）$y' = \sin x +$
$x\cos x$；（5）$y' = 3^x \ln 3 - \dfrac{1}{x^2}$；（6）$y' = \dfrac{1}{x\ln 2} + 5^x \ln 5 + \dfrac{6}{x^3}$；（7）$y' = 2\cos(2x+3)$；（8）$y' =$
$2\mathrm{e}^{2x}$；（9）$y' = 2\sin(2x+3)\cos(2x+3) \times 2 = 2\sin 2(2x+3)$；（10）$s' = 3(t^2+2)^2 \times 2t = 6t(t^2+$
$2)^2$；（11）$s' = \dfrac{1}{t^2+\sqrt{t}}\left(2t + \dfrac{1}{2\sqrt{t}}\right)$；（12）$y' = \dfrac{1}{2\sqrt{x+\sqrt{x+1}}}\,(x+\sqrt{x+1})' =$
$\dfrac{1}{2\sqrt{x+\sqrt{x+1}}}\left(1 + \dfrac{1}{2\sqrt{x+1}}\right)$。6.**解答** （1）在方程的两边同时都对 x 求导，得 $y + xy' +$
$\mathrm{e}^{xy}(y + xy') = 0$，解得 $y' = \dfrac{-y}{x}$；（2）在方程的两边同时都对 x 求导，得 $6x + 8yy' = 0$，解
得 $y' = -\dfrac{3x}{4y}$；（3）在方程的两边同时都对 x 求导，得 $y' = \mathrm{e}^y + x\mathrm{e}^y y'$，解得 $y' = \dfrac{\mathrm{e}^y}{1 - x\mathrm{e}^y}$；
（4）在方程的两边同时都对 x 求导，得 $y + xy' = \mathrm{e}^{x+y}(1 + y')$，解得 $y' = \dfrac{\mathrm{e}^{x+y} - y}{x - \mathrm{e}^{x+y}}$。

7.**解答** （1）两边取对数，得 $\ln y = x\ln x$，再在两边都对 x 求导，得 $\dfrac{1}{y}y' = \ln x + x \cdot \dfrac{1}{x}$，
$y' = y(\ln x + 1) = x^x(\ln x + 1)$；（2）两边取对数，得 $y = \ln x + \ln y + \ln(x+1) + \ln(x+2)$，
再在两边都对 x 求导，得 $y' = \dfrac{1}{x} + \dfrac{1}{y}y' + \dfrac{1}{x+1} + \dfrac{1}{x+2}$，$y' = \dfrac{\dfrac{1}{x} + \dfrac{1}{x+1} + \dfrac{1}{x+2}}{1 - \dfrac{1}{y}} = \dfrac{y}{y-1}$
$\left(\dfrac{1}{x} + \dfrac{1}{x+1} + \dfrac{1}{x+2}\right)$。8.**解答** （1）$\dfrac{\mathrm{d}y}{\mathrm{d}t} = 1 - 2t$，$\dfrac{\mathrm{d}x}{\mathrm{d}t} = -2t$，$\dfrac{\mathrm{d}y}{\mathrm{d}x} = \dfrac{\dfrac{\mathrm{d}y}{\mathrm{d}t}}{\dfrac{\mathrm{d}x}{\mathrm{d}t}} = \dfrac{1 - 2t}{-2t}$；（2）$\dfrac{\mathrm{d}y}{\mathrm{d}t} =$

-1，$\dfrac{\mathrm{d}x}{\mathrm{d}t}=\cos t$，$\dfrac{\mathrm{d}y}{\mathrm{d}x}=\dfrac{\dfrac{\mathrm{d}y}{\mathrm{d}t}}{\dfrac{\mathrm{d}x}{\mathrm{d}t}}=\dfrac{-1}{\cos t}=-\sec t$；（3）$\dfrac{\mathrm{d}y}{\mathrm{d}t}=a(1+\sin t)$，$\dfrac{\mathrm{d}x}{\mathrm{d}t}=a(2t-\cos t)$，$\dfrac{\mathrm{d}y}{\mathrm{d}x}=$

$\dfrac{\dfrac{\mathrm{d}y}{\mathrm{d}t}}{\dfrac{\mathrm{d}x}{\mathrm{d}t}}=\dfrac{a(1+\sin t)}{a(2t-\cos t)}=\dfrac{1+\sin t}{2t-\cos t}$。 **9.解答** （1）$f'(x)=\dfrac{1}{x}-3\sin x-2$，$f'\left(\dfrac{\pi}{2}\right)=\dfrac{1}{\dfrac{\pi}{2}}-3\sin\dfrac{\pi}{2}-$

$2=\dfrac{2}{\pi}-5$，$f'(\pi)=\dfrac{1}{\pi}-3\sin\pi-2=\dfrac{1}{\pi}-2$；（2）$f'(x)=2x\sin x+x^2\cos x$，$f'(0)=2\times0\times$

$\sin0+0^2\cos0=0$，$f'\left(\dfrac{\pi}{2}\right)=2\times\dfrac{\pi}{2}\times\sin\dfrac{\pi}{2}+\left(\dfrac{\pi}{2}\right)^2\cos\dfrac{\pi}{2}=\pi$；（3）$f(x)=x(x+1)(x+$

$2)\cdots(x+8)=(x+1)[x(x+2)\cdots(x+8)]$，$f'(x)=[x(x+2)\cdots(x+8)]+(x+1)[x(x+$

$2)\cdots(x+8)]'$，$f'(-1)=-7!$；（4）$f'(x)=\dfrac{1}{3\sqrt[3]{(4-3x)^2}}\times(-3)=-\dfrac{1}{\sqrt[3]{(4-3x)^2}}$，

$f'(1)=-\dfrac{1}{\sqrt[3]{(4-3\times1)^2}}=-1$；（5）在方程的两边同时都对 x 求导，得 $\mathrm{e}^{xy}\left(y+x\dfrac{\mathrm{d}y}{\mathrm{d}x}\right)+$

$3y^2\dfrac{\mathrm{d}y}{\mathrm{d}x}-5=0$，$\dfrac{\mathrm{d}y}{\mathrm{d}x}=\dfrac{5-y\mathrm{e}^{xy}}{x\mathrm{e}^{xy}+3y^2}$。当 $x=0$ 时，$y=-1$。故 $\dfrac{\mathrm{d}y}{\mathrm{d}x}\bigg|_{x=0}=\dfrac{\mathrm{d}y}{\mathrm{d}x}\bigg|_{\substack{x=0\\y=-1}}=$

$\dfrac{5-(-1)\times\mathrm{e}^{0\times(-1)}}{0\times\mathrm{e}^{0\times(-1)}+3\times(-1)^2}=2$；（6）$\dfrac{\mathrm{d}y}{\mathrm{d}t}=4\sin^3t\cos t$，$\dfrac{\mathrm{d}x}{\mathrm{d}t}=4\cos^3t(-\sin t)$，$\dfrac{\mathrm{d}y}{\mathrm{d}x}=\dfrac{\dfrac{\mathrm{d}y}{\mathrm{d}t}}{\dfrac{\mathrm{d}x}{\mathrm{d}t}}=$

$\dfrac{4\sin^3t\cos t}{4\cos^3t(-\sin t)}=-\tan^2t$，故 $\dfrac{\mathrm{d}y}{\mathrm{d}x}\big|_{t=0}=-\tan^20=0$。 **10.解答** $y'=2x(x+1)+(x^2-1)=$

$3x^2+2x-1$，斜率 $k=y'\big|_{x=0}=3\times0^2+2\times0-1=-1$。 **11.解答** 在曲线方程的两边都对

x 求导，得 $3x^2+4yy'-3(y+xy')=0$，解得 $y'=\dfrac{3y-3x^2}{4y-3x}$，故 $y'\big|_{(1,1)}=\dfrac{3\times1-3\times1^2}{4\times1-3\times1}=0$。 所

求切线方程为 $y-1=0$，即 $y=1$。 **12.解答** $\dfrac{\mathrm{d}y}{\mathrm{d}t}=3t^2$，$\dfrac{\mathrm{d}x}{\mathrm{d}t}=2t$，$\dfrac{\mathrm{d}y}{\mathrm{d}x}=\dfrac{\dfrac{\mathrm{d}y}{\mathrm{d}t}}{\dfrac{\mathrm{d}x}{\mathrm{d}t}}=\dfrac{3t^2}{2t}=\dfrac{3}{2}t$，

$\dfrac{\mathrm{d}y}{\mathrm{d}x}\big|_{t=2}=\dfrac{3}{2}\times2=3$。曲线在 $t=2$ 处的切点为 $(5,8)$。所求切线方程为 $y-8=3(x-5)$，即

$3x-y-7=0$。

👥 自我检测题

检测题 2-2

1.函数 $y=x(x+1)(x+2)$ 的导数为（　　　）。

A. $y'=(x+1)(x+2)$；　　　　　　　　B. $y'=x(x+1)$；

C. $y' = x(x+2)$;   D. $y' = (x+1)(x+2) + x(x+1) + x(x+2)$。

2.函数 $y = e^{\cos 2x}$ 的导数为（　　）。

A. $y' = e^{\cos 2x} \sin 2x$；   B. $y' = -e^{\cos 2x} \sin 2x$；

C. $y' = 2e^{\cos 2x} \sin 2x$；   D. $y' = -2e^{\cos 2x} \sin 2x$。

3.若曲线 $y = x^2 + ax + b$ 与 $2y = -1 + xy^3$ 在点 $(1, -1)$ 处相切，其中 a，b 是常数，则有（　　）。

  A. $a = 0$，$b = -2$；   B. $a = 1$，$b = -3$；   C. $a = -3$，$b = 1$；   D. $a = -1$，$b = -1$。

4.填空题。

（1）设函数 $f(x) = \ln x^2$，则 $[f(2)]' = $ _____；

（2）已知两曲线 $y = \ln x$ 与 $y = ax^2$ 相切，则 $a = $ _____；

（3）设 $f(x^2) = x^4 + x^2 + 1$，则 $f'(-1) = $ _____。

5.求下列函数的导数。

（1）$y = 3x^3 + x - 1$；   （2）$y = \ln(2 - x)$；

（3）$y = \sin e^{2x} + 2x - \cos 1$；   （4）$y = \sqrt{x + \sqrt{x}}$。

6.求隐函数 $x^2 - y^3 + 2xy = 0$ 的导数 $\dfrac{dy}{dx}\Big|_{(1, -1)}$。

7.求由参数方程 $\begin{cases} x = \theta(1 - \sin\theta) \\ y = \theta\cos\theta \end{cases}$ 所确定的导数 $\dfrac{dy}{dx}$。

8.求函数 $y = \sqrt{\dfrac{(x-1)(x-2)}{(x-3)(x-4)}}$ 的导数。

9. 垂直向上抛一物体，设经过时间 t 后，物体上升的高度为 $h=10t-\dfrac{1}{2}gt^2$，求物体在 $t=1$ 时的瞬时速度。

10. 求曲线 $y=x\ln x-x$ 在点 $x=\mathrm{e}$ 处的切线方程。

第三节　高阶导数

 重点与难点辅导

1. 把二阶及二阶以上的导数统称为高阶导数，通过逐阶求导可以求得高阶导数。

2. 隐函数的二阶求导时，出现的一阶导数要记得用前面的结论替换出来。

3. 运动方程为 $s=s(t)$，则其一阶导数 $v=s'(t)=\dfrac{\mathrm{d}s}{\mathrm{d}t}$ 表示的是物体的运动速度，而二阶导数 $a=v'=\dfrac{\mathrm{d}^2 s}{\mathrm{d}t^2}$ 表示的是物体运动的加速度。

4. 重点是会求函数的高阶导数。难点是把握逐阶求导时的规律特点，以得到高阶导数。

 教材习题解析

习题 2-3

1. **解答**　选 D。2. **解答**　选 A。3. **解答**　选 B。4. **解答**　（1）e^x；（2）$\sin\left(x+\dfrac{n\pi}{2}\right)$；（3）$n!$；（4）$a^x\ln^n a$。5. **解答**　（1）$y'=3x^2+2x+1$，$y''=6x+2$；（2）$y'=4(x+1)^3$，$y''=12(x+1)^2$；（3）$y'=5^x\ln 5$，$y''=5^x\ln^2 5$；（4）$y'=\mathrm{e}^x+\dfrac{1}{x}$，$y''=\mathrm{e}^x-\dfrac{1}{x^2}$。6. **解答**　$y'=2(x^3+1)\times 3x^2=6x^2(x^3+1)$，$y''=12x(x^3+1)+6x^2\times 3x^2=30x^4+12x$。7. **解答**

$y' = \dfrac{1}{1+x} = (1+x)^{-1}$；$y'' = -(1+x)^{-2}$；$y''' = (-1)(-2)(1+x)^{-3}$；$\cdots$；$y^{(n)} = (-1)^{n-1}$ $(n-1)!$ $(1+x)^{-n}$。**8.解答** 先在方程 $xy + \ln x + \ln y = 0$ 的两边同时都对 x 求导得 $y + x$

$\dfrac{\mathrm{d}y}{\mathrm{d}x} + \dfrac{1}{x} + \dfrac{1}{y}\dfrac{\mathrm{d}y}{\mathrm{d}x} = 0$，$\dfrac{\mathrm{d}y}{\mathrm{d}x} = \dfrac{-y - \dfrac{1}{x}}{x + \dfrac{1}{y}} = -\dfrac{y}{x}$；$\dfrac{\mathrm{d}^2 y}{\mathrm{d}x^2} = \dfrac{-\dfrac{\mathrm{d}y}{\mathrm{d}x}x + y}{x^2} = \dfrac{-(-\dfrac{y}{x})\,x + y}{x^2} = \dfrac{2y}{x^2}$。

9.解答 $\dfrac{\mathrm{d}y}{\mathrm{d}t} = 3a\sin^2 t\cos t$，$\dfrac{\mathrm{d}x}{\mathrm{d}t} = -3a\cos^2 t\sin t$，$\dfrac{\mathrm{d}y}{\mathrm{d}x} = \dfrac{\dfrac{\mathrm{d}y}{\mathrm{d}t}}{\dfrac{\mathrm{d}x}{\mathrm{d}t}} = \dfrac{3a\sin^2 t\cos t}{-3a\cos^2 t\sin t} = -\tan t$；$\dfrac{\mathrm{d}^2 y}{\mathrm{d}x^2} = $

$\dfrac{\dfrac{\mathrm{d}\left(\dfrac{\mathrm{d}y}{\mathrm{d}x}\right)}{\mathrm{d}t}}{\dfrac{\mathrm{d}x}{\mathrm{d}t}} = \dfrac{-\sec^2 t}{-3a\cos^2 t\sin t} = \dfrac{1}{3a}\sec^4 t\csc t$。**10.解答** $v = \dfrac{\mathrm{d}s}{\mathrm{d}t} = -4\sin\dfrac{\pi t}{3}\times\dfrac{\pi}{3} = -\dfrac{4\pi}{3}\sin\dfrac{\pi t}{3}$；$a = $

$\dfrac{\mathrm{d}^2 s}{\mathrm{d}t^2} = -\dfrac{4\pi}{3}\cos\dfrac{\pi t}{3}\times\dfrac{\pi}{3} = -\dfrac{4\pi^2}{9}\cos\dfrac{\pi t}{3}$。 $a\big|_{t=1} = \dfrac{\mathrm{d}^2 s}{\mathrm{d}t^2}\big|_{t=1} = -\dfrac{4\pi^2}{9}\cos\dfrac{\pi}{3} = -\dfrac{2\pi^2}{9}$。

自我检测题

检测题 2-3

1. 设 $y = x^3 + x^2 - x - 1$，则 $y^{(4)} = $（ ）。

A. 0；   B. 3；   C. 6；   D. $6x$。

2. 设 $y = \sin x$，则 $y^{(5)} = $（ ）。

A. $\cos x$；   B. $-\sin x$；   C. $-\cos x$；   D. $\sin x$。

3. 填空题。

(1) $(x^3 + 3^x + 3^3)'' = $ _____；   (2) $(e^{2x})'' = $ _____；

(3) $(x^3)^{(4)} = $ _____；   (4) $(3^x)^{(4)} = $ _____。

4. 求下列函数的二阶导数。

(1) $y = 5x - 2x^2$；   (2) $y = \sin x\ln x$；

(3) $y = e^x\cos x$。

5.求下列函数的 n 阶导数。

（1） $y = \ln(1-x)$；

（2） $y = \sin^2 x$。

6.设 $f(x) = 3x^3 + 4x^2 - x + 9$，求 $f''(1)$。

7.已知 $y = x\cos x$，求 $y''(0)$。

8.设 $y\ln y = x + y$，求 $\dfrac{\mathrm{d}^2 y}{\mathrm{d}x^2}$。

9.设 $\begin{cases} x = a(t - \sin t) \\ y = a(1 - \cos t) \end{cases}$，求 $\dfrac{\mathrm{d}^2 y}{\mathrm{d}x^2}\bigg|_{t = \frac{\pi}{2}}$。

10.物体作变速直线运动，运动规律为 $s(t) = t^2 + 2t$，求其加速度 a。

11.验证函数 $y = \mathrm{e}^x \sin x$ 满足关系式 $y'' - 2y' + 2y = 0$。

第四节　微分及其近似计算

 重点与难点辅导

1.函数 $y = f(x)$ 在 x 处的增量 $\Delta y = f(x + \Delta x) - f(x)$ 的主要部分 $f'(x)\Delta x$，称为在 x 处的

第二章
导数及其应用的辅导与检测 023

函数的微分，记为 dy，即 $dy = f'(x)\Delta x$。而把自变量 x 的增量 Δx 称为自变量的微分，记为 dx，即 $dx = \Delta x$。

2. 掌握求微分的方法：函数的微分等于导数去乘以自变量的微分，即 $dy = f'(x)dx$。

3. 会利用微分求函数的近似计算。当 $|\Delta x|$ 很小时，有 $\Delta y = f(x_0 + \Delta x) - f(x_0) \approx dy = f'(x)dx$。

4. 重点是理解微分并会求解微分。难点是利用微分进行近似计算。

 教材习题解析

习题 2-4

1. **解答** 选 A。因为 $y' = \dfrac{1}{1+\left(\dfrac{1}{x}\right)^2}\left(-\dfrac{1}{x^2}\right) = -\dfrac{1}{1+x^2}$，$dy = \left(-\dfrac{1}{1+x^2}\right)dx$。 2. **解答**

选 B。因为 $y' = \dfrac{\dfrac{1}{x}x - \ln x}{x^2} = \dfrac{1-\ln x}{x^2}$，$dy = \dfrac{1-\ln x}{x^2}dx$。 3. **解答** 选 D。因为 $\dfrac{ds}{dt} = 3\cos 3t$，

$ds = 3\cos 3t\, dt$。 4. **解答** （1）$(e^x + 2x - \cos x)$；（2）$\left(5^x \ln 5 + \dfrac{1}{x} - 6x^2\right)$；（3）$(\arctan x +$

$C)$；（4）$(\tan x + C)$；（5）$\left(\dfrac{x^2}{2} + C\right)$；（6）$(\sin x + \cos x + C)$。 5. **解答** $y' = 6x + 2$，$dy =$

$(6x+2)dx$。 6. **解答** $y' = -3e^{1-3x}\cos x - e^{1-3x}\sin x$，$dy = (-3e^{1-3x}\cos x - e^{1-3x}\sin x)dx$。

7. **解答** $y' = -\dfrac{1}{x^2} + \dfrac{1}{\sqrt{x}}$，$dy = \left(-\dfrac{1}{x^2} + \dfrac{1}{\sqrt{x}}\right)dx$。 8. **解答** 在方程的两边同时对 x 求导得 $2x +$

$y'\cos y = 0$，$y' = -\dfrac{2x}{\cos y}$，$dy = -\dfrac{2x}{\cos y}dx$。 9. **解答** $y' = 2x$，$dy = 2x\,dx$。$dy\bigg|_{\substack{x=1 \\ \Delta x = -0.01}} = 2 \times 1 \times$

$(-0.01) = -0.02$，$\Delta y = ((x+\Delta x)^2 + 1) - (x^2 + 1) = 2x\Delta x + (\Delta x)^2$，$\Delta y\bigg|_{\substack{x=1 \\ \Delta x = -0.01}} = 2 \times 1 \times$

$(-0.01) + (-0.01)^2 = -0.0201$。 10. **解答** 可设球体体积为 $V = \dfrac{4}{3}\pi r^3$，这里 $r = 10\text{cm}$，$\Delta r =$

-0.1cm。$dV = 4\pi r^2 dr$，$dV\bigg|_{\substack{r=10 \\ \Delta r = -0.1}} = 4\pi \times 10^2 \times (-0.1) \approx -126$。即球壳体积的近似值为 126cm^3。

自我检测题

检测题 2-4

1. 设 C 为常数，则下列函数中，微分等于 $\dfrac{dx}{x\ln x}$ 的是（　　　）。

A. $x\ln x + C$；　　　　B. $\dfrac{1}{2}\ln^2 x + C$；　　　　C. $\ln(\ln x) + C$；　　　　D. $\dfrac{\ln x}{x} + C$。

2. 设 $y = \cos 2x$，则 $\mathrm{d}y = ($　　$)$。

A. $\cos 2x$；　　　　B. $-\sin 2x$；　　　　C. $-2\sin 2x$；　　　　D. $-2\sin 2x\,\mathrm{d}x$。

3. 填空题。

（1）$\mathrm{d}\left(x^2 + \ln x + \dfrac{1}{x} - \sqrt{x}\right) = $ _____ $\mathrm{d}x$；

（2）$\mathrm{d}\left(\dfrac{1}{2}t^2 - 3t\right) = $ _____ $\mathrm{d}t$；

（3）$\mathrm{d}(\sin x - \cos x + C) = $ _____ $\mathrm{d}x$；

（4）d _____ $= a^x\,\mathrm{d}x$；

（5）d _____ $= \dfrac{1}{\sqrt{1-x^2}}\mathrm{d}x$。

4. 求函数 $y = x^3 + 3^x + 3^3$ 的微分 $\mathrm{d}y$。

5. 求函数 $y = x^2\cos x$ 的微分 $\mathrm{d}y$。

6. 求函数 $y = \cos\ln x - \ln\cos x$ 的微分 $\mathrm{d}y$。

7. 计算函数 $y = x^2 + x$ 在点 $x = 2$，$\Delta x = 0.01$ 处的微分 $\mathrm{d}y\Big|_{\substack{x=2 \\ \Delta x = 0.01}}$。

8. 求 $\mathrm{e}^{1.01}$ 的近似值。

9.求 $\sqrt[5]{0.95}$ 的近似值。

10.棱长为100cm 的铁质正方体，受热后棱长增加了 0.1cm。试求受热后正方体体积的近似值。

第五节　洛必达法则

 重点与难点辅导

1.洛必达法则是求解未定式的极限的一个很好的方法，熟练掌握洛必达法则来求未定式 $\frac{0}{0}$ 型或 $\frac{\infty}{\infty}$ 型的极限。使用洛必达法则时，必须满足洛必达法则的全部条件，缺一不可。洛必达法则可以多次使用。

2.未定式有 $\frac{0}{0}$ 型，$\frac{\infty}{\infty}$ 型以及 $0 \times \infty$，$\infty - \infty$，0^0，1^∞，∞^0 等。对于 $0 \times \infty$，$\infty - \infty$，0^0，1^∞，∞^0 等未定式，它们都可转化为 $\frac{0}{0}$ 型或 $\frac{\infty}{\infty}$ 型未定式。

3.重点是熟练掌握洛必达法则求解未定式 $\frac{0}{0}$ 型或 $\frac{\infty}{\infty}$ 型的极限。难点是熟练运用洛必达法则求解各种未定式型的极限。

 教材习题解析

习题 2-5

1.**解答**　选 B。2.**解答**　选 B。3.**解答**　$0 \times \frac{1}{0}$。4.**解答**　-2。因为 $\lim\limits_{x \to 1} \dfrac{x^2 - 1}{\sin(1-x)} =$ $\lim\limits_{x \to 1} \dfrac{2x}{-\cos(1-x)} = -2$。5.**解答**　$\lim\limits_{x \to e} \dfrac{e^x - x^e}{x - e} = \lim\limits_{x \to e} \dfrac{e^x - e x^{e-1}}{1} = 0$。6.**解答**　$\lim\limits_{x \to n} \dfrac{x - n}{\sin \pi x} =$

$$\lim_{x\to n}\frac{1}{\pi\cos\pi x}=\begin{cases}\dfrac{1}{\pi} & (n\text{ 为正偶数})\\[2mm]-\dfrac{1}{\pi} & (n\text{ 为正奇数})\end{cases}$$
。**7.解答** $\lim\limits_{x\to 0^+}\dfrac{\ln\sin 3x}{\ln\sin x}=\lim\limits_{x\to 0^+}\dfrac{\dfrac{3\cos 3x}{\sin 3x}}{\dfrac{\cos x}{\sin x}}=\lim\limits_{x\to 0^+}\dfrac{3\cos 3x}{\cos x}\cdot$

$\lim\limits_{x\to 0^+}\dfrac{\sin x}{\sin 3x}=3\times\lim\limits_{x\to 0^+}\dfrac{\sin x}{\sin 3x}=3\times\lim\limits_{x\to 0^+}\dfrac{\cos x}{3\cos 3x}=3\times\dfrac{1}{3}=1$。**8.解答** $\lim\limits_{x\to 0}\dfrac{x-\sin x}{x^3}=$

$\lim\limits_{x\to 0}\dfrac{1-\cos x}{3x^2}=\lim\limits_{x\to 0}\dfrac{\sin x}{6x}=\lim\limits_{x\to 0}\dfrac{\cos x}{6}=\dfrac{1}{6}$。**9.解答** $\lim\limits_{x\to 0}\dfrac{x(\mathrm{e}^x-1)}{1-\cos x}=\lim\limits_{x\to 0}\dfrac{(\mathrm{e}^x-1)+x\mathrm{e}^x}{\sin x}=$

$\lim\limits_{x\to 0}\dfrac{\mathrm{e}^x+\mathrm{e}^x+x\mathrm{e}^x}{\cos x}=2$。**10.解答** $\lim\limits_{x\to 0^+}\sin x\ln x=\lim\limits_{x\to 0^+}\dfrac{\ln x}{\csc x}=\lim\limits_{x\to 0^+}\dfrac{\dfrac{1}{x}}{-\csc x\cot x}=$

$-\lim\limits_{x\to 0^+}\dfrac{\sin^2 x}{x\cos x}=-\lim\limits_{x\to 0^+}\dfrac{1}{\cos x}\lim\limits_{x\to 0^+}\dfrac{\sin^2 x}{x}=-\lim\limits_{x\to 0^+}\dfrac{\sin^2 x}{x}=-\lim\limits_{x\to 0^+}\dfrac{2\sin x\cos x}{1}=0$。**11.解答**

$\lim\limits_{x\to 0}\left(\dfrac{1}{\sin x}-\dfrac{1}{x}\right)=\lim\limits_{x\to 0}\dfrac{x-\sin x}{x\sin x}=\lim\limits_{x\to 0}\dfrac{1-\cos x}{\sin x+x\cos x}=\lim\limits_{x\to 0}\dfrac{\sin x}{\cos x+(\cos x-x\sin x)}=0$。**12.解答**

$\lim\limits_{x\to 0^+}x^{\sin x}=\lim\limits_{x\to 0^+}\mathrm{e}^{\sin x\ln x}=\mathrm{e}^{\lim\limits_{x\to 0^+}\sin x\ln x}=\mathrm{e}^0=1$。**13.解答** $\lim\limits_{x\to 1}x^{\frac{1}{1-x}}=\lim\limits_{x\to 1}\mathrm{e}^{\frac{1}{1-x}\ln x}=\mathrm{e}^{\lim\limits_{x\to 1}\frac{\ln x}{1-x}}=\mathrm{e}^{\lim\limits_{x\to 1}\frac{\frac{1}{x}}{-1}}=$

$\mathrm{e}^{-1}=\dfrac{1}{\mathrm{e}}$。**14.解答** $\lim\limits_{x\to 0^+}\left(\dfrac{1}{x}\right)^{\sin x}=\lim\limits_{x\to 0^+}x^{-\sin x}=\lim\limits_{x\to 0^+}\mathrm{e}^{-\sin x\ln x}=\mathrm{e}^{-\lim\limits_{x\to 0^+}\sin x\ln x}=\mathrm{e}^0=1$。

自我检测题

检测题 2-5

1.下列极限中不能使用洛必达法则的是（　　　）。

A. $\lim\limits_{x\to +\infty}\dfrac{\ln x}{x}$；　　　B. $\lim\limits_{x\to \infty}\dfrac{\cos 2x}{x}$；　　　C. $\lim\limits_{x\to 0}\dfrac{\tan x}{1-\mathrm{e}^x}$；　　　D. $\lim\limits_{x\to 1}\dfrac{\ln x}{1-x}$。

2.下列极限中不能使用洛必达法则的是（　　　）。

A. $\lim\limits_{x\to \infty}\dfrac{x-\sin x}{x+\sin x}$；　　B. $\lim\limits_{x\to 0}\dfrac{\sin^2 x}{x}$；　　　C. $\lim\limits_{x\to 1}\dfrac{\ln x}{x-1}$；　　　D. $\lim\limits_{x\to 0}\dfrac{x(\mathrm{e}^x-1)}{\cos x-1}$。

3. $\lim\limits_{x\to 1}\dfrac{x^2-1}{\sin(3-3x)}=$（　　　）。

A. $-\dfrac{1}{3}$；　　　　　B. -3；　　　　　C. $\dfrac{2}{3}$；　　　　　D. $-\dfrac{2}{3}$。

4. $\lim\limits_{x\to \frac{\pi}{2}}(\sec x-\tan x)=$（　　　）。

A. $-\infty$；　　　　　B. $+\infty$；　　　　　C. 1；　　　　　D. 0。

5.将$\infty-\infty$可转化为$\dfrac{0}{0}$型，则有$\infty-\infty\Rightarrow\dfrac{1}{0}-\dfrac{1}{0}\Rightarrow$＿＿＿＿＿＿$\Rightarrow\dfrac{0}{0}$。

6. $\lim\limits_{x\to +\infty}\dfrac{x+\sin x}{x}=$＿＿＿＿＿＿。

7. 求 $\lim\limits_{x \to 3} \dfrac{x^2 - 7x + 12}{x^2 - x - 6}$。

8. 求 $\lim\limits_{x \to 1} \dfrac{x^3 - 1}{x^5 - 1}$。

9. 求 $\lim\limits_{x \to \infty} \dfrac{\ln x}{\sqrt{x}}$。

10. 求 $\lim\limits_{x \to 0} \dfrac{e^x \sin x - x}{3x^2 - x^5}$。

11. 求 $\lim\limits_{x \to 1} \left(\dfrac{2}{x^2 - 1} - \dfrac{1}{x - 1} \right)$。

12. 求 $\lim\limits_{x \to 0} (x + e^x)^{\frac{1}{x}}$。

第六节　函数的单调性

 重点与难点辅导

1.函数是单调增加还是单调减少的特性称为函数的单调性，与之相对应的区间叫做单调区间。

2.判断函数单调性的方法有三种：定义法、图像法以及利用导数判断法。

3.熟练运用导数来判定函数的单调性。$f'(x) > 0 \Rightarrow$ 函数单调增加，$f'(x) < 0 \Rightarrow$ 函数单调减少。

4.应用函数的单调性证明不等式。函数单调增加时，左端点的函数值最小，右端点的函数值最大；函数单调减少时，左端点的函数值最大，右端点的函数值最小。

5.重点是会判定函数的单调性。难点是会应用函数的单调性证明不等式。

 教材习题解析

习题 2-6

1.**解答**　选 D。因为 $y' = 2x(x-2)^2 + x^2 \times 2(x-2) = (4x^2 - 4x)(x-2) = 4x(x-1)(x-2)$。在区间 $(0,1)$ 内时，$y' > 0$，单调增加；在区间 $(1,2)$ 内时，$y' < 0$，单调减少。

2.**解答** 选 A。因为设 $F(x)=f(x)-g(x)$，$F(0)=0$，$F'(x)=f'(x)-g'(x)$，当 $x>0$ 时，$F'(x)>0$，函数 $f(x)$ 单调增加，故 $F(x)>0$，因而 $f(x)>g(x)$。3.**解答** 单调增加。4.**解答** 驻。5.**解答** $f'(x)=2x-2$，令 $f'(x)=0$，得 $x=1$。列表：

x	$(-\infty,1)$	1	$(1,+\infty)$
$f'(x)$	$-$	0	$+$
$f(x)$	↘		↗

所以函数 $f(x)$ 在 $(-\infty,1)$ 内单调减少，在 $(1,+\infty)$ 内单调增加。6.**解答** 函数 $f(x)$ 的定义域为 $(-\infty,1]$。$f'(x)=1-\dfrac{1}{2\sqrt{1-x}}=\dfrac{2\sqrt{1-x}-1}{2\sqrt{1-x}}$。令 $f'(x)=0$，有驻点 $x=\dfrac{3}{4}$；令分母 $2\sqrt{1-x}=0$，有不可导点 $x=1$。列表为：

x	$(-\infty,\frac{3}{4})$	$\frac{3}{4}$	$(\frac{3}{4},1)$	1
$f'(x)$	$+$	0	$-$	不存在
$f(x)$	↗		↘	

所以函数 $f(x)$ 在 $\left(-\infty,\dfrac{3}{4}\right)$ 内单调增加，在 $\left(\dfrac{3}{4},1\right)$ 内单调减少。7.**解答** $f'(x)=x^{\frac{2}{3}}+\dfrac{2}{3}(x-5)x^{-\frac{1}{3}}=\dfrac{5(x-2)}{3\sqrt[3]{x}}$。显然，有驻点 $x=2$，不可导点 $x=0$。列表为：

x	$(-\infty,0)$	0	$(0,2)$	2	$(2,+\infty)$
$f'(x)$	$+$	不可导	$-$	0	$+$
$f(x)$	↗		↘		↗

所以函数 $f(x)$ 在 $(-\infty,0)$ 内单调增加，在 $(0,2)$ 内单调减少，在 $(2,+\infty)$ 内单调增加。8.**解答** $y'=3x^2+1>0$，所以函数 $f(x)$ 在整个实数域内是单调增加的。9.**解答** 定义域为 $(0,+\infty)$。$y'=4x-\dfrac{1}{x}=\dfrac{4x^2-1}{x}$。显然，有驻点 $x=\dfrac{1}{2}$。列表为：

x	$(0,\frac{1}{2})$	$\frac{1}{2}$	$(\frac{1}{2},+\infty)$
y'	$-$	0	$+$
y	↘		↗

所以函数 y 在 $\left(0,\dfrac{1}{2}\right)$ 内单调减少，在 $\left(\dfrac{1}{2},+\infty\right)$ 内单调增加。10.**解答** $y'=2x+1$，显然有驻点 $x=-\dfrac{1}{2}$。列表为：

x	$\left(-\infty,-\dfrac{1}{2}\right)$	$-\dfrac{1}{2}$	$\left(-\dfrac{1}{2},+\infty\right)$
y'	$-$	0	$+$
y	↘		↗

所以函数 y 在 $\left(-\infty,-\dfrac{1}{2}\right)$ 内单调减少，在 $\left(-\dfrac{1}{2},+\infty\right)$ 内单调增加。11. **证明**　设 $f(x)=x-\ln(1+x)$，$f(0)=0$，$f'(x)=1-\dfrac{1}{1+x}$。当 $x>0$ 时，$f'(x)>0$。函数是单调增加的，$f(x)>f(0)=0$，所以 $x-\ln(1+x)>0$，$x>\ln(1+x)$。12. **证明**　设 $f(x)=\ln(1+x)-\dfrac{x}{1+x}$，$f(0)=0$，$f'(x)=\dfrac{1}{1+x}-\dfrac{(1+x)-x}{(1+x)^2}=\dfrac{x}{(1+x)^2}$。当 $x>0$ 时，$f'(x)>0$。函数是单调增加的，$f(x)>f(0)=0$，所以 $\ln(1+x)-\dfrac{x}{1+x}>0$，$\ln(1+x)>\dfrac{x}{1+x}$。

自我检测题

检测题 2-6

1. 设函数 $y=\dfrac{\ln x}{x}$，则下列结论正确的是（　　）。

A. 在 $(0,e)$ 内单调减少；　　　　　　　　B. 在 $(0,e)$ 内单调增加；

C. 在 $(1,+\infty)$ 内单调增加；　　　　　　D. 在 $(e,+\infty)$ 内单调增加。

2. 函数 $y=(x+1)^3$ 在区间 $(-1,2)$ 内的单调性为（　　）。

A. 单调增加；　　　　B. 单调减少；　　　　C. 不增不减；　　　　D. 有增有减。

3. 若在区间 (a,b) 上有 $f'(x)<0$，则函数的单调性为_____。

4. 若在区间 (a,b) 上有 $f'(x)<0$，$f(a)<0$。比较大小，则有 $f(x)$ _____ 0。

5. 判断函数 $f(x)=x^4-8x^2+3$ 的单调性。

6. 判断函数 $y=x+\cos x$ 在区间 $(0,2\pi)$ 内的单调性。

7. 判断函数 $f(x)=3x-x^3$ 的单调性。

8.判断函数 $y = x - \ln x$ 的单调性。

9.判断函数 $y = x - e^x$ 的单调性。

10.求函数 $y = x + \dfrac{2}{x}$ 的单调区间。

11.证明不等式：当 $0 < x < \dfrac{\pi}{2}$ 时，$\sin x < x$。

12.证明不等式：当 $x > 1$ 时，$e^x > ex$。

第七节 极值与最值

 重点与难点辅导

1.极值是一个局部概念，它存在于某一个开区间内，在定义域内可能会有多个极值。而最值是一个全局概念，它存在于区间内的极值点处或是闭区间上的端点处，最值不能有多个。

2.极值的求解方法是函数单调性的延伸。注意区分求解单调性与极值。

3.如果当 $x < x_0$ 时，$f'(x) > 0$；而当 $x > x_0$ 时，$f'(x) < 0$，则 $f(x)$ 在 x_0 处取得极大值。如果当 $x < x_0$ 时，$f'(x) < 0$；而当 $x > x_0$ 时，$f'(x) > 0$，则 $f(x)$ 在 x_0 处取得极小值。

4.重点是熟练掌握求解极值与最值。难点是能区别极值与最值两者的不同之处。

习题 2-7

1.**解答** 选 D。用极值的充分条件 I 去判断。2.**解答** 选 B。显然，$x=x_0$ 点是一个极大值点，而 $f(x_0)$ 是 $f(x)$ 的一个极大值。3.**解答** 选 D。因为在区间 $(-1,1)$ 内，$y'=2x$，有驻点 $x=0$。当 $x\in(-1,0)$ 时，$y'<0$，单调减少；当 $x\in(0,1)$ 时，$y'>0$，单调增加。$x=0$ 点为极小值点，在 $(-1,1)$ 内最大值点不存在。4.**解答** 选 D。由求最值的方法可知。5.**解答** 不相同。6.**解答** -1。因为在 $[0,1]$ 上时，$f'(x)=3x^2-6x=3x(x-2)<0$，单调减少，故最小值为 $f(1)=-1$。7.**解答** $f'(x)=6x^2-6x=6x(x-1)$，有驻点 $x=0$ 与 $x=1$。列表为：

x	$(-\infty,0)$	0	$(0,1)$	1	$(1,+\infty)$
$f'(x)$	$+$	0	$-$	0	$+$
$f(x)$	↗	极大值	↘	极小值	↗

极大值为 $f(0)=0$；极小值为 $f(1)=-1$。8.**解答** $f'(x)=\dfrac{2(1+x^2)-2x\times 2x}{(1+x^2)^2}=\dfrac{2(1-x^2)}{(1+x^2)^2}=\dfrac{2(1+x)(1-x)}{(1+x^2)^2}$，有驻点 $x=-1$ 与 $x=1$。列表为：

x	$(-\infty,-1)$	-1	$(-1,1)$	1	$(1,+\infty)$
$f'(x)$	$-$	0	$+$	0	$-$
$f(x)$	↘	极小值	↗	极大值	↘

极小值为 $f(-1)=-1$；极大值为 $f(1)=1$。9.**解答** $y'=1-\dfrac{1}{\sqrt[3]{x}}=\dfrac{\sqrt[3]{x}-1}{\sqrt[3]{x}}$，有驻点 $x=1$ 与不可导点 $x=0$。列表为：

x	$(-\infty,0)$	0	$(0,1)$	1	$(1,+\infty)$
y'	$+$	不存在	$-$	0	$+$
y	↗	极大值	↘	极小值	↗

极大值为 $y(0)=0$；极小值为 $y(1)=-\dfrac{1}{2}$。10.**解答** $f'(x)=3x^2-6x=3x(x-2)$。有驻点 $x=0$ 与 $x=2$。$f(0)=3$，$f(2)=-1$，$f(-3)=-51$，$f(3)=3$。最大值为 $f(0)=f(3)=3$；最小值为 $f(-3)=-51$。11.**解答** 如图 2-1。设宽为 $x(0<x<8)$，则长为 $(24-3x)$。再设面积为 y，则有 $y=x(24-3x)$。$y'=24-6x$，有驻点 $x=4$。由于这个两居室面积的最大值在 $(0<x<8)$ 内

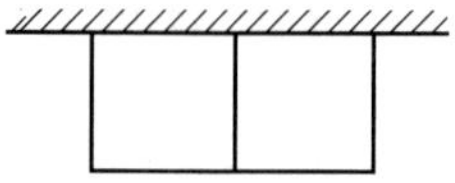

图 2-1

一定存在，且 y 在 $(0<x<8)$ 内只有唯一驻点 $x=4$。所以当 $x=4$ 时，有最大值 $y=y(4)=48\text{m}^2$。

自我检测题

检测题 2-7

1. 如果 $f'(x_0)=0$，则点 $x=x_0$ 一定是（　　　）。

A. 极大值点；　　　　　B. 极小值点；　　　　　C. 驻点；　　　　　D. 不可导点。

2. 函数 $y=x^3-1$ 在区间 $[-1,1]$ 上的最大值是（　　　）。

A. 0；　　　　　B. 1；　　　　　C. 2；　　　　　D. 不存在。

3. 可导情况下，极值点一定是_____。

4. 函数 $y=\sin x-x$ 在区间 $[0,\pi]$ 上的最大值是_____。

5. 求函数 $y=x^2-2x+3$ 的极值。

6. 求函数 $y=2x^2-x^4$ 的极值。

7. 求函数 $y=(x-1)^2(x-2)^2$ 的极值。

8. 求函数 $f(x)=x^3+2x-1$ 在 $[0,2]$ 上的最大值与最小值。

9. 求函数 $f(x)=x-2\sqrt{x}$ 在 $[0,4]$ 上的最大值与最小值。

10. 求函数 $y=2x^3-3x^2$ 在 $[-1,4]$ 上的最大值与最小值。

11. 要造一个容积为 50m^3 的圆柱形油罐（含盖），问油罐的底面半径和高等于多少时，才能使材料最省（表面积最小）？

第八节　函数图像的描绘

 重点与难点辅导

　　1.判断曲线是凹弧还是凸弧的特性称为凹凸性，其所对应的区间叫凹凸区间。凹弧与凸弧的分界点就是拐点。$f''(x)<0\Rightarrow$凸弧，$f''(x)>0\Rightarrow$凹弧。拐点 $(x_0,f(x_0))$ 左右两边的凹凸性是不相同的。

　　2.渐近线可分为水平渐近线、铅直渐近线和斜渐近线三种。

　　3.重点是（1）会判别函数曲线的凹凸性与拐点；（2）会求函数曲线的渐近线。难点是（1）理解凹凸性的判定；（2）理解函数渐近线。

 教材习题解析

习题 2-8

　　1.**解答**　选 B。因为 $y'=2(x-1)$，$y''=2>0$，所以是凹弧。2.**解答**　选 B。因为 $y'=3(x-1)^2$，$y''=6(x-1)$。当 $x<1$ 时，$y''<0$，凸弧；当 $x>1$ 时，$y''>0$，凹弧。当 $x=1$ 时，$y=-1$，拐点为 $(1,-1)$。　3.**解答**　选 D。因为 $\lim\limits_{x\to 2}y=\infty$，所以有铅直渐近线 $x=2$；

又因为 $a=\lim\limits_{x\to\infty}\dfrac{\frac{4x-1}{(x-2)^2}}{x}=\lim\limits_{x\to\infty}\dfrac{4-\frac{1}{x}}{(x-2)^2}=\lim\limits_{x\to\infty}\dfrac{\frac{4}{x^2}-\frac{1}{x^3}}{(1-\frac{2}{x})^2}=0$，$b=\lim\limits_{x\to\infty}\dfrac{4x-1}{(x-2)^2}=$

$\lim\limits_{x\to\infty}\dfrac{\frac{4}{x}-\frac{1}{x^2}}{(1-\frac{2}{x})^2}=0$，所以有水平渐近线 $y=0$。4.**解答**　凹弧。5.**解答**　$x=3$。6.**解答**　$y'=$

$3x^2-6x$，$y''=6x-6$。当 $x<1$ 时，$y''<0$，凸弧；当 $x>1$ 时，$y''>0$，凹弧。　7.**解答**

$y'=\dfrac{1}{4}x^4-x^3+x^2$，$y''=x^3-3x^2+2x=x(x-1)(x-2)$，令 $y''=0$ 有 $x=0$，$x=1$，$x=2$。列表为：

x	$(-\infty,0)$	0	$(0,1)$	1	$(1,2)$	2	$(2,+\infty)$
y''	$-$	0	$+$	0	$-$	0	$+$
y	凸弧	拐点	凹弧	拐点	凸弧	拐点	凹弧

拐点有 $(0,0)$、$\left(1,\dfrac{2}{15}\right)$、$\left(2,\dfrac{4}{15}\right)$。8.**解答** $y'=3x^2+1$，$y''=6x$。当 $x<0$ 时，$y''<0$；当 $x>0$ 时，$y''>0$。当 $x=0$ 时，$y=1$，有拐点 $(0,1)$。9.**解答** 显然有铅直渐近线 $x=2$。

又由于 $a=\lim\limits_{x\to\infty}\dfrac{\frac{x^2}{x-2}}{x}=1$，$b=\lim\limits_{x\to\infty}\left(\dfrac{x^2}{x-2}-x\right)=\lim\limits_{x\to\infty}\dfrac{2x}{x-2}=2$，所以有斜渐近线 $y=x+2$。

10.**解答** 令 $x^2+x-6=0$，有 $x=-3$ 与 $x=2$。由于 $\lim\limits_{x\to-3}y=\infty$，直线 $x=-3$ 是一条铅直

渐近线；由于 $\lim\limits_{x\to2}y=\lim\limits_{x\to2}\dfrac{x^2-4}{x^2+x-6}=\lim\limits_{x\to2}\dfrac{x+2}{x+3}=\dfrac{4}{5}$，直线 $x=2$ 不是渐近线。又由于 $a=$

$\lim\limits_{x\to\infty}\dfrac{\frac{x^2-4}{x^2+x-6}}{x}=0$，$b=\lim\limits_{x\to\infty}\dfrac{x^2-4}{x^2+x-6}=1$，所以有水平渐近线 $y=1$。11.**解答** 由于 $a=$

$\lim\limits_{x\to\infty}\dfrac{\frac{1}{x^2+1}}{x}=0$，$b=\lim\limits_{x\to\infty}\dfrac{1}{x^2+1}=0$，所以有水平渐近线 $y=0$。

👥 自我检测题

检测题 2-8

1.如果函数 $f(x)$ 在区间 (a,b) 内恒有 $f'(x)<0$，$f''(x)>0$，则曲线 $f(x)$ 的弧会（　　）。

    A.单调增加且为凸弧；　　　　　　　B.单调减少且为凸弧；

    C.单调增加且为凹弧；　　　　　　　D.单调减少且为凹弧。

2.若直线 $x=1$ 是曲线 $y=f(x)$ 的铅直渐近线，则 $f(x)$ 可能是（　　　）。

    A.$\dfrac{x^2}{x+1}$；　　　　　B.$\dfrac{x^2-1}{x-1}$；　　　　　C.$\dfrac{1}{(x-1)^2}$；　　　　　D.$\dfrac{1}{x^2+2x+1}$。

3.若曲线 $y=(ax-b)^3$ 在点 $(1,(a-b)^3)$ 处有拐点，则 a 与 b 应满足关系_____。

4.求函数 $y=\dfrac{1}{x}$ 的凹凸性。

5.求函数 $y=2x^3+3x^2+x-2$ 的凹凸性与拐点。

6.求函数 $y = \ln(1 + x^2)$ 的拐点。

7.求函数 $y = 3 - x - x^3$ 的拐点。

8.求函数 $y = \dfrac{1}{1 - x^2}$ 的渐近线。

9.求函数 $y = 2x + \dfrac{1}{x}$ 的渐近线。

10.已知点 $(1,3)$ 为曲线 $y = ax^3 + bx^2$ 的拐点，求常数 a 与 b 的值。

 教材复习题解析

复习题二

一、选择题

1.**解答** 选 C。因为 $\lim\limits_{\Delta x \to 0} \dfrac{f(x_0 + 2\Delta x) - f(x_0)}{\Delta x} = \lim\limits_{2\Delta x \to 0} \dfrac{f(x_0 + 2\Delta x) - f(x_0)}{2\Delta x} \times 2 = 2f'(x_0)$。2.**解答** 选 B。因为 $y' = 4x + 3 = 15$，$x = 3$，从而 $y = 1$。点 M 的坐标是 $(3,1)$。

3.**解答** 选 B。因为 A 中分母为零不连续；C 中连续且可导；D 中不连续；只有 B 中连续不可导。4.**解答** 选 C。因为 $f'(x)=(x+1)(x+2)\cdots(x+100)+x[(x+1)(x+2)\cdots(x+100)]'$，$f'(0)=100!$。5.**解答** 选 C。因为 $y'=\dfrac{\mathrm{d}y}{\mathrm{d}x}=\dfrac{\mathrm{d}y}{\mathrm{d}\sin x}\times\dfrac{\mathrm{d}\sin x}{\mathrm{d}x}=\cos x\cos x=\cos^2 x$。

6.**解答** 选 C。因为 $y'=(1-x)^{-2}$；$y''=2!(1-x)^{-3}$；$y'''=3!(1-x)^{-4}$；$\cdots$；$y^{(n)}=n!(1-x)^{-n-1}=\dfrac{n!}{(1-x)^{n+1}}$。7.**解答** 选 C。通过求极值的方法可知。8.**解答** 选 C。因为在区间 $(0,1)$ 内 $y'=2x>0$，函数单调增加。最大值为 $y(1)=2$。

二、填空题

9.**解答** $\dfrac{1}{x\ln 2}$。10.**解答** $2x+2^x\ln 2$。11.**解答** $x+\sqrt{3}\,y-4=0$ 与 $x-\sqrt{3}\,y-4=0$。

因为在方程的两边都对 x 求导，$2x+2yy'=0$，$y'=-\dfrac{x}{y}$。当 $x=1$ 时，$y=\pm\sqrt{3}$。

$y'\bigg|_{\substack{x=1\\y=\pm\sqrt{3}}}=\mp\dfrac{\sqrt{3}}{3}$。切线方程是 $y-\sqrt{3}=-\dfrac{\sqrt{3}}{3}(x-1)$ 与 $y+\sqrt{3}=\dfrac{\sqrt{3}}{3}(x-1)$，即 $x+\sqrt{3}\,y-$

$4=0$ 与 $x-\sqrt{3}\,y-4=0$。12.**解答** 0。13.**解答** $(\cos x+2x)\mathrm{d}x$。14.**解答** 0。

三、解答题

15.**解答** $y'=3x^2 3^x+x^3 3^x\ln 3$。16.**解答** $y'=\dfrac{1}{1+x^2}+\ln x+1$。17.**解答**

$\lim\limits_{x\to 0}\dfrac{\tan x-\sin x}{x-\sin x}=\lim\limits_{x\to 0}\dfrac{\sec^2 x-\cos x}{1-\cos x}=\lim\limits_{x\to 0}\dfrac{2\sec x\sec x\tan x+\sin x}{\sin x}=\lim\limits_{x\to 0}\dfrac{2\sec^3 x\sin x+\sin x}{\sin x}=$

$\lim\limits_{x\to 0}(2\sec^3 x+1)=3$。18.**解答** $f'(x)=6x^2-18x+12=6(x-1)(x-2)$。有驻点 $x=1$ 与 $x=2$。列表为：

x	$(-\infty,1)$	1	$(1,2)$	2	$(2,+\infty)$
$f'(x)$	+	0	−	0	+
$f(x)$	↗		↘		↗

$(-\infty,1)$ 与 $(2,+\infty)$ 为单调增加区间，$(1,2)$ 为单调减少区间。19.**解答** $f'(x)=-1+$

$\dfrac{8}{(x+2)^3}=\dfrac{8-(x+2)^3}{(x+2)^3}=\dfrac{-x(x^2+6x+12)}{(x+2)^3}$。在 $(-1,2)$ 内，有驻点 $x=0$。$f(0)=0$，

$f(-1)=-2$，$f(2)=-\dfrac{5}{4}$。最大值为 $f(0)=0$，最小值为 $f(-1)=-2$。20.**解答** 显然

有铅直渐近线 $x=1$。又 $a=\lim\limits_{x\to\infty}\dfrac{\frac{x^2}{x-1}}{x}=1$，$b=\lim\limits_{x\to\infty}\left(\dfrac{x^2}{x-1}-x\right)=\lim\limits_{x\to\infty}\dfrac{x}{x-1}=1$，有斜渐近线

$y=x+1$。

自测题二

一、选择题

1.若下列式中左边的极限都存在，则其中等式不正确的是 （　　）。

A. $\lim\limits_{n\to\infty} n\left[f\left(x_0+\dfrac{1}{n}\right)-f(x_0)\right]=f'(x_0)$；

B. $\lim\limits_{\Delta x\to 0}\dfrac{f(x_0)-f(x_0-\Delta x)}{\Delta x}=f'(x_0)$；

C. $\lim\limits_{h\to 0}\dfrac{f(x_0+2h)-f(x_0)}{h}=f'(x_0)$；

D. $\lim\limits_{h\to 0}\dfrac{f(x_0+h)-f(x_0-h)}{2h}=f'(x_0)$。

2.曲线 $y=x^2-x+1$ 上点 P 处的切线斜率是 1，则点 P 的坐标是 （　　）。

A. $(1,0)$；　　　　　　B. $(-1,0)$；　　　　　C. $(1,-1)$；　　　　D. $(1,1)$。

3.设 $f(x)=x(x+1)(x+2)$，则 $f'(-1)$ 的值为 （　　）。

A. 0；　　　　　　　　B. 1；　　　　　　　　C. 2；　　　　　　　　　D. -1。

4.函数 $y=f(x)$ 在 $x=x_0$ 处有 $f'(x_0)=0$ 与 $f''(x_0)>0$，则点 $x=x_0$ 为 （　　）。

A. 极大值点；　　　　B. 极小值点；　　　　C. 拐点；　　　　　　　D. 不可导点。

5.下列函数中有渐近线 $x=1$ 的是 （　　）。

A. $y=\dfrac{x-1}{x+1}$；　　　　　　　　　　　　B. $y=\dfrac{(x-2)(x-3)}{x-1}$；

C. $y=\dfrac{x^2+x-2}{1-x}$；　　　　　　　　　　D. $y=\dfrac{1-x}{x-2}$。

二、填空题

6.设函数 $y=\sin x-\cos x+\tan 1$，则有 $y'=$ _____。

7.曲线 $x^2-3y^2=1$ 在 $y=1$ 的点处的切线方程是_____与_____。

8.设函数 $y=4x^3-2x^2-1$，则有 $y'''=$ _____。

9.设函数 $y=\arcsin x$，则有 $dy=$ _____。

10.若函数 $f(x)$ 的二阶导数存在，且 $(x_0,f(x_0))$ 为函数 $f(x)$ 的一个拐点，则有 $f''(x_0)=$ _____。

三、解答题

11.设函数 $y=\sin\ln x+x^2-2$，求 y'。

12. 已知函数 $y = e^x + \cos x + \sin \dfrac{\pi}{2}$，求 $\mathrm{d}y|_{x=0}$。

13. 求 $\lim\limits_{x \to +\infty} \dfrac{\ln 2x}{x-1}$。

14. 求曲线 $y = x^3$ 的拐点。

15. 求函数 $y = 3x^3 - x$ 在 $[1,3]$ 上的最大值与最小值。

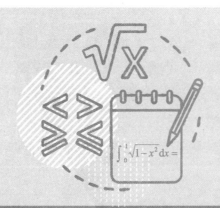

第三章
不定积分的辅导与检测

第一节　不定积分的概念和性质

 重点与难点辅导

1.不定积分既是表达一个结果，即是全体原函数，同时又是表达一个运算，即是求导运算的逆运算。

2.重点是熟练掌握不定积分的性质及基本公式。难点是会利用性质和公式来进行直接积分法。

 教材习题解析

习题 3-1

1.**解答**　选B。因为 $f(x)$ 是 $g(x)$ 的一个原函数，则有 $f'(x)=g(x)$，于是有 $\int g(x)\mathrm{d}x=f(x)+C$。2.**解答**　选B。因为 $f(x)$ 的一个原函数是 $1+\sin x$，则有 $f(x)=(1+\sin x)'=\cos x$。所以 $\int f'(x)\mathrm{d}x=f(x)+C=\cos x+C$。3.**解答**　(1) $\frac{1}{2}x^2+x+C$；(2) $-\sin x$；(3) $\mathrm{e}^{\frac{x}{3}}$。在等

式的两边都对自变量 x 求导，可得 $f(x)=\mathrm{e}^{\frac{x}{3}}$。 **4. 解答** （1） $(x^3)'=3x^2$，$\int 3x^2\mathrm{d}x=x^3+C$；

（2） $(3^x)'=3^x\ln 3$，$\int 3^x\ln 3\mathrm{d}x=3^x+C$。 **5. 解答** （1）$\left(\int (3x^2+2x+1)\mathrm{d}x\right)'=3x^2+2x+1$；

（2）$\mathrm{d}\int \ln x\mathrm{d}x=\ln x\mathrm{d}x$。 **6. 解答** （1）$\int \dfrac{1}{x^3}\mathrm{d}x=-\dfrac{x^{-2}}{2}+C=-\dfrac{1}{2x^2}+C$； （2）$\int x^2\sqrt{x}\mathrm{d}x=$

$\int x^{\frac{5}{2}}\mathrm{d}x=\dfrac{2}{7}x^{\frac{7}{2}}+C$；（3）$\int \dfrac{1}{x\sqrt[3]{x}}\mathrm{d}x=\int x^{-\frac{4}{3}}\mathrm{d}x=-3x^{-\frac{1}{3}}+C=-\dfrac{3}{\sqrt[3]{x}}+C$。（4）$\int x(4x^2-3x$

$+2)\mathrm{d}x=x^4-x^3+x^2+C$；（5）$\int \dfrac{(x-1)^3}{x^2}\mathrm{d}x=\int \dfrac{x^3-3x^2+3x-1}{x^2}\mathrm{d}x=\int (x-3+\dfrac{3}{x}-$

$x^{-2})\mathrm{d}x=\dfrac{1}{2}x^2-3x+3\ln|x|+\dfrac{1}{x}+C$；（6）$\int \dfrac{x^2}{x^2+1}\mathrm{d}x=\int \left(1-\dfrac{1}{x^2+1}\right)\mathrm{d}x=\int \mathrm{d}x-$

$\int \dfrac{1}{x^2+1}\mathrm{d}x=x-\arctan x+C$；（7）$\int \sec x(\sec x+\tan x)\mathrm{d}x=\int (\sec^2 x+\sec x\tan x)\mathrm{d}x=$

$\int \sec^2 x\mathrm{d}x+\int \sec x\tan x\mathrm{d}x=\tan x+\sec x+C$；（8）$\int \dfrac{\sin 2x}{\cos x}\mathrm{d}x=\int \dfrac{2\sin x\cos x}{\cos x}\mathrm{d}x=2\int \sin x\mathrm{d}x=$

$-2\cos x+C$。 **7. 解答** 由题意有 $y=\int 2x\mathrm{d}x=x^2+C$。又由于曲线经过点 $(1,2)$，即 $2=1^2$

$+C$，所以 $C=1$，故所求曲线方程为 $y=x^2+1$。

自我检测题

检测题 3-1

1. 不定积分的结果是被积函数的（　　　）原函数。

A. 任意一个；　　　　B. 所有；　　　　　　C. 某一个；　　　　　　D. 唯一。

2. 若 $f(x)$ 的一个原函数是 x^2-1，则 $\int f'(x)\mathrm{d}x=$（　　　）。

A. x^2+C；　　　　B. $2x+C$；　　　　C. $\dfrac{x^3}{3}-x+C$；　　　　D. x^2-1+C。

3. 填空题。

（1） $\mathrm{d}($ 　　　　　　　　 $)=(2x-1)\mathrm{d}x$；

（2）$\int ($ 　　　　　　　　 $)\mathrm{d}x=3^x\ln 3+C$；

（3） 若 $\int f(x)\mathrm{d}x=x\ln x+C$，则 $f(x)=$ _____。

4. 由求导与求不定积分互为逆运算的关系，计算下列不定积分。

（1）$\int (\cos x-\sin x)\mathrm{d}x$；　　　　　　　　　　　　（2）$\int (3x^2-1)\mathrm{d}x$。

5.计算下列各式。

(1) $\left(\int (x^2\cos x - e^x\sin x)dx\right)'$;

(2) $d\int (\tan^2 x - 1)dx$ 。

6.计算下列不定积分。

(1) $\int (e^x - 3\cos x)dx$;

(2) $\int 2^x e^x dx$;

(3) $\int \left(2\sin x - \dfrac{x}{3} + \dfrac{1}{1+x^2} - 3^x\right)dx$;

(4) $\int \dfrac{(x-\sqrt{x})(1+\sqrt{x})}{\sqrt{x}}dx$;

(5) $\int \dfrac{1+x+x^2}{x(1+x^2)}dx$;

(6) $\int \dfrac{x^4-1}{x^2-1}dx$;

(7) $\int \dfrac{x^4}{1+x^2}dx$;

(8) $\int \dfrac{\cos 2x}{\cos^2 x\sin^2 x}dx$ 。

7.一物体从静止开始作直线运动,经 t 秒后的速度为 $3t^2$ (m/s),经过 3s 后,物体离开出发点的距离是多少?

第二节　不定积分的换元积分法

 重点与难点辅导

1. 第一类换元积分法的关键是拼凑成一个新的微分，所以该方法又称为凑微分法。其基本思想是凑微分后，通过换元，能满足一个基本积分公式，从而求得积分结果。有些具有根号特点的积分，不能用第一类换元积分法求解，但通过某种换元去掉根号后，也可以求解出积分结果。这就是第二类换元积分法。

2. 重点是（1）掌握常见类型的第一类换元积分法；（2）掌握去掉根式的第二类换元积分法的简单应用。难点是（1）掌握不同类型的凑微法方法；（2）理解不同类型去掉根式的第二类换元积分法。

 教材习题解析

习题 3-2

1. 解答　选 D。因为 $f(x)=\mathrm{e}^x$，所以 $f(\ln x)=\mathrm{e}^{\ln x}=x$。故 $\displaystyle\int \frac{f'(\ln x)}{x}\mathrm{d}x=\int f'(\ln x)\mathrm{d}\ln x=$

$f(\ln x)+C=x+C$。**2. 解答**　（1）$\dfrac{1}{3}$；（2）$-\dfrac{1}{4}$；（3）$-\dfrac{1}{2}$；（4）$\dfrac{1}{2}$。**3. 解答**　（1）$\displaystyle\int(2x+$

$1)^5\mathrm{d}x=\dfrac{1}{2}\displaystyle\int(2x+1)^5\mathrm{d}(2x+1)=\dfrac{1}{12}(2x+1)^6+C$；（2）$\displaystyle\int\mathrm{e}^{-2x}\mathrm{d}x=-\dfrac{1}{2}\displaystyle\int\mathrm{e}^{-2x}\mathrm{d}(-2x)=$

$-\dfrac{1}{2}\mathrm{e}^{-2x}+C$；（3）$\displaystyle\int\dfrac{4x^3}{1+x^4}\mathrm{d}x=\displaystyle\int\dfrac{1}{1+x^4}\mathrm{d}(1+x^4)=\ln(1+x^4)+C$；（4）$\displaystyle\int\dfrac{2x+4}{x^2+4x-5}\mathrm{d}x=$

$\displaystyle\int\dfrac{1}{x^2+4x-5}\mathrm{d}(x^2+4x-5)=\ln|x^2+4x-5|+C$；（5）$\displaystyle\int\dfrac{1}{x(1-\ln x)}\mathrm{d}x=\displaystyle\int\dfrac{1}{1-\ln x}\mathrm{d}\ln x=$

$-\displaystyle\int\dfrac{1}{1-\ln x}\mathrm{d}(1-\ln x)=-\ln|1-\ln x|+C$；（6）$\displaystyle\int x\sin x^2\mathrm{d}x=\dfrac{1}{2}\displaystyle\int\sin x^2\mathrm{d}x^2=-\dfrac{1}{2}\cos x^2+$

C；（7）$\displaystyle\int\mathrm{e}^{\mathrm{e}^x+x}\mathrm{d}x=\displaystyle\int\mathrm{e}^{\mathrm{e}^x}\mathrm{e}^x\mathrm{d}x=\displaystyle\int\mathrm{e}^{\mathrm{e}^x}\mathrm{d}\mathrm{e}^x=\mathrm{e}^{\mathrm{e}^x}+C$；（8）$\displaystyle\int\dfrac{\mathrm{d}x}{x(x^3+4)}=\displaystyle\int\dfrac{\mathrm{d}x}{x^4(1+4x^{-3})}=$

$-\dfrac{1}{3}\displaystyle\int\dfrac{\mathrm{d}x^{-3}}{(1+4x^{-3})}=-\dfrac{1}{12}\displaystyle\int\dfrac{\mathrm{d}(1+4x^{-3})}{(1+4x^{-3})}=-\dfrac{1}{12}\ln|1+4x^{-3}|+C$；（9）$\displaystyle\int\dfrac{\cos\sqrt{t}}{\sqrt{t}}\mathrm{d}t=$

$2\displaystyle\int\cos\sqrt{t}\,\mathrm{d}\sqrt{t}=2\sin\sqrt{t}+C$；（10）$\displaystyle\int\dfrac{2}{(x-1)(x+1)}\mathrm{d}x=\displaystyle\int\left(\dfrac{1}{x-1}-\dfrac{1}{x+1}\right)\mathrm{d}x=\ln|x-1|-$

$\ln|x+1|+C=\ln\left|\dfrac{x-1}{x+1}\right|+C$；（11）$\displaystyle\int4\cos^3x\sin x\mathrm{d}x=-\displaystyle\int4\cos^3x\mathrm{d}\cos x=-\cos^4x+C$；

$(12) \int 3\sin^2 x \cos x \, \mathrm{d}x = \int 3\sin^2 x \, \mathrm{d}\sin x = \sin^3 x + C$ 。 **4. 解答** （1）令 $\sqrt{2x} = t$，则 $x = \dfrac{1}{2}t^2$，

$\mathrm{d}x = t\,\mathrm{d}t$。于是 $\displaystyle\int \dfrac{1}{1+\sqrt{2x}}\mathrm{d}x = \int \dfrac{1}{1+t}t\,\mathrm{d}t = \int\left(1 - \dfrac{1}{1+t}\right)\mathrm{d}t = t - \ln|1+t| + C = \sqrt{2x} - \ln(1+$

$\sqrt{2x}) + C$ ； （2）令 $\sqrt{x-1} = t$，则 $x = t^2 + 1$，$\mathrm{d}x = 2t\,\mathrm{d}t$。于是 $\displaystyle\int \dfrac{1}{x\sqrt{x-1}}\mathrm{d}x =$

$\displaystyle\int \dfrac{1}{(t^2+1)t}2t\,\mathrm{d}t = 2\int \dfrac{1}{1+t^2}\mathrm{d}t = 2\arctan t + C = 2\arctan\sqrt{x-1} + C$ ； （3）令 $\sqrt{x} = t$，则 $x = t^2$，

$\mathrm{d}x = 2t\,\mathrm{d}t$。于是 $\displaystyle\int \dfrac{1}{\sqrt{x}(1+\sqrt{x})}\mathrm{d}x = \int \dfrac{1}{t(1+t)}2t\,\mathrm{d}t = \int \dfrac{2}{1+t}\mathrm{d}t = 2\ln(1+t) + C = 2\ln(1+$

$\sqrt{x}) + C$ ； （4）令 $\sqrt[4]{x} = t$，则 $x = t^4$，$\mathrm{d}x = 4t^3\,\mathrm{d}t$。于是 $\displaystyle\int \dfrac{1}{\sqrt{x}+\sqrt[4]{x}}\mathrm{d}x = \int \dfrac{1}{t^2 + t}4t^3\,\mathrm{d}t =$

$4\displaystyle\int \dfrac{t^2 - 1 + 1}{t+1}\mathrm{d}t = 4\int\left(t - 1 + \dfrac{1}{t+1}\right)\mathrm{d}t = 2t^2 - 4t + 4\ln|t+1| + C = 2\sqrt{x} - 4\sqrt[4]{x} + 4\ln(\sqrt[4]{x} +$

$1) + C$ ； （5）令 $\sqrt[3]{x+1} = t$，则 $x = t^3 - 1$，$\mathrm{d}x = 3t^2\,\mathrm{d}t$。于是 $\displaystyle\int \dfrac{1}{1+\sqrt[3]{x+1}}\mathrm{d}x =$

$\displaystyle\int \dfrac{1}{1+t}3t^2\,\mathrm{d}t = 3\int \dfrac{(t^2-1)+1}{1+t}\mathrm{d}t = 3\int\left(t - 1 + \dfrac{1}{1+t}\right)\mathrm{d}t = \dfrac{3}{2}t^2 - 3t + 3\ln|1+t| + C = \dfrac{3}{2}$

$(1+x)^{\frac{2}{3}} - 3(1+x)^{\frac{1}{3}} + 3\ln|1 + (1+x)^{\frac{1}{3}}| + C$ ； （6）令 $\sqrt{x-1} = t$，则 $x = t^2 + 1$，$\mathrm{d}x =$

$2t\,\mathrm{d}t$。于是 $\displaystyle\int \dfrac{x}{\sqrt{x-1}}\mathrm{d}x = \int \dfrac{t^2+1}{t}2t\,\mathrm{d}t = 2\int(t^2+1)\mathrm{d}t = \dfrac{2}{3}t^3 + 2t + C = \dfrac{2}{3}(x-1)\sqrt{x-1} +$

$2\sqrt{x-1} + C$ ； （7）令 $\sqrt{x+1} = t$，则 $x = t^2 - 1$，$\mathrm{d}x = 2t\,\mathrm{d}t$。于是 $\displaystyle\int \dfrac{\sqrt{x+1}}{x}\mathrm{d}x =$

$\displaystyle\int \dfrac{t}{t^2-1}2t\,\mathrm{d}t = 2\int \dfrac{(t^2-1)+1}{t^2-1}\mathrm{d}t = \int\left(2 + \dfrac{1}{t-1} - \dfrac{1}{t+1}\right)\mathrm{d}t = 2t + \ln|t-1| - \ln|t+1| + C =$

$2t + \ln\left|\dfrac{t-1}{t+1}\right| + C = 2\sqrt{x+1} + \ln\left|\dfrac{\sqrt{x+1}-1}{\sqrt{x+1}+1}\right| + C$ ； （8）令 $\sqrt{x} = t$，则 $x = t^2$，$\mathrm{d}x = 2t\,\mathrm{d}t$。

于是 $\displaystyle\int \dfrac{\sin\sqrt{x}}{\sqrt{x}}\mathrm{d}x = \int \dfrac{\sin t}{t}2t\,\mathrm{d}t = \int 2\sin t\,\mathrm{d}t = -2\cos t + C = -2\cos\sqrt{x} + C$ ； （9）令 $x = a\sin t$

$\left(-\dfrac{\pi}{2} < t < \dfrac{\pi}{2}\right)$，则 $\mathrm{d}x = a\cos t\,\mathrm{d}t$。于是 $\displaystyle\int \dfrac{1}{\sqrt{a^2 - x^2}}\mathrm{d}x = \int \dfrac{1}{\sqrt{a^2 - a^2\sin^2 t}}a\cos t\,\mathrm{d}t =$

$\displaystyle\int \dfrac{1}{a\cos t}a\cos t\,\mathrm{d}t = \int \mathrm{d}t = t + C = \arcsin\dfrac{x}{a} + C$ ； （10）令 $x = 3\sec t \left(0 \leqslant t < \dfrac{\pi}{2}$ 或 $\pi \leqslant t < \dfrac{3\pi}{2}\right)$，则

$\mathrm{d}x = 3\sec t\tan t\,\mathrm{d}t$。于是 $\displaystyle\int \dfrac{\sqrt{x^2 - 9}}{x}\mathrm{d}x = \int \dfrac{\sqrt{9\sec^2 t - 9}}{3\sec t}3\sec t\tan t\,\mathrm{d}t = 3\int \tan^2 t\,\mathrm{d}t = 3\int(\sec^2 t -$

$1)\mathrm{d}t = 3\tan t - 3t + C = 3 \times \dfrac{\sqrt{x^2 - 9}}{3} - 3\arccos\dfrac{3}{x} + C = \sqrt{x^2 - 9} - 3\arccos\dfrac{3}{x} + C$ 。

自我检测题

检测题 3-2

1. $\int \dfrac{1}{1+e^{-x}}dx = ($ $)$。

A. $\ln(1+e^{-x})+C$； B. $-\ln(1+e^{-x})+C$；

C. $\ln(1+e^x)+C$； D. $\arctan e^x +C$。

2. 填空题。

(1) $\int f'[u(x)]u'(x)dx = \int f'[u(x)]du(x) = \underline{\qquad} +C$；

(2) $\dfrac{dx}{\sqrt{1-x^2}} = \underline{\qquad} d(1-\arcsin x)$； (3) $\dfrac{x\,dx}{\sqrt{1-x^2}} = \underline{\qquad} d\sqrt{1-x^2}$；

(4) $\int \dfrac{5}{(x+2)(3-x)}dx = \int\left(\dfrac{1}{x+2}+\underline{\qquad}\right)dx$。

3. 用第一类换元积分法求下列不定积分。

(1) $\int \dfrac{1}{1-x}dx$； (2) $\int x\,e^{x^2}dx$；

(3) $\int \dfrac{\ln^2 x}{x}dx$； (4) $\int \dfrac{2x+4}{x^2+4x+5}dx$；

(5) $\int \dfrac{1}{e^{-x}+e^x}dx$； (6) $\int x\sqrt{1-x^2}dx$；

(7) $\int \dfrac{\sin x}{1+\cos^2 x}\mathrm{d}x$;

(8) $\int \cos^2 x\,\mathrm{d}x$;

(9) $\int \dfrac{\sin 2x}{\cos^2 x}\mathrm{d}x$;

(10) $\int \sin^2 x\cos^3 x\,\mathrm{d}x$ 。

4. 用第二类换元积分法求下列不定积分。

(1) $\int \dfrac{1}{\sqrt{x}+\sqrt[3]{x}}\mathrm{d}x$;

(2) $\int \dfrac{\sqrt{x-1}}{x}\mathrm{d}x$;

(3) $\int \dfrac{1}{\sqrt{1+\mathrm{e}^x}}\mathrm{d}x$;

(4) $\int \dfrac{1}{x^2\sqrt{x^2-1}}\mathrm{d}x$ 。

第三节　不定积分的分部积分法

 重点与难点辅导

1. 用分部积分公式 $\int u(x)\,\mathrm{d}v(x)=u(x)v(x)-\int v(x)\,\mathrm{d}u(x)$ 来求解不定积分的方法叫分部积分法。

2. 用分部积分法求解积分 $\int u(x)\,\mathrm{d}v(x)$ 时，是因为积分 $\int u(x)\,\mathrm{d}v(x)$ 不能用其他的方法求

解，且积分 $\int v(x)\,\mathrm{d}u(x)$ 又能积分出来。

3. 重点是运用分部积分公式来求解不定积分。难点是能合理地选取分部积分法中的函数 $u(x)$、$v(x)$。

 教材习题解析

习题 3-3

1. **解答** 选 C。 2. **解答** （1）x，$\mathrm{d}\mathrm{e}^{-x}$；（2）$\int v(x)\,\mathrm{d}u(x)$ 。 3. **解答** （1）原式 $=\int x\,\mathrm{d}\mathrm{e}^{x}=$

$x\mathrm{e}^{x}-\int \mathrm{e}^{x}\,\mathrm{d}x=x\mathrm{e}^{x}-\mathrm{e}^{x}+C$ ；（2）原式 $=\dfrac{1}{2}\int \ln x\,\mathrm{d}x^{2}=\dfrac{1}{2}x^{2}\ln x-\dfrac{1}{2}\int x^{2}\,\mathrm{d}\ln x=\dfrac{1}{2}x^{2}\ln x-$

$\dfrac{1}{2}\int \dfrac{x^{2}}{x}\,\mathrm{d}x=\dfrac{1}{2}x^{2}\ln x-\dfrac{1}{4}x^{2}+C$ ； （3）原式 $=x\arctan x-\int x\,\mathrm{d}\arctan x=x\arctan x-$

$\int \dfrac{x}{1+x^{2}}\,\mathrm{d}x=x\arctan x-\dfrac{1}{2}\int \dfrac{1}{1+x^{2}}\,\mathrm{d}(1+x^{2})=x\arctan x-\dfrac{1}{2}\ln(1+x^{2})+C$ ； （4）原式 $=$

$\int x^{2}\,\mathrm{d}\mathrm{e}^{x}=x^{2}\mathrm{e}^{x}-\int \mathrm{e}^{x}\,\mathrm{d}x^{2}=x^{2}\mathrm{e}^{x}-2\int x\mathrm{e}^{x}\,\mathrm{d}x=x^{2}\mathrm{e}^{x}-2\int x\,\mathrm{d}\mathrm{e}^{x}=x^{2}\mathrm{e}^{x}-2x\mathrm{e}^{x}+2\int \mathrm{e}^{x}\,\mathrm{d}x=x^{2}\mathrm{e}^{x}$

$-2x\mathrm{e}^{x}+2\mathrm{e}^{x}+C$ ； （5）原式 $=-\int x^{2}\,\mathrm{d}\cos x=-x^{2}\cos x+\int \cos x\,\mathrm{d}x^{2}=-x^{2}\cos x+$

$\int 2x\cos x\,\mathrm{d}x=-x^{2}\cos x+2\int x\,\mathrm{d}\sin x=-x^{2}\cos x+2x\sin x-2\int \sin x\,\mathrm{d}x=-x^{2}\cos x+2x\sin x+$

$2\cos x+C$ ； （6）原式 $=\int (x\sin x-4\sin x)\,\mathrm{d}x=\int x\sin x\,\mathrm{d}x-4\int \sin x\,\mathrm{d}x=-\int x\,\mathrm{d}\cos x+4\cos x=$

$-x\cos x+\int \cos x\,\mathrm{d}x+4\cos x=-x\cos x+\sin x+4\cos x+C$ ； （7）原式 $=\int \ln(x-1)\,\mathrm{d}x^{2}=$

$x^{2}\ln(x-1)-\int x^{2}\,\mathrm{d}\ln(x-1)=x^{2}\ln(x-1)-\int x^{2}\dfrac{1}{x-1}\,\mathrm{d}x=x^{2}\ln(x-1)-\int \dfrac{(x^{2}-1)+1}{x-1}\,\mathrm{d}x=$

$x^{2}\ln(x-1)-\int (x+1+\dfrac{1}{x-1})\,\mathrm{d}x=x^{2}\ln(x-1)-\dfrac{1}{2}x^{2}-x-\ln(x-1)+C$ ； （8）原

式 $=x\arcsin x-\int x\,\mathrm{d}\arcsin x=x\arcsin x-\int \dfrac{x}{\sqrt{1-x^{2}}}\,\mathrm{d}x=x\arcsin x+\dfrac{1}{2}\int \dfrac{1}{\sqrt{1-x^{2}}}\,\mathrm{d}(1-x^{2})=$

$x\arcsin x+\sqrt{1-x^{2}}+C$ ；（9）原式 $=\int \cos x\,\mathrm{d}\mathrm{e}^{x}=\mathrm{e}^{x}\cos x-\int \mathrm{e}^{x}\,\mathrm{d}\cos x=\mathrm{e}^{x}\cos x+\int \mathrm{e}^{x}\sin x\,\mathrm{d}x=$

$\mathrm{e}^{x}\cos x+\int \sin x\,\mathrm{d}\mathrm{e}^{x}=\mathrm{e}^{x}\cos x+\mathrm{e}^{x}\sin x-\int \mathrm{e}^{x}\,\mathrm{d}\sin x=\mathrm{e}^{x}\cos x+\mathrm{e}^{x}\sin x-\int \mathrm{e}^{x}\cos x\,\mathrm{d}x$ 。 移项得，

$2\int \mathrm{e}^{x}\cos x\,\mathrm{d}x=\mathrm{e}^{x}\cos x+\mathrm{e}^{x}\sin x+2C$ ，所以 $\int \mathrm{e}^{x}\cos x\,\mathrm{d}x=\dfrac{1}{2}\mathrm{e}^{x}\cos x+\dfrac{1}{2}\mathrm{e}^{x}\sin x+C$ ； （10）令

$\sqrt{x}=t$ ，则 $x=t^{2}$ ，$\mathrm{d}x=2t\,\mathrm{d}t$ 。于是，原式 $=\int \mathrm{e}^{t}2t\,\mathrm{d}t=2\int t\,\mathrm{d}\mathrm{e}^{t}=2t\mathrm{e}^{t}-2\int \mathrm{e}^{t}\,\mathrm{d}t=2t\mathrm{e}^{t}-2\mathrm{e}^{t}+$

$C=2\sqrt{x}\mathrm{e}^{\sqrt{x}}-2\mathrm{e}^{\sqrt{x}}+C$ 。

检测题 3-3

1. 下列不定积分中，不需用分部积分法的是（　　）。

A. $\int x\ln x\,\mathrm{d}x$；　　　　B. $\int \sin x\cos x\,\mathrm{d}x$；　　C. $\int \arctan x\,\mathrm{d}x$；　　　D. $\int \mathrm{e}^x\cos x\,\mathrm{d}x$。

2. 填空题。

(1) 计算不定积分 $\int \arctan x\,\mathrm{d}x$ 时，可设 $u(x)=$ _____，$\mathrm{d}v(x)=$ _____；

(2) $\int \mathrm{e}^x\,\mathrm{d}\sqrt{\mathrm{e}^x+1}=\mathrm{e}^x\sqrt{\mathrm{e}^x+1}-$ _____；

(3) 循环积分 $\int \mathrm{e}^x\sin x\,\mathrm{d}x=\mathrm{e}^x\sin x-\mathrm{e}^x\cos x-\int \mathrm{e}^x\sin x\,\mathrm{d}x$，则不定积分 $\int \mathrm{e}^x\sin x\,\mathrm{d}x$ = _____。

3. 计算下列不定积分。

(1) $\int \arccos x\,\mathrm{d}x$；

(2) $\int 16x^3\ln x\,\mathrm{d}x$；

(3) $\int x\sin x\cos x\,\mathrm{d}x$；

(4) $\int \ln^2 x\,\mathrm{d}x$；

(5) $\int 2x\ln(x^2+1)\,\mathrm{d}x$；

(6) $\int \dfrac{\ln\cos x}{\cos^2 x}\,\mathrm{d}x$；

(7) $\int x\arctan x\,\mathrm{d}x$；

(8) $\int \mathrm{e}^{\sqrt{2x+1}}\,\mathrm{d}x$。

4. 已知 $f(x)$ 的一个原函数是 e^{-x^2}，求 $\int xf'(x)\,\mathrm{d}x$。

教材复习题解析

复习题三

一、选择题

1.**解答** 选 B。因为 $f(x)$ 的一个原函数为 $\ln x$，则有 $\int f(x)\,\mathrm{d}x = \ln x + C$，所以 $f(x) = (\ln x + C)' = \dfrac{1}{x}$。 2.**解答** 选 D。因为 $f(x) = \left(2e^{\frac{x}{2}} + C\right)' = e^{\frac{x}{2}}$。 3.**解答** 选 C。因为 $\int f(x)\,\mathrm{d}x = x + C$，所以 $f(x) = (x + C)' = 1$，$f(1-x) = 1$，$\int f(1-x)\,\mathrm{d}x = \int \mathrm{d}x = x + C$。

4.**解答** 选 D。因为 $\int \left(\sin\dfrac{\pi}{4} + 1\right)\mathrm{d}x = \left(\sin\dfrac{\pi}{4} + 1\right)x + C$。 5.**解答** 选 C。 6.**解答** 选 D。

因为 $I = \int \dfrac{\mathrm{d}x}{3-4x} = -\dfrac{1}{4}\int \dfrac{1}{3-4x}\mathrm{d}(3-4x) = -\dfrac{1}{4}\ln|3-4x| + C$。 7.**解答** 选 D。由公式

$\int \dfrac{1}{a^2+x^2}\mathrm{d}x = \dfrac{1}{a}\arctan\dfrac{x}{a} + C$ 有，原式 $= \dfrac{1}{2}\int \dfrac{\mathrm{d}x^2}{4^2+(x^2)^2} = \dfrac{1}{8}\arctan\dfrac{x^2}{4} + C$。

二、填空题

8.**解答** $f(x)$。 9.**解答** 一。 10.**解答** $\dfrac{1}{x^2+1}$。 11.**解答** $t = \sqrt[6]{x}$。 12.**解答** e^x，

$\mathrm{d}\sqrt{e^x+1}$。

三、解答题

13.**解答** $\int (e^x + x^e)\,\mathrm{d}x = e^x + \dfrac{x^{e+1}}{1+e} + C$。 14.**解答** $\int \dfrac{1}{\sin x \cos x}\mathrm{d}x = \int \dfrac{1}{\dfrac{\sin x}{\cos x}\cos^2 x}\mathrm{d}x =$

$\int \dfrac{\sec^2 x}{\tan x}\mathrm{d}x = \int \dfrac{1}{\tan x}\mathrm{d}\tan x = \ln|\tan x| + C$。 15.**解答** $\int \dfrac{2x+7}{x^2+7x+1}\mathrm{d}x = \int \dfrac{1}{x^2+7x+1}\mathrm{d}(x^2 +$

$7x+1) = \ln|x^2+7x+1| + C$。 16.**解答** $\int \dfrac{1}{x\ln x}\mathrm{d}x = \int \dfrac{1}{\ln x}\mathrm{d}(\ln x) = \ln|\ln x| + C$。 17.**解答** $\int \dfrac{\mathrm{d}x}{1+e^x} = \int \dfrac{(1+e^x) - e^x}{1+e^x}\mathrm{d}x = \int \left(1 - \dfrac{e^x}{1+e^x}\right)\mathrm{d}x = x - \int \dfrac{1}{1+e^x}\mathrm{d}(1+e^x) = x - \ln(1 +$

$e^x) + C$。 18.**解答** 令 $\sqrt{x} = t$，则 $x = t^2$，$\mathrm{d}x = 2t\,\mathrm{d}t$。于是 $\int \dfrac{1}{\sqrt{x}(1+x)}\mathrm{d}x =$

$\int \dfrac{1}{t(1+t^2)}2t\,\mathrm{d}t = 2\int \dfrac{1}{1+t^2}\mathrm{d}t = 2\arctan t + C = 2\arctan\sqrt{x} + C$。 19.**解答** $\int x^2 e^{-x}\mathrm{d}x =$

$-\int x^2 \mathrm{d}e^{-x} = -x^2 e^{-x} + \int e^{-x}\mathrm{d}x^2 = -x^2 e^{-x} + 2\int x e^{-x}\mathrm{d}x = -x^2 e^{-x} - 2\int x\,\mathrm{d}e^{-x} = -x^2 e^{-x} -$

$2x e^{-x} + 2\int e^{-x}\mathrm{d}x = -x^2 e^{-x} - 2x e^{-x} - 2e^{-x} + C$。

自测题

自测题三

一、选择题

1. 若已知函数 $(x+1)^2$ 为 $f(x)$ 的一个原函数，则下列函数中是 $f(x)$ 的原函数的是（　　）。

A. x^2-1；　　　　B. x^2+1；　　　　C. x^2-2x；　　　　D. x^2+2x。

2. 若函数 $f(x)$ 的一个原函数为 $\ln x$，则一阶导数 $f'(x)=$（　　）。

A. $\dfrac{1}{x}$；　　　　B. $-\dfrac{1}{x^2}$；　　　　C. $\ln x$；　　　　D. $x\ln x$。

3. $\displaystyle\int \frac{1}{1-x}\mathrm{d}x=$（　　）。

A. $\ln|1-x|+C$；　B. $\ln(1-x)+C$；　C. $-\ln|1-x|+C$；　D. $-\ln(1-x)+C$。

4. 存在常数 A、B、C，使得 $\displaystyle\int \frac{1}{(x+1)(x^2+2)}\mathrm{d}x=$（　　）。

A. $\displaystyle\int \left(\frac{A}{x+1}+\frac{B}{x^2+2}\right)\mathrm{d}x$；　　　　B. $\displaystyle\int \left(\frac{Ax}{x+1}+\frac{Bx}{x^2+2}\right)\mathrm{d}x$；

C. $\displaystyle\int \left(\frac{A}{x+1}+\frac{Bx+C}{x^2+2}\right)\mathrm{d}x$；　　　　D. $\displaystyle\int \left(\frac{Ax}{x+1}+\frac{B}{x^2+2}\right)\mathrm{d}x$。

5. $\displaystyle\int \cos x\,\mathrm{d}(1-\cos x)=$（　　）。

A. $\dfrac{1}{2}(1-\cos x)^2+C$；　　　　B. $-\dfrac{1}{2}(1-\cos x)^2+C$；

C. $-\dfrac{1}{2}\cos^2 x+C$；　　　　D. $-\dfrac{1}{2}\cos^2 x$。

6. $\displaystyle\int \frac{4}{4+x^2}\mathrm{d}x=$（　　）。

A. $\arctan x+C$；　　B. $\dfrac{1}{2}\arctan\dfrac{x}{2}+C$；　C. $\arctan\dfrac{x}{2}+C$；　　D. $2\arctan\dfrac{x}{2}+C$。

7. $\displaystyle\int x\,\mathrm{d}e^{-x}=$（　　）。

A. $xe^{-x}+C$；　　　　B. $-xe^{-x}+C$；　　　　C. $xe^{-x}+e^{-x}+C$；　D. $xe^{-x}-e^{-x}+C$。

二、填空题

8. 函数 2^x 为＿＿＿＿＿＿＿＿的一个原函数。

9. 若 $\displaystyle\int f(\ln x)\mathrm{d}x=\dfrac{1}{2}x^2+C$，则 $\displaystyle\int f(x)\mathrm{d}x=$＿＿＿＿＿＿＿＿。

10. $\displaystyle\int \frac{1}{x^2-16}\mathrm{d}x=$＿＿＿＿＿＿＿＿。

11. 已知 $\displaystyle\int f(x)\mathrm{d}x=F(x)+C$，则 $\displaystyle\int F(x)f(x)\mathrm{d}x=$＿＿＿＿＿＿＿＿。

12. $\displaystyle\int \frac{1}{\sqrt{9-x^2}}\mathrm{d}x = $ _____。

13. 不定积分 $\displaystyle\int \cos x\, \mathrm{d}e^{\cos x} = e^{\cos x}\cos x - $ _____。

三、解答题

14. 求 $\displaystyle\int \frac{\mathrm{d}x}{x^2(1+x^2)}$。

15. 求 $\displaystyle\int \frac{\mathrm{d}x}{x(x^2+1)}$。

16. 求 $\displaystyle\int \frac{x^2}{x^2+1}\mathrm{d}x$。

17. 求 $\displaystyle\int \frac{\sin x - \cos x}{\sin x + \cos x}\mathrm{d}x$。

18. 求 $\displaystyle\int \frac{\mathrm{d}x}{x^2+5x+4}$。

19. 求 $\displaystyle\int \frac{\mathrm{d}x}{\sqrt{x+1}+\sqrt[3]{x+1}}$。

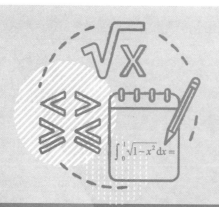

第四章
定积分及其应用的辅导与检测

第一节　定积分的概念和性质

 重点与难点辅导

1.连续求和的极限 $\lim\limits_{\lambda \to 0}\sum\limits_{i=1}^{n}f(x_i)\Delta x_i$ 存在，则称这个极限为函数 $f(x)$ 在区间 $[a,b]$ 的定积分，记作 $\int_a^b f(x)\mathrm{d}x$。曲边梯形可以看成是许多微小的矩形通过堆积而成的极限形式。熟练掌握根据图形写出定积分，也能根据定积分画出曲边梯形的图形。

2.定积分 $\int_a^b f(x)\mathrm{d}x$ 表示曲线 $y=f(x)$ 在 x 轴上方部分的面积的正值与下方部分的面积的负值的代数和。奇函数在对称区间的定积分值为零。

3.理解并掌握定积分的性质，能熟练运用定积分的性质。

4.重点是理解定积分的概念，熟练掌握定积分的性质。难点是会用定积分的几何意义计算规则图形的面积。

教材习题解析

习题 4-1

1.**解答** 选 B。2.**解答** 选 A。因为 $\int_1^1 \cos x\,\mathrm{d}x$ 中的积分上下限是相同的。3.**解答** 选 B。因为答案 A 中 $f(x)=x\sin x$ 在 $\left[0,\dfrac{\pi}{2}\right]$ 上为正，故 $\int_0^{\frac{\pi}{2}} f(x)\,\mathrm{d}x = \int_0^{\frac{\pi}{2}} x\sin x\,\mathrm{d}x$ 为正；答案 B 中 $f(x)=x^3$ 在 $[-1,0]$ 上为负，故 $\int_{-1}^0 x^3\,\mathrm{d}x$ 为负；答案 C 中 $f(x)=\ln x$ 在 $[1,2]$ 上为正，故 $\int_1^2 \ln x\,\mathrm{d}x$ 为正；答案 D 中 $f(x)=x^2$ 在 $[-1,2]$ 上为正，故 $\int_{-1}^2 x^2\,\mathrm{d}x$ 为正。4.**解答** 选 C。仅有答案 C 中所涉及的区间 $[0,1]$、$[1,2]$ 都在定义区间 $[0,2]$ 上，且满足定积分的可加性。5.**解答** $\int_0^1 (x^2+1)\,\mathrm{d}x$。6.**解答** （1）$<$。因为在 $[2,3]$ 上，有 $x<x^2$，$\int_2^3 x\,\mathrm{d}x < \int_2^3 x^2\,\mathrm{d}x$；（2）$\geqslant$。因为在 $[1,\mathrm{e}]$ 上，有 $\ln x \geqslant \ln^2 x$，故 $\int_1^{\mathrm{e}} \ln x\,\mathrm{d}x \geqslant \int_1^{\mathrm{e}} \ln^2 x\,\mathrm{d}x$；（3）$<$。因为在 $[3,4]$ 上，有 $\ln x < \ln^2 x$，故 $\int_3^4 \ln x\,\mathrm{d}x < \int_3^4 \ln^2 x\,\mathrm{d}x$。7.**解答** $\dfrac{\pi}{2}$；π。因为在 $\left[0,\dfrac{\pi}{2}\right]$ 上，函数 $1+\cos x$ 的最小值为 1，最大值为 2。由定积分的估值定理，则有 $1\times\left(\dfrac{\pi}{2}-0\right) \leqslant \int_0^{\frac{\pi}{2}} (1+\cos x)\,\mathrm{d}x \leqslant 2\times\left(\dfrac{\pi}{2}-0\right)$，即 $\dfrac{\pi}{2} \leqslant \int_0^{\frac{\pi}{2}} (1+\cos x)\,\mathrm{d}x \leqslant \pi$。8.**解答** （1）由定积分的几何意义可知，$\int_1^2 (2x+1)\,\mathrm{d}x$ 为由函数 $f(x)=2x+1$、直线 $x=1$、$x=2$ 和 x 轴所围成的平面图形，是一个梯形，所以 $\int_1^2 (2x+1)\,\mathrm{d}x = \dfrac{1}{2}(3+5)=4$；（2）曲线 $y=x^3$ 在 $[-1,1]$ 上所形成的图形关于原点对称，所以 $\int_{-1}^1 x^3\,\mathrm{d}x =0$；（3）定积分 $\int_{-3}^3 \sqrt{9-x^2}\,\mathrm{d}x$ 表达的曲边梯形是一个圆心在原点、半径为 3 的圆在第一、二象限内的平面图形，是一个半圆，面积为 $\dfrac{9\pi}{2}$，即 $\int_{-3}^3 \sqrt{9-x^2}\,\mathrm{d}x = \dfrac{9\pi}{2}$。9.**解答** （1）由定积分的几何意义可知，$\int_0^1 2x\,\mathrm{d}x$ 为由直线 $y=2x$、$x=1$ 和 x 轴所围成的三角形的面积。该直角三角形的两直角边分别为 1 和 2，因此面积为 1，故有 $\int_0^1 2x\,\mathrm{d}x =1$；（2）曲线 $y=\sin x$ 在 $\left[-\dfrac{\pi}{2},\dfrac{\pi}{2}\right]$ 上所形成的图形关于原点对称，所以 $\int_{-\frac{\pi}{2}}^{\frac{\pi}{2}} \sin x\,\mathrm{d}x =0$。10.**解答** （1）由 $\int_{-1}^1 3f(x)\,\mathrm{d}x =18$ 可得 $3\int_{-1}^1 f(x)\,\mathrm{d}x =18$，故 $\int_{-1}^1 f(x)\,\mathrm{d}x =6$；（2）由定积分的可加性得 $\int_{-1}^3 f(x)\,\mathrm{d}x = \int_{-1}^1 f(x)\,\mathrm{d}x + \int_1^3 f(x)\,\mathrm{d}x$，故 $\int_1^3 f(x)\,\mathrm{d}x = \int_{-1}^3 f(x)\,\mathrm{d}x - \int_{-1}^1 f(x)\,\mathrm{d}x = 4-6=-2$。

自我检测题

检测题 4-1

1. 下列定积分中与 $\int_a^b f(x)\,dx$ 相等的是（　　）。

A. $\int_b^a f(x)\,dx$；　　B. $\int_a^b f(u)\,du$；　　C. $\int_a^b g(x)\,dx$；　　D. $\int_a^c f(x)\,dx$。

2. 下列定积分的值等于零的是（　　）。

A. $\int_{-\frac{\pi}{2}}^{\frac{\pi}{2}} \sin^2 x\,dx$；　　　　　　B. $\int_{-1}^1 x\sin x\,dx$；

C. $\int_{-1}^1 \dfrac{x}{1+\cos x}\,dx$；　　　　　　D. $\int_{-1}^2 x\,dx$。

3. 设函数 $f(x)$ 仅在区间 $[0,4]$ 上可积，则必有 $\int_0^3 f(x)\,dx =$（　　）。

A. $\int_0^2 f(x)\,dx + \int_2^3 f(x)\,dx$；　　　　　　B. $\int_0^5 f(x)\,dx + \int_5^3 f(x)\,dx$；

C. $\int_0^{-1} f(x)\,dx + \int_{-1}^3 f(x)\,dx$；　　　　　D. $\int_0^{10} f(x)\,dx + \int_{10}^3 f(x)\,dx$。

4. 设 $I_1 = \int_0^1 x\,dx$，$I_2 = \int_0^1 x^2\,dx$，则（　　）。

A. $I_1 \geqslant I_2$；　　　　B. $I_1 > I_2$；　　　　C. $I_1 \leqslant I_2$；　　　　D. $I_1 < I_2$。

5. 由曲线 $y = x+1$ 与直线 $x=2$ 及 x 轴、y 轴所围成的曲边梯形的面积用定积分表示为 _____。

6. 由定积分的几何意义可知（1）$\int_0^1 \sqrt{1-y^2}\,dy =$ _____；（2）$\int_1^2 2x\,dx =$ _____。

7. 估算定积分 $\int_1^4 (x+1)\,dx$ 的值，则 _____ $\leqslant \int_1^4 (x+1)\,dx \leqslant$ _____。

8. 已知 $\int_1^2 f(x)\,dx = 5$，$\int_1^2 g(x)\,dx = 3$，计算定积分 $\int_1^2 [2f(x)-3g(x)]\,dx$。

9. 利用定积分的几何意义，计算定积分 $\int_{-1}^2 |x|\,dx$。

10. 设 $a<b$，问 a、b 取什么值时，使得积分 $\int_a^b (x-x^2)\mathrm{d}x$ 取得最大值？

第二节　牛顿-莱布尼茨公式

 重点与难点辅导

1.设函数 $f(x)$ 在区间 $[a,b]$ 上连续，且函数 $F(x)$ 是 $f(x)$ 的一个原函数,那么 $\int_a^b f(x)\mathrm{d}x = f(x)\big|_a^b = F(b)-F(a)$。该公式称为牛顿-莱布尼茨公式，也称为微积分基本公式。

2.重点是熟练掌握牛顿-莱布尼茨公式。难点是熟练运用牛顿-莱布尼茨公式计算定积分。

 教材习题解析

习题 4-2

1.**解答**　选 D。由牛顿-莱布尼茨公式可知。2.**解答**　选 A。当 $x=\pm1$ 时，分母为零，且为无穷间断点，不属于第一类间断点，不能直接使用牛顿-莱布尼茨公式。3.**解答**　$F(b)-F(a)$。4.**解答**　(1) $\int_0^2 (3x^2-2x+1)\mathrm{d}x = (x^3-x^2+x)\big|_0^2 = (2^3-2^2+2)-(0^3-0^2+$

$0)=6$；(2) $\int_0^1 \sqrt{x}(1+\sqrt{x})\mathrm{d}x = \int_0^1 (\sqrt{x}+x)\mathrm{d}x = \left(\frac{2}{3}x^{\frac{3}{2}}+\frac{x^2}{2}\right)\bigg|_0^1 = \left(\frac{2}{3}+\frac{1}{2}\right)-0=\frac{7}{6}$；(3)

$\int_0^1 \frac{x^4+2x^2+1}{1+x^2}\mathrm{d}x = \int_0^1 \frac{(x^2+1)^2}{1+x^2}\mathrm{d}x = \int_0^1 (x^2+1)\mathrm{d}x = \left(\frac{1}{3}x^3+x\right)\bigg|_0^1 = \left(\frac{1}{3}+1\right)-0=\frac{4}{3}$；

(4) $\int_0^\pi \sqrt{1-\cos 2x}\,\mathrm{d}x = \int_0^\pi \sqrt{2\sin^2 x}\,\mathrm{d}x = \sqrt{2}\int_0^\pi \sin x\,\mathrm{d}x = -\sqrt{2}\cos x\,\bigg|_0^\pi = -\sqrt{2}\,(\cos\pi-\cos0)=$

$2\sqrt{2}$。5.**解答**　$\int_{-1}^1 \sqrt{x^2}\,\mathrm{d}x = \int_{-1}^1 |x|\,\mathrm{d}x = \int_{-1}^0 |x|\,\mathrm{d}x + \int_0^1 |x|\,\mathrm{d}x = \int_{-1}^0 (-x)\,\mathrm{d}x + \int_0^1 x\,\mathrm{d}x =$

$-\frac{x^2}{2}\bigg|_{-1}^0 + \frac{x^2}{2}\bigg|_0^1 = \frac{1}{2}+\frac{1}{2}=1$。6.**解答**　$\int_0^4 f(x)\mathrm{d}x = \int_0^2 f(x)\mathrm{d}x + \int_2^4 f(x)\mathrm{d}x = \int_0^2 x^2\,\mathrm{d}x +$

$\int_2^4 (x+1)\mathrm{d}x = \frac{x^3}{3}\bigg|_0^2 + \left(\frac{x^2}{2}+x\right)\bigg|_2^4 = \frac{8}{3}+8=\frac{32}{3}$。7.**解答**　物体静止时，$v=0$，即 $2t-4=$

0，故 $t=2$。设物体所经过的路程为 s，则路程 s 是函数 $v(t)=2t-4$ 在闭区间 $[2,3]$ 上的定积分。即 $s=\int_2^3 (2t-4)\mathrm{d}t = (t^2-4t)\big|_2^3 =1$。

检测题 4-2

1. 若函数 $f(x)$ 在区间 $[a,b]$ 上连续，且 $f(x)$ 的一个原函数是 $F(x)$，则 $\int f(x)\mathrm{d}x =$ （　　）。

A. $F(x)+C$；　　　　B. $F(x)\Big|_b^a$；　　　　C. $F(x)\int_a^b$；　　　　D. $F(x)\Big|_a^b$。

2. 下列积分中能直接使用牛顿-莱布尼茨公式的是（　　）。

A. $\int_0^1 \dfrac{1}{\sqrt{1-x^2}}\mathrm{d}x$；　B. $\int_0^1 \dfrac{1}{1+x^2}\mathrm{d}x$；　C. $\int_0^2 \dfrac{2x}{(x^2-4)^2}\mathrm{d}x$；D. $\int_1^3 \dfrac{1}{x\ln x}\mathrm{d}x$。

3. 定积分 $\int_0^1 \mathrm{e}^x\mathrm{d}x = \mathrm{e}^x\Big|_0^1 = $ _____。

4. 设 $f(x)=\begin{cases} x & (x\leqslant 0) \\ x^2 & (x>0) \end{cases}$，则 $\int_{-1}^1 f(x)\mathrm{d}x = \int_{-1}^0 x\,\mathrm{d}x + \int_0^1$ _____ $\mathrm{d}x$。

5. 利用牛顿-莱布尼茨公式计算下列定积分。

(1) $\int_0^\pi (2x-\sin x)\mathrm{d}x$；

(2) $\int_1^{\sqrt{3}} \dfrac{x^2+x+1}{x(1+x^2)}\mathrm{d}x$；

(3) $\int_1^2 \left(x+\dfrac{1}{x}\right)^2\mathrm{d}x$；

(4) $\int_0^1 \sqrt[4]{x}(\sqrt[4]{x}+\sqrt{x})\mathrm{d}x$。

6. 计算定积分 $\int_0^1 |2x-1|\mathrm{d}x$。

7. 设 $f(x)=\begin{cases} 1 & (-1\leqslant x<0) \\ 2 & (0\leqslant x\leqslant 1) \end{cases}$，求定积分 $\int_{-1}^1 f(x)\mathrm{d}x$。

8. 若 $\int_0^1 (2x + k)\mathrm{d}x = 2$，求常数 k 的值。

第三节　定积分的换元积分法和分部积分法

 重点与难点辅导

1. 若函数 $f(x)$ 在区间 $[a,b]$ 上连续，函数 $x = \varphi(t)$ 满足下列条件：(1) $\varphi(\alpha) = a$，$\varphi(\beta) = b$，且 $a \leqslant \varphi(t) \leqslant b$；(2) $\varphi(t)$ 在 $[\alpha,\beta]$（或 $[\beta,\alpha]$）上有连续导数，则 $\int_a^b f(x)\mathrm{d}x = \int_\alpha^\beta f[\varphi(t)]\varphi'(t)\mathrm{d}t$。该式子也称为定积分的换元积分公式。定积分换元积分法的要点是换元换限。

2. 定积分的分部积分公式是 $\int_a^b u(x)\mathrm{d}v(x) = u(x)v(x)\big|_a^b - \int_a^b v(x)\mathrm{d}u(x)$。用定积分分部积分公式来求解定积分的方法为定积分分部积分法。

3. 重点是掌握定积分的换元积分法。难点为（1）理解定积分的换元积分法中是如何寻找恰当的式子进行换元的；（2）合理选择定积分分部积分中的函数 $u(x)$ 与 $v(x)$。

 教材习题解析

习题 4-3

1. **解答**　选 D。2. **解答**　选 D。因为被积函数 $f(x) + f(-x)$ 是偶函数，所以 $\int_{-a}^a [f(x) + f(-x)]\mathrm{d}x = 2\int_0^a [f(x) + f(-x)]\mathrm{d}x$。3. **解答**　选 C。由定积分的分部积分公式可得。4. **解答**　选 B。5. **解答**　2。6. **解答**　$\dfrac{1}{2}\mathrm{e}^{\frac{\pi}{2}} - \dfrac{1}{2}$。7. **解答**　(1) $\int_0^{\frac{\pi}{2}} 6\cos^5 x \sin x \,\mathrm{d}x = -\int_0^{\frac{\pi}{2}} 6\cos^5 x \,\mathrm{d}\cos x \xlongequal{\text{令}\cos x = u} -\int_1^0 6u^5 \,\mathrm{d}u = -u^6 \big|_1^0 = 1$。(2) $\int_0^{\ln 2} \mathrm{e}^x \sqrt{\mathrm{e}^x - 1}\,\mathrm{d}x = \int_0^{\ln 2} \sqrt{\mathrm{e}^x - 1}\,\mathrm{d}(\mathrm{e}^x - 1) \xlongequal{\text{令}\mathrm{e}^x - 1 = t} \int_0^1 \sqrt{t}\,\mathrm{d}t = \dfrac{2}{3}t^{\frac{3}{2}}\big|_0^1 = \dfrac{2}{3}$。(3) 令 $\sqrt{x} = t$，则 $x = t^2$，$\mathrm{d}x = 2t\,\mathrm{d}t$。当 $x = 4$ 时，$t = 2$；当 $x = 9$ 时，$t = 3$。于是 $\int_4^9 \dfrac{\sqrt{x}}{\sqrt{x} - 1}\,\mathrm{d}x = \int_2^3 \dfrac{t}{t - 1}2t\,\mathrm{d}t = \int_2^3 \dfrac{(2t^2 - 2t) + (2t - 2) + 2}{t - 1}\,\mathrm{d}t =$

$\int_2^3 \left(2t + 2 + \dfrac{2}{t-1}\right)dt = (t^2 + 2t + 2\ln(t-1))\,\big|_2^3 = 7 + 2\ln 2$。（4）令 $\sqrt[3]{x} = t$，则 $x = t^3$，$\mathrm{d}x = 3t^2\mathrm{d}t$。当 $x = 0$ 时，$t = 0$；当 $x = 8$ 时，$t = 2$。于是 $\int_0^8 \dfrac{1}{1 + \sqrt[3]{x}}\mathrm{d}x = \int_0^2 \dfrac{1}{1+t}3t^2\mathrm{d}t =$

$\int_0^2 \left(3t - 3 + \dfrac{3}{1+t}\right)dt = \left[\dfrac{3}{2}t^2 - 3t + 3\ln(1+t)\right]\big|_0^2 = 3\ln 3$。8.**解答** （1）$\int_0^{\frac{\pi}{2}} x\sin x\,\mathrm{d}x =$

$-\int_0^{\frac{\pi}{2}} x\,\mathrm{d}\cos x = -x \cdot \cos x\,\big|_0^{\frac{\pi}{2}} + \int_0^{\frac{\pi}{2}} \cos x\,\mathrm{d}x = \sin x\,\big|_0^{\frac{\pi}{2}} = 1$。 （2）$\int_1^e x\ln x\,\mathrm{d}x = \dfrac{1}{2}\int_1^e \ln x\,\mathrm{d}x^2 =$

$\dfrac{1}{2}x^2\ln x\,\big|_1^e - \dfrac{1}{2}\int_1^e x^2\,\mathrm{d}\ln x = \dfrac{1}{2}e^2 - \dfrac{1}{2}\int_1^e x^2 \cdot \dfrac{1}{x}\mathrm{d}x = \dfrac{1}{2}e^2 - \dfrac{1}{2}\int_1^e x\,\mathrm{d}x = \dfrac{1}{2}e^2 - \dfrac{1}{4}x^2\,\big|_1^e = \dfrac{e^2 + 1}{4}$。

（3）$\int_0^1 x^2 e^x\,\mathrm{d}x = \int_0^1 x^2\,\mathrm{d}e^x = x^2 e^x\,\big|_0^1 - \int_0^1 e^x\,\mathrm{d}x^2 = e - 2\int_0^1 xe^x\,\mathrm{d}x = e - 2\int_0^1 x\,\mathrm{d}e^x = e -$

$2xe^x\,\big|_0^1 + 2\int_0^1 e^x\,\mathrm{d}x = e - 2e + 2e^x\,\big|_0^1 = e - 2$。 （4）令 $\sqrt{x} = t$，则 $x = t^2$，$\mathrm{d}x = 2t\,\mathrm{d}t$。当 $x = 1$

时，$t = 1$；当 $x = 4$ 时，$t = 2$。于是 $\int_1^4 \dfrac{\ln x}{\sqrt{x}}\mathrm{d}x = \int_1^2 \dfrac{\ln t^2}{t}2t\,\mathrm{d}t = 4\int_1^2 \ln t\,\mathrm{d}t = 4t\ln t\,\big|_1^2 - 4\int_1^2 t\,\mathrm{d}\ln t =$

$8\ln 2 - 4\int_1^2 t\,\dfrac{1}{t}\mathrm{d}t = 8\ln 2 - 4t\,\big|_1^2 = 8\ln 2 - 4$。 9.**证明** 令 $a + b - x = t$，则 $x = a + b - t$，$\mathrm{d}x = $

$-\mathrm{d}t$。当 $x = a$ 时，$t = b$；当 $x = b$ 时，$t = a$。于是 $\int_a^b f(a + b - x)\mathrm{d}x = \int_b^a f(t)(-\mathrm{d}t) = $

$\int_a^b f(t)\mathrm{d}t = \int_a^b f(x)\mathrm{d}x$。证毕。

🧑‍🤝‍🧑 自我检测题

检测题 4-3

1. 定积分 $\int_0^1 2x e^{x^2}\,\mathrm{d}x = \int_0^1 e^{x^2}\,\mathrm{d}x^2$ 通过定积分的换元积分法后变成了 $\int_a^b e^u\,\mathrm{d}u$，则下列说

法正确的为（　　）。

  A. 令 $u = x^2$，且 $a = 1$，$b = 0$；   B. 令 $u = x^2$，且 $a = 0$，$b = 1$；

  C. 令 $x = u^2$，且 $a = 1$，$b = 0$；   D. 令 $x = u^2$，且 $a = 0$，$b = 1$。

2. 若定积分 $\int_1^3 f(x)\mathrm{d}x$ 通过换元积分法后变成了 $\int_2^4 f(5 - t)\mathrm{d}t$，则换元过程中有可能是

令（　　）。

  A. $x - 5 = t$；   B. $5 - x = t$；   C. $t - 5 = x$；   D. $x - 1 = t$。

3. 定积分 $\int_{-a}^a x[f(x) + f(-x)]\mathrm{d}x = ($　　$)$。

  A. $4\int_0^a xf(x)\mathrm{d}x$；   B. $2\int_0^a x[f(x) + f(-x)]\mathrm{d}x$；

  C. 0；   D. 以上都不正确。

4. 下列积分计算过程正确的是（　　）。

  A. $\int_4^9 e^{\sqrt{x}}\,\mathrm{d}x = 2\int_4^9 t\,\mathrm{d}e^t$；

B. $\int_1^e \ln x \, dx = \int_0^1 x \, e^x \, dx$;

C. $\int_a^b u(x) \, dv(x) = u(x)v(x) - \int_a^b v(x) \, du(x)$;

D. $\int_a^b u(x) \, dv(x) = u(x)v(x) \big|_a^b + \int_a^b v(x) \, du(x)$ 。

5. 求解定积分 $\int_0^{\frac{\pi}{2}} x \cos x \, dx$ 时，可利用分部积分法，合理选择是（   ）。

A. $u(x) = \cos x$, $dv(x) = dx$;   B. $u(x) = x$, $dv(x) = d\sin x$;

C. $u(x) = x\cos x$, $dv(x) = dx$;   D. $u(x) = x$, $dv(x) = dx^2$ 。

6. 下列定积分适合用分部积分公式求解的是（   ）。

A. $\int_0^1 e^x \, dx$;   B. $\int_0^1 x \, e^{-x} \, dx$;   C. $\int_0^1 e^{-x} \, dx$;   D. $\int_0^1 x \, e^{x^2} \, dx$ 。

7. 用定积分的换元积分法求解 $\int_0^1 x \sqrt{1-x^2} \, dx$ 时，应设 $x =$ _____，则当 $x = 0$ 时，

$t =$ _____；当 $x = 1$ 时，$t =$ _____。

8. 分部积分公式 $\int_a^b u(x) \, dv(x) = u(x)v(x) \big|_a^b +$ _____。

9. 求下列定积分。

(1) $\int_0^{\sqrt{3}} \dfrac{2x}{1+x^2} \, dx$;   (2) $\int_0^1 (x-1)^{10} x \, dx$;

(3) $\int_0^1 x \sqrt{1-x} \, dx$;   (4) $\int_{-1}^1 \dfrac{x}{\sqrt{5-4x}} \, dx$;

(5) $\int_{-\sqrt{2}}^{\sqrt{2}} \sqrt{4-x^2} \, dx$ 。

10. 求下列定积分。

(1) $\int_0^1 \ln(x+1) \, dx$;   (2) $\int_0^{\frac{\pi}{4}} x \cos 2x \, dx$;

(3) $\displaystyle\int_0^{\frac{\pi}{2}} x^2 \sin x \,\mathrm{d}x$;   (4) $\displaystyle\int_0^{\frac{\pi}{2}} \mathrm{e}^x \sin x \,\mathrm{d}x$;

(5) $\displaystyle\int_0^1 \mathrm{e}^{\sqrt[3]{x}} \,\mathrm{d}x$ 。

11. 设函数 $f(x)$ 在 $[-a, a]$ 上连续，证明 $\displaystyle\int_0^a f(x)\mathrm{d}x = 2\int_0^{\frac{a}{2}} f(a - 2x)\mathrm{d}x$ 。

第四节　定积分的应用

 重点与难点辅导

1. 平面上曲边梯形可以分割成许许多多微小的曲边梯形，把每一个微小的曲边梯形近似地看成小矩形，这样，整个曲边梯形的面积就可以近似看成是许许多多小矩形的面积之和。每一个小矩形的面积就构成了曲边梯形面积的基本元素，我们称之为面积微元。类似地，全量 I 中作为代表的部分量也构成了它的基本元素，我们称之为微元 $\mathrm{d}I$。我们常常将微元法运用于定积分的应用中。

2. 比较常见的定积分的应用是用微元法求解几何学上的面积、体积、弧长及物理学上的变力做功、水压力、电流流量等。

3. 常用微元法的步骤是（1）画图形；（2）写微元；（3）算积分。

4. 重点是会用定积分计算几何图形的面积及旋转体体积。难点是灵活运用微元法的基本思想求解实际问题。

 教材习题解析

习题 4-4

1. **解答**　选 A。抓住"四线两平行"中的两平行直线是垂直于谁。垂直于 x 轴，就是 X 型。2. **解答**　选 C。3. **解答**　选 B。弧长微元 $\mathrm{d}s = \sqrt{(\mathrm{d}x)^2 + (\mathrm{d}y)^2} = \sqrt{1 + {y'}^2}\,\mathrm{d}x$ 。4. **解**

答 $\dfrac{4}{3}\pi ab^2$。 **5.解答** 如图 4-1。$\mathrm{d}A=\dfrac{1}{x}\mathrm{d}x$，则 $A=\displaystyle\int_1^3\dfrac{1}{x}\mathrm{d}x=\ln x\Big|_1^3=\ln 3$。

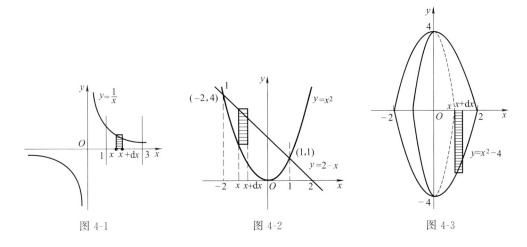

图 4-1　　　　　　　　　图 4-2　　　　　　　　　图 4-3

6.解答 如图 4-2。解方程组 $\begin{cases}y=x^2\\y=2-x\end{cases}$，得两交点 $(1,1)$ 与 $(-2,4)$。$\mathrm{d}A=\big[(2-x)$

$-x^2\big]\,\mathrm{d}x$，则 $A=\displaystyle\int_{-2}^1\big[(2-x)-x^2\big]\mathrm{d}x=\left(2x-\dfrac{x^2}{2}-\dfrac{x^3}{3}\right)\Big|_{-2}^1=\dfrac{9}{2}$。 **7.解答** 如图 4-3。解

方程组 $\begin{cases}y=x^2-4\\y=0\end{cases}$，得两交点 $(-2,0)$ 与 $(2,0)$。$\mathrm{d}V=\pi(x^2-4)^2\mathrm{d}x$，$V_x=\displaystyle\int_{-2}^2\pi(x^2-$

$4)^2\mathrm{d}x=\displaystyle\int_{-2}^2\pi(x^4-8x^2+16)\mathrm{d}x=\pi\left(\dfrac{x^5}{5}-\dfrac{8x^3}{3}+16x\right)\Big|_{-2}^2=\dfrac{512\pi}{15}$。 **8.解答** 如图 4-4 所示建

立坐标系。则图中小矩形的长为 $\left(10-\dfrac{y}{5}\right)$，高为 $\mathrm{d}y$，面积为 $\left(10-\dfrac{y}{5}\right)\mathrm{d}y$。水压力微元为

$\mathrm{d}F=\rho gy\left(10-\dfrac{y}{5}\right)\mathrm{d}y$。所求水压力为 $F=\displaystyle\int_0^{20}\rho gy\left(10-\dfrac{y}{5}\right)\mathrm{d}y=\left(5\rho gy^2-\dfrac{\rho g}{15}y^3\right)\Big|_0^{20}=$

$\dfrac{4400}{3}\rho g\approx 1.437\times 10^7(\mathrm{N})$。

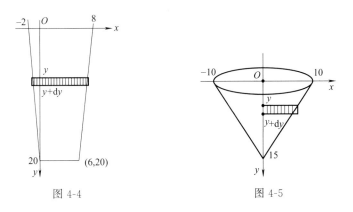

图 4-4　　　　　　　　　图 4-5

9.解答 如图 4-5。功微元 $\mathrm{d}W=yg\pi\left(10-\dfrac{2}{3}y\right)^2\mathrm{d}y$。所求做功为 $W=\displaystyle\int_0^{15}yg\pi\left(10-\dfrac{2}{3}y\right)^2\mathrm{d}y=$

$$\int_0^{15} yg\pi\left(100 - \frac{40}{3}y + \frac{4}{9}y^2\right)\mathrm{d}y = \left(50g\pi y^2 - \frac{40}{9}g\pi y^3 + \frac{1}{9}g\pi y^4\right)\Big|_0^{15} = 1875g\pi \approx 5.770\times10^4 \quad (\text{kJ}).$$

自我检测题

检测题 4-4

1. 下列由四线两平行所围成的平面图形是 Y 型图形的为 （   ）。

A. 由直线 $x=1$、$x=2$、$y=x$、$y=0$ 所围成的平面图形；

B. 由直线 $x=0$、$x=1$、$y=x$、$y=1$ 所围成的平面图形；

C. 由直线 $x=1$、$x=y^2$、$y=0$、$y=1$ 所围成的平面图形；

D. 由直线 $x=0$、$x=y^2$、$y=0$、$x=1$ 所围成的平面图形。

2. 在下列图形的阴影部分中，能表示成由直线 $x=2$、$y=1$，以及 $y=x$ 所围成的平面图形的是 （   ）。

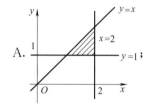

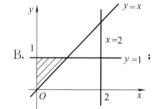

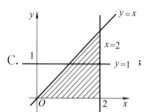

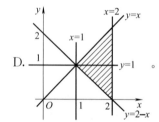

3. 平面上曲边梯形中的微元所对应的图形是 （   ）。

A. 小矩形；　　　　B. 小曲边梯形；　　　　C. 小圆柱体；　　　　D. 小直线段。

4. 由椭圆 $\dfrac{x^2}{a^2} + \dfrac{y^2}{b^2} = 1$ 绕 y 轴旋转一周后形成的椭球体的体积公式 $V_y = $ _____。

5. 求直线 $y=x$ 与抛物线 $y=x^2$ 所围平面图形的面积 A。

6. 求由 $y=x^2$ 与 $x=y^2$ 所围成的平面图形的面积 A。

7. 求由 $y = x^2$、$y = 4$ 和 $y = x$ 所围成的平面图形的面积 A。

8. 求底半径为 R，高为 h 的正圆锥体的体积 V。

9. 计算曲线 $y = \dfrac{\sqrt{x}}{3}(3 - x)$ 在区间 $[1, 3]$ 上的弧长 s。

10. 有一弹簧，用 $4N$ 的力可以把它拉长 0.01m，求在弹性范围内把弹簧拉长 0.2m 拉力所做的功 W。

 教材复习题解析

复习题四

一、选择题

1. **解答** 选 B。从几何意义可知，定积分 $\displaystyle\int_{-1}^{1}\sqrt{1 - x^2}\,\mathrm{d}x$ 表示的几何图形是圆心在原点、半径为 1 的上半圆的面积，其面积为 $\dfrac{\pi}{2}$。2. **解答** 选 A。抓住函数 $f(x)$ 在区间 $[0,5]$ 上可积，即不在区间 $[0,5]$ 上的定积分是无意义的。所以答案 B 与 C 排除掉。由定积分的可加性，答案 D 也是错误的，而答案 A 是正确的。3. **解答** 选 D。因为 $I_2 = \displaystyle\int_{1}^{2}x^2\,\mathrm{d}x = \dfrac{x^3}{3}\Big|_{1}^{2} = \dfrac{7}{3}$，$I_1 = \displaystyle\int_{0}^{1}x\,\mathrm{d}x = \dfrac{x^2}{2}\Big|_{0}^{1} = \dfrac{1}{2}$，$I_1 < I_2$。4. **解答** 选 A。当 $x = 1$ 时，被积函数 $\dfrac{1}{\sqrt{1 - x^2}}$ 的分母为零，点 $x = 1$ 为间断点。5. **解答** 选 B。 由于 $x^2[f(x) + f(-x)]$ 为偶函数，且积分区间 $[-a, a]$（或是 $[a, -a]$）为对称区间，所以选 $2\displaystyle\int_{0}^{a}x^2[f(x) + f(-x)]\,\mathrm{d}x$。6. **解答** 选 D。因为被积函数 $x^2\sin x$ 是奇函数，且积分区间 $[-1, 1]$ 为对称区

间，而奇函数在对称区间的定积分值为零。**7.解答** 选 C。因为 $\int_0^1 x\,\mathrm{d}e^x = x\,e^x\,|_0^1 -\int_0^1 e^x\,\mathrm{d}x =$ $e-e^x\,|_0^1 = e-(e-1) = 1$。**8.解答** 选 A。令 $\sqrt[3]{x+8}=t$，则 $x=t^3-8$，$\mathrm{d}x=3t^2\,\mathrm{d}t$。当 $x=0$ 时，$t=2$；当 $x=19$ 时，$t=3$。于是 $\int_0^{19}\dfrac{1}{\sqrt[3]{x+8}}\,\mathrm{d}x = \int_2^3 \dfrac{1}{t}3t^2\,\mathrm{d}t = \int_2^3 3t\,\mathrm{d}t = \int_2^3 3x\,\mathrm{d}x$。

二、填空题

9.解答 $y=2$。**10.解答** $n\int_a^b g(x)\,\mathrm{d}x$。**11.解答** π；2π。因为函数（$1+\sin x$）在区间 $[0,\pi]$ 上的最小值 $m=1$，最大值 $M=2$。由估值定理知，$\pi\leqslant\int_0^\pi(1+\sin x)\,\mathrm{d}x\leqslant 2\pi$。**12.解答** 换限。**13.解答** $\mathrm{d}V=\pi x^2\,\mathrm{d}x$。

三、解答题

14.解答 $\int_1^2(2x+1)\,\mathrm{d}x = (x^2+x)\,|_1^2 = (2^2+2)-(1^2+1) = 4$。**15.解答** 令 $\sqrt{x}=t$，则 $x=t^2$，$\mathrm{d}x=2t\,\mathrm{d}t$。当 $x=0$ 时，$t=0$；当 $x=4$ 时，$t=2$。于是 $\int_0^4\dfrac{1}{1+\sqrt{x}}\,\mathrm{d}x = \int_0^2\dfrac{1}{1+t}2t\,\mathrm{d}t =$ $\int_0^2\left(2-\dfrac{2}{1+t}\right)\mathrm{d}t = [2t-2\ln(1+t)]\,|_0^2 = 4-2\ln3$。**16.解答** 令 $\sqrt{1+e^x}=t$，则 $x=\ln(t^2-1)$，$\mathrm{d}x=\dfrac{2t\,\mathrm{d}t}{t^2-1}$。当 $x=0$ 时，$t=\sqrt{2}$；当 $x=\ln3$ 时，$t=2$。于是 $\int_0^{\ln3}\dfrac{e^x\,\mathrm{d}x}{\sqrt{1+e^x}} = \int_{\sqrt{2}}^2\dfrac{t^2-1}{t}\times\dfrac{2t\,\mathrm{d}t}{t^2-1}$ $=\int_{\sqrt{2}}^2 2\,\mathrm{d}t = 2t\,|_{\sqrt{2}}^2 = 4-2\sqrt{2}$。**17.解答** $\int_1^b\ln x\,\mathrm{d}x = x\ln x\,|_1^b-\int_1^b x\,\mathrm{d}\ln x = b\ln b-\int_1^b x\,\dfrac{1}{x}\,\mathrm{d}x =$ $b\ln b-\int_1^b \mathrm{d}x = b\ln b-x\,|_1^b = b\ln b-(b-1)$。由题意有，$b\ln b-(b-1)=1$，$b\ln b-b=0$。当 $b>0$ 时，有 $b=\mathrm{e}$。**18.解答** 在等式 $f(x)=4x-\int_0^1 f(x)\,\mathrm{d}x$ 的两边都取定积分，则有 $\int_0^1 f(x)\,\mathrm{d}x$ $=\int_0^1\left[4x-\int_0^1 f(x)\,\mathrm{d}x\right]\mathrm{d}x = \int_0^1 4x\,\mathrm{d}x-\int_0^1 f(x)\,\mathrm{d}x\int_0^1 \mathrm{d}x = 2x^2\,|_0^1-\int_0^1 f(x)\,\mathrm{d}x = 2-\int_0^1 f(x)\,\mathrm{d}x$。这是一个循环积分，移项得 $2\int_0^1 f(x)\,\mathrm{d}x = 2$，$\int_0^1 f(x)\,\mathrm{d}x = 1$。从而 $f(x)=4x-1$。

四、应用题

19.解答 如图 4-6。解方程组 $\begin{cases} y=x \\ xy=1 \end{cases}$ 得交点（1，1）。图形可看成是 Y 型图形，$\mathrm{d}A=$ $\left(y-\dfrac{1}{y}\right)\mathrm{d}y$。所求面积为 $A=\int_1^2\left(y-\dfrac{1}{y}\right)\mathrm{d}y = \left(\dfrac{1}{2}y^2-\ln y\right)\,|_1^2 = \dfrac{3}{2}-\ln 2$。

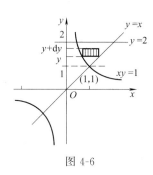
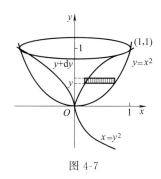

图 4-6   图 4-7

20.**解答**　如图 4-7。解方程组 $\begin{cases} y = x^2 \\ x = y^2 \end{cases}$ 得交点（0，0）与（1，1）。$dV = (\pi y - \pi y^4)dy$。

绕 y 轴旋转所得立体的体积 $V_y = \displaystyle\int_0^1 (\pi y - \pi y^4)dy = \left(\dfrac{\pi}{2}y^2 - \dfrac{\pi}{5}y^5\right)\Big|_0^1 = \dfrac{3\pi}{10}$。

自测题

自测题四

一、选择题

1.已知定积分 $y = \displaystyle\int_0^1 x\,dx$。则有 $\dfrac{dy}{dx} = ($ $)$。

A. 0；   B. 1；   C. π；   D. x。

2.下列定积分中，值不等于零的为（   ）。

A. $\displaystyle\int_2^5 0\,dx$；   B. $\displaystyle\int_a^a x^2\,dx$；   C. $\displaystyle\int_{-3}^3 x\cos x\,dx$；   D. $\displaystyle\int_0^1 x\,dx$。

3.函数 $f(x)$ 在区间 $[-2,1]$ 上可积，则必有 $\displaystyle\int_{-2}^1 f(x)dx = ($ $)$。

A. $\displaystyle\int_{-2}^2 f(x)dx + \int_2^1 f(x)dx$；   B. $\displaystyle\int_{-2}^0 f(x)dx + \int_0^1 f(x)dx$；

C. $\displaystyle\int_1^0 f(x)dx + \int_0^{-2} f(x)dx$；   D. $\displaystyle\int_{-3}^0 f(x)dx + \int_{-2}^{-3} f(x)dx$。

4.已知 $a = \displaystyle\int_0^2 x\,dx$，$b = \displaystyle\int_0^2 e^x\,dx$，$c = \displaystyle\int_0^2 \sin x\,dx$，则 a、b、c 的大小关系是（   ）。

A. $a < c < b$；   B. $a < b < c$；   C. $c < b < a$；   D. $c < a < b$。

5.定积分 $\displaystyle\int_7^0 \dfrac{1}{\sqrt[3]{x-8}}dx$ 作适当变换后应等于（   ）。

A. $\displaystyle\int_7^0 3x\,dx$；   B. $\displaystyle\int_0^7 3x\,dx$；   C. $\displaystyle\int_{-1}^{-2} 3x\,dx$；   D. $\displaystyle\int_{-2}^{-1} 3x\,dx$。

6.若 $\displaystyle\int_0^k e^{2x}\,dx = \dfrac{3}{2}$，则 $k = ($ $)$。

A. 1；   B. 2；   C. ln2；   D. $\dfrac{1}{2}$ln2。

7. 下列阴影部分表示的图形中，是定积分 $\int_{-1}^{1} \sqrt{1-y^2}\,\mathrm{d}y$ 的为（　　）。

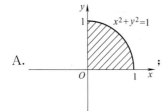
A.　　；

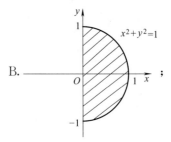
B.　　；

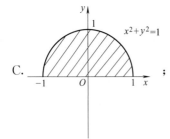
C.　　；

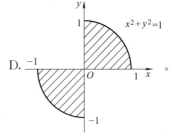
D.　　。

8. 下列式中是用 Y 型图形表示的定积分为（　　）。

A. $\int_0^1 x\,\mathrm{d}x$ ；

B. $\int_0^1 \mathrm{d}x + \int_1^2 x\,\mathrm{d}x$ ；

C. $\int_0^1 \sqrt{1-x^2}\,\mathrm{d}x$ ；

D. $\int_1^0 \sqrt{1-y^2}\,\mathrm{d}y$ 。

二、填空题

9. 当 $a=b$ 时，定积分 $\int_a^b f(x)\,\mathrm{d}x = $ _____。

10. $\int_1^4 f(x)\,\mathrm{d}x = \int_1^3 f(x)\,\mathrm{d}x + $ _____。

11. 定积分 $\int_0^1 (x^{10}\mathrm{e}^x)'\,\mathrm{d}x = $ _____。

12. 求极限 $\lim\limits_{n\to\infty}\int_0^1 x^n\,\mathrm{d}x = $ _____。

13. 已知函数 $f(x)=3x^2+2x+1$，若 $\int_{-1}^{1} f(x)\,\mathrm{d}x = 2f(a)$ 成立，则 $a=$ _____。

三、解答题

14. 求定积分 $\int_{-\pi}^{\pi}\left(2\cos x + \dfrac{3x}{1+x^2}\right)\mathrm{d}x$ 。

15. 求定积分 $\int_3^4 \dfrac{2x-3}{x^2-3x+2}\,\mathrm{d}x$ 。

16. 求定积分 $\int_0^1 (\sqrt{1-x} + \sqrt[3]{1-x})\,\mathrm{d}x$ 。

17. 求定积分 $\int_0^1 x\,\mathrm{d}\dfrac{1}{1+x^2}$ 。

四、应用题

18. 求由抛物线 $y = x^2 + 1$，直线 $x = -1$、$x = 2$ 及 $y = x$ 所围成的平面图形的面积 A。

19. 物体在力 $F(x) = 3x + 4$ 的作用下，沿着与力 F 相同的方向，从 $x = 0$ 运动到 $x = 4$ 处，求力 F 所做的功 W。

20. 设 $f(x) = x^2 - \int_0^a f(x)\mathrm{d}x$，且 a 是不等于 -1 的常数。求 $\int_0^a f(x)\mathrm{d}x$ 和 $f(x)$。

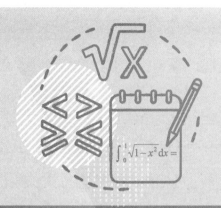

第五章

微分方程的辅导与检测

第一节　微分方程的基本概念

 重点与难点辅导

1.微分方程是指含有未知函数的导数或微分的方程；微分方程中出现的未知函数的导数的最高阶数，称为微分方程的阶。

2.能使微分方程成为恒等式的函数为该微分方程的解；含有与微分方程的阶数相同的独立的任意常数的解称为该微分方程的通解；通过初始条件确定了通解中的任意常数的特定值后的解就是微分方程的特解。能计算或验证微分方程的通解及特解。

3.重点是理解微分方程的概念及会判别微分方程的阶。难点是理解微分方程的解、通解和特解的区别。

 教材习题解析

习题 5-1

1.**解答**　选 C。答案 C 中虽然是方程，但没有导数，也没有微分，所以不是微分方程。
2.**解答**　选 D。微分方程中未知函数的导数的最高阶数称为微分方程的阶。3.**解答**　选 C。只有代入 C 中，才能使得方程恒成立。代入其他答案均不能使方程成立。4.**解答**　3。因为

n 阶微分方程应含有 n 个相互独立的任意常数。**5.解答** （1）是。因为 $y=\mathrm{e}^x$，$y'=\mathrm{e}^x$。代入微分方程，左边 $=xy'-y\ln y=x\mathrm{e}^x-\mathrm{e}^x\ln\mathrm{e}^x=0=$ 右边。（2）是。因为 $\arctan(x+y)=y$，两边都对 x 求导，$\dfrac{1+y'}{1+(x+y)^2}=y'$，解之得 $y'=\dfrac{1}{(x+y)^2}$。（3）是。因为 $y=x$，$y'=1$。代入微分方程，左边 $=\mathrm{e}^{x-y}\dfrac{\mathrm{d}y}{\mathrm{d}x}=\mathrm{e}^{x-x}\times 1=1=$ 右边。**6.解答** 将 $y\big|_{x=0}=5$ 代入 $y=\mathrm{e}^{-x}(x+C)$，有 $5=\mathrm{e}^0(0+C)$，得 $C=5$。故特解为 $y=\mathrm{e}^{-x}(x+5)$。

 自我检测题

检测题 5-1

1.下列式子中是微分方程的为（　　）。

A. $x^2\mathrm{d}y+(3y-1)\mathrm{d}x$；　B. $y=x-1$；　C. $\dfrac{\mathrm{d}^2s}{\mathrm{d}t^2}=6t-1$；　D. $y''-3y'+2y$。

2.下列函数中，微分方程 $\mathrm{d}y-2x\mathrm{d}x=0$ 的解是（　　）。

A. $y=2x$；　　　　B. $y=x^2$；　　　　C. $y=-2x$；　　　　D. $y=-x$。

3.微分方程 $y'=3y^{\frac{2}{3}}$ 的一个特解是（　　）。

A. $y=x^3+1$；　B. $y=(x+2)^3$；　C. $y=(x+C)^2$；　D. $y=C(1+x)^3$。

4.微分方程 $yy''-(y')^6=0$ 是_____阶微分方程。

5.微分方程 $y'''-x^2y''-x^5=1$ 的通解中含有任意常数的个数为_____。

6. $y=C_1\mathrm{e}^x+C_2\mathrm{e}^{-x}$（其中 C_1、C_2 为任意常数）是方程 $y''-y=0$ 的_____解。

7.判断函数 $y=2\cos x-3\sin x$ 是否为微分方程 $y''+y=0$ 的解。

8.验证函数 $y=C\mathrm{e}^{-3x}+\mathrm{e}^{-2x}$（$C$ 为任意常数）是方程 $\dfrac{\mathrm{d}y}{\mathrm{d}x}=\mathrm{e}^{-2x}-3y$ 的通解，并求出满足初始条件 $y\big|_{x=0}=0$ 的特解。

9.已知曲线在任意点 $(x，y)$ 的切线斜率等于该点横坐标的平方，写出曲线的微分方程。

第二节 可分离变量的微分方程

 重点与难点辅导

1.可分离变量的微分方程的一般形式是 $\dfrac{dy}{dx}=f(x)g(y)$，分离变量有 $\dfrac{dy}{g(y)}=f(x)dx$，再两边积分 $\displaystyle\int\dfrac{dy}{g(y)}=\int f(x)dx$，并求解。会识别可分离变量的微分方程。

2.齐次方程的一般形式是 $\dfrac{dy}{dx}=f\left(\dfrac{y}{x}\right)$ $\left[\text{或}\dfrac{dy}{dx}=f\left(\dfrac{x}{y}\right)\right]$。通过换元 $u=\dfrac{y}{x}$，$y=ux$，$\dfrac{dy}{dx}=\dfrac{du}{dx}x+u$ $\left(\text{或是}\ u=\dfrac{x}{y}，\ y=\dfrac{x}{u}，\ \dfrac{dy}{dx}=\dfrac{u-x\dfrac{du}{dx}}{u^2}\right)$，转化成可分离变量的微分方程。

3.重点是会求解可分离变量的微分方程与齐次方程。难点是理解如何将齐次方程转化成可分离变量的微分方程。

 教材习题解析

习题 5-2

1.**解答** 选 B。分离变量的结果是等式的一边只含有函数变量 y 的微分，而另一边只含有变量 x 的微分。2.**解答** 选 A。因为微分方程 $(x^2-y^2)dx+xydy=0$ 可化为齐次方程的一般形式：$\dfrac{dy}{dx}=\dfrac{y^2-x^2}{xy}=\dfrac{\left(\dfrac{y}{x}\right)^2-1}{\dfrac{y}{x}}$。3.**解答** $\dfrac{dy}{dx}=f(x)g(y)$。4.**解答**（1）分离变量得 $\dfrac{dy}{y\ln y}=\dfrac{dx}{x}$，两边积分得 $\ln\ln y=\ln x+\ln C$，得通解 $y=e^{Cx}$。（2）分离变量得 $e^y dy=e^x dx$，两边积分得 $e^y=e^x+C$，即为通解。（3）分离变量得 $\dfrac{dy}{\sqrt{1-y^2}}=\dfrac{dx}{\sqrt{1-x^2}}$，两边积分得 $\arcsin y=\arcsin x+C$，即为通解。5.**解答**（1）原微分方程可转化为 $\dfrac{dy}{dx}=\dfrac{x^2-2y^2}{xy}=\dfrac{x}{y}-\dfrac{2y}{x}$。令 $u=\dfrac{y}{x}$，$y=ux$，$\dfrac{dy}{dx}=\dfrac{du}{dx}x+u$。代入得 $\dfrac{du}{dx}x+u=\dfrac{1}{u}-2u$，即 $\dfrac{du}{dx}x=\dfrac{1}{u}-3u$。分离变量得 $\dfrac{u}{1-3u^2}du=\dfrac{1}{x}dx$，两边积分得 $\displaystyle\int\dfrac{u}{1-3u^2}du=\int\dfrac{1}{x}dx$，$-\dfrac{1}{6}\ln|1-3u^2|=\ln x-\dfrac{1}{6}$

$\ln C$，$1-3u^2=\dfrac{C}{x^6}$，$(1-3u^2)x^6=C$，换元回来得 $\left(1-\dfrac{3y^2}{x^2}\right)x^6=C$，即 $x^6-3x^4y^2=C$。

（2）原微分方程可转化为 $\dfrac{\mathrm{d}y}{\mathrm{d}x}=\dfrac{x+2y}{x}=1+2\times\dfrac{y}{x}$。令 $u=\dfrac{y}{x}$，$y=ux$，$\dfrac{\mathrm{d}y}{\mathrm{d}x}=\dfrac{\mathrm{d}u}{\mathrm{d}x}x+u$。代入

得 $\dfrac{\mathrm{d}u}{\mathrm{d}x}x+u=1+2u$，即 $\dfrac{\mathrm{d}u}{\mathrm{d}x}x=1+u$。分离变量得 $\dfrac{\mathrm{d}u}{1+u}=\dfrac{\mathrm{d}x}{x}$，两边积分得 $\ln|1+u|=$

$\ln|x|+\ln|C|$，有 $1+u=Cx$。换元回来得 $1+\dfrac{y}{x}=Cx$，得通解 $y=x(Cx-1)$。6.**解答**

（1）分离变量得 $\mathrm{e}^y\mathrm{d}y=\mathrm{e}^{2x}\mathrm{d}x$，两边积分得通解 $\mathrm{e}^y=\dfrac{1}{2}\mathrm{e}^{2x}+C$。将初始条件 $y\,|_{x=0}=0$ 代

入通解中，$\mathrm{e}^0=\dfrac{1}{2}\mathrm{e}^{2\times0}+C$，得 $C=\dfrac{1}{2}$。故所求特解为 $\mathrm{e}^y=\dfrac{1}{2}\mathrm{e}^{2x}+\dfrac{1}{2}$。（2）令 $u=\dfrac{y}{x}$，$y=$

ux，$\dfrac{\mathrm{d}y}{\mathrm{d}x}=\dfrac{\mathrm{d}u}{\mathrm{d}x}x+u$。代入得 $\dfrac{\mathrm{d}u}{\mathrm{d}x}x+u=\dfrac{1}{u}+u$，即 $\dfrac{\mathrm{d}u}{\mathrm{d}x}x=\dfrac{1}{u}$。分离变量得 $u\mathrm{d}u=\dfrac{1}{x}\mathrm{d}x$，两边

积分得 $\dfrac{1}{2}u^2=\ln x+C$。换元回来得通解为 $\dfrac{y^2}{2x^2}=\ln x+C$。将初始条件 $y\,|_{x=1}=2$ 代入通解，

得 $\dfrac{2^2}{2\times1^2}=\ln1+C$，$C=2$。故所求特解为 $\dfrac{y^2}{2x^2}=\ln x+2$，即 $y^2=2x^2\ln x+4x^2$。

自我检测题

检测题 5-2

1.下列微分方程中是可分离变量的微分方程为（　　）。

A. $\dfrac{\mathrm{d}y}{\mathrm{d}x}+\dfrac{y}{x}=\mathrm{e}$；

B. $\dfrac{\mathrm{d}y}{\mathrm{d}x}=3\,(x-1)(2-y)$；

C. $\dfrac{\mathrm{d}y}{\mathrm{d}x}-\sin y=x$；

D. $y'+xy=y^2\mathrm{e}^x$。

2.微分方程 $x\mathrm{d}y-2y\mathrm{d}x=0$ 分离变量后应为（　　）。

A. $x\mathrm{d}y=2y\mathrm{d}x$；　　B. $\dfrac{1}{y}\mathrm{d}y=\dfrac{2}{x}\mathrm{d}x$；　　C. $\dfrac{\mathrm{d}y}{\mathrm{d}x}=\dfrac{2y}{x}$；　　　　D. $x\,\dfrac{\mathrm{d}y}{\mathrm{d}x}=2y$。

3.下列微分方程中是齐次方程的为（　　）。

A. $(x^2-y^2)\mathrm{d}x+2xy\mathrm{d}y=0$；

B. $(x+1)\mathrm{d}y-(y+2)\mathrm{d}x=0$；

C. $y'=x+y$；

D. $(x^2-y)\mathrm{d}y=(y+1)\mathrm{d}x$。

4.齐次方程的一般形式为＿＿＿＿＿＿＿或＿＿＿＿＿＿＿。

5.求下列微分方程的通解。

（1）$xy\,\dfrac{\mathrm{d}y}{\mathrm{d}x}=1-x^2$；　　　　（2）$\dfrac{\mathrm{d}y}{\mathrm{d}x}=10^{x-y}$；　　　　（3）$\tan y\mathrm{d}x-\cot x\mathrm{d}y=0$。

6.求下列微分方程的通解。

（1）$xy^2\mathrm{d}y-(x^3+y^3)\mathrm{d}x=0$；   （2）$x\dfrac{\mathrm{d}y}{\mathrm{d}x}=y\ln\dfrac{y}{x}$。

7.求微分方程 $x\mathrm{d}y+2y\mathrm{d}x=0$ 满足初始条件 $y\big|_{x=2}=1$ 的特解。

第三节 一阶线性微分方程

 重点与难点辅导

1.一阶线性微分方程的一般形式为 $y'+P(x)y=Q(x)$。当 $Q(x)\equiv0$ 时，称之为一阶齐次线性微分方程；当 $Q(x)\neq0$ 时，称之为一阶非齐次线性微分方程。

2.一阶线性微分方程的求解方法有三种：（1）常数变易法；（2）通解公式法；（3）积分因子法。

3.一阶齐次线性微分方程 $\dfrac{\mathrm{d}y}{\mathrm{d}x}+P(x)y=0$ 的通解公式为 $y=C\mathrm{e}^{-\int P(x)\,\mathrm{d}x}$；一阶非齐次线性微分方程 $\dfrac{\mathrm{d}y}{\mathrm{d}x}+P(x)y=Q(x)$ 的通解公式为 $y=\mathrm{e}^{-\int P(x)\,\mathrm{d}x}\left(\int Q(x)\,\mathrm{e}^{\int P(x)\,\mathrm{d}x}\,\mathrm{d}x+C\right)$。

4.重点是会利用通解公式求解一阶非齐次线性微分方程。难点是理解常数变易法的思路，领悟常数变易这一步骤中蕴含的原理。

 教材习题解析

习题 5-3

1.**解答** 选 C。对比一阶线性微分方程的一般形式 $\dfrac{\mathrm{d}y}{\mathrm{d}x}+P(x)y=Q(x)$ 可知。2.**解答**

选 A。一阶非齐次微分方程 $xy'=y+x^2\sin x$ 化为一般形式为：$y'-\dfrac{y}{x}=x\sin x$。其对应

的一阶齐次微分方程为 $y' - \dfrac{y}{x} = 0$，即 $xy' = y$。**3. 解答**　$C(x)\mathrm{e}^{-\int P(x)\mathrm{d}x}$。**4. 解答**　$y =$

$\mathrm{e}^{-\int P(x)\mathrm{d}x}\left(\int Q(x)\mathrm{e}^{\int P(x)\mathrm{d}x}\,\mathrm{d}x + C\right)$。**5. 解答**　(1) 原微分方程对应的一阶齐次线性方程为 $y' +$

$2xy = 0$，分离变量得 $\dfrac{1}{y}\mathrm{d}y = -2x\,\mathrm{d}x$，两边积分得 $\displaystyle\int \dfrac{1}{y}\mathrm{d}y = -\int 2x\,\mathrm{d}x$，$\ln|y| = -x^2 +$

$\ln|C|$，$y = C\mathrm{e}^{-x^2}$。常数变易，令 $y = C(x)\mathrm{e}^{-x^2}$，$y' = C'(x)\mathrm{e}^{-x^2} - 2xC(x)\mathrm{e}^{-x^2}$。代入原

微分方程中得 $C'(x)\mathrm{e}^{-x^2} - 2xC(x)\mathrm{e}^{-x^2} + 2xC(x)\mathrm{e}^{-x^2} = 4x$，整理后有 $C'(x)\mathrm{e}^{-x^2} = 4x$，

$C'(x) = 4x\mathrm{e}^{x^2}$。两边积分得 $C(x) = \displaystyle\int 4x\mathrm{e}^{x^2}\,\mathrm{d}x = 2\mathrm{e}^{x^2} + C$。故原微分方程的通解为 $y =$

$(2\mathrm{e}^{x^2} + C)\mathrm{e}^{-x^2} = 2 + C\mathrm{e}^{-x^2}$。(2) 这是一个一阶非齐次线性微分方程，且 $P(x) = 1$，$Q(x) =$

e^{-x}。由通解公式得 $y = \mathrm{e}^{-\int \mathrm{d}x}\left(\int \mathrm{e}^{-x}\mathrm{e}^{\int \mathrm{d}x}\,\mathrm{d}x + C\right) = \mathrm{e}^{-x}\left(\int \mathrm{e}^{-x}\mathrm{e}^{x}\,\mathrm{d}x + C\right) = \mathrm{e}^{-x}(x + C)$，故通解

为 $y = \mathrm{e}^{-x}(x + C)$。(3) 原微分方程可转化为一阶非齐次线性微分方程的一般形式：$y' + \dfrac{1}{x}$

$y = x + 3 + \dfrac{2}{x}$，且 $P(x) = \dfrac{1}{x}$，$Q(x) = x + 3 + \dfrac{2}{x}$。由通解公式得 $y =$

$\mathrm{e}^{-\int \frac{1}{x}\mathrm{d}x}\left(\int\left(x + 3 + \dfrac{2}{x}\right)\mathrm{e}^{\int \frac{1}{x}\mathrm{d}x}\,\mathrm{d}x + C\right) = \dfrac{1}{x}\left(\int\left(x + 3 + \dfrac{2}{x}\right)x\,\mathrm{d}x + C\right) = \dfrac{1}{x}\left(\int (x^2 + 3x + 2)\,\mathrm{d}x + \right.$

$\left. C\right) = \dfrac{1}{x}\left(\dfrac{x^3}{3} + \dfrac{3x^2}{2} + 2x + C\right) = \dfrac{x^2}{3} + \dfrac{3x}{2} + 2 + \dfrac{C}{x}$。故通解为 $y = \dfrac{x^2}{3} + \dfrac{3x}{2} + 2 + \dfrac{C}{x}$。**6. 解答**

(1) 原微分方程对应的齐次线性方程为 $\dfrac{\mathrm{d}y}{\mathrm{d}x} = -3y$，分离变量得 $\dfrac{\mathrm{d}y}{y} = -3\mathrm{d}x$，两边积分得

$\ln|y| = -3x + \ln|C|$，$y = C\mathrm{e}^{-3x}$。常数变易得 $y = C(x)\mathrm{e}^{-3x}$，$y' = C'(x)\mathrm{e}^{-3x} -$

$3C(x)\mathrm{e}^{-3x}$。代入原微分方程得 $\left[C'(x)\mathrm{e}^{-3x} - 3C(x)\mathrm{e}^{-3x}\right] + 3C(x)\mathrm{e}^{-3x} = 8$，整理得

$C'(x)\mathrm{e}^{-3x} = 8$，$C'(x) = 8\mathrm{e}^{3x}$ 两边积分得 $C(x) = \displaystyle\int 8\mathrm{e}^{3x}\,\mathrm{d}x = \dfrac{8}{3}\mathrm{e}^{3x} + C$。原微分方程的通解

为 $y = \left(\dfrac{8}{3}\mathrm{e}^{3x} + C\right)\mathrm{e}^{-3x} = \dfrac{8}{3} + C\mathrm{e}^{-3x}$。将初始条件 $y|_{x=0} = 2$ 代入通解中得，$2 = \dfrac{8}{3} +$

$C\mathrm{e}^{-3\times 0}$，$C = -\dfrac{2}{3}$。故所求特解为 $y = \dfrac{8}{3} - \dfrac{2}{3}\mathrm{e}^{-3x}$。(2) 显然这是一个一阶非齐次线性微分

方程，且 $P(x) = -\tan x$，$Q(x) = \sec x$。由通解公式有 $y = \mathrm{e}^{\int \tan x\mathrm{d}x}\left(\int \sec x\mathrm{e}^{-\int \tan x\mathrm{d}x}\,\mathrm{d}x + C\right) =$

$\mathrm{e}^{-\ln\cos x}\left(\int \sec x\mathrm{e}^{\ln\cos x}\,\mathrm{d}x + C\right) = \dfrac{1}{\cos x}\left(\int \sec x\cos x\,\mathrm{d}x + C\right) = \dfrac{1}{\cos x}(x + C)$。将 $y|_{x=0} = 0$ 代入

通解中得，$0 = \dfrac{1}{\cos 0}(0 + C)$，$C = 0$。故所求特解为 $y = \dfrac{x}{\cos x}$。(3) 这里 $P(x) = \dfrac{1}{x^2}$，$Q(x) =$

$\mathrm{e}^{\frac{1}{x}}$。用积分因子 $\mathrm{e}^{\int p(x)\mathrm{d}x} = \mathrm{e}^{\int \frac{1}{x^2}\mathrm{d}x} = \mathrm{e}^{-\frac{1}{x}}$ 同时乘以原微分方程的两边，得 $y'\mathrm{e}^{-\frac{1}{x}} + \dfrac{1}{x^2}y\mathrm{e}^{-\frac{1}{x}} =$

$\mathrm{e}^{\frac{1}{x}}\mathrm{e}^{-\frac{1}{x}}$，即 $(y\mathrm{e}^{-\frac{1}{x}})' = 1$。两边积分得 $y\mathrm{e}^{-\frac{1}{x}} = x + C$，即通解为 $y = x\mathrm{e}^{\frac{1}{x}} + C\mathrm{e}^{\frac{1}{x}}$。将初始条件

$y\big|_{x=1}=1$ 代入到通解中得，$1=1\times e^{\frac{1}{1}}+Ce^{\frac{1}{1}}$，$C=\dfrac{1}{e}-1$。故所求特解为 $y=xe^{\frac{1}{x}}+\left(\dfrac{1}{e}-1\right)e^{\frac{1}{x}}$。

 自我检测题

检测题 5-3

1.下列微分方程中，不是一阶线性微分方程的是（　　）。

A. $x(y')^2-2y+x=0$；　　　　　　B. $xy+2y'-x=0$；

C. $y'-2xy=0$；　　　　　　　　　D. $y'+xy=4x$。

2.求解一阶非齐次线性微分方程 $\dfrac{dy}{dx}+P(x)y=Q(x)$ 时，可以在两边都乘以积分因子 _____。

3.一阶非齐次线性微分方程 $\dfrac{dy}{dx}+P(x)y=Q(x)$ 所对应的一阶齐次线性微分方程为 _____。

4.微分方程 $y'+P(x)y=0$ 的通解公式为 _____。

5.求下列微分方程的通解。

(1) $y'+y\tan x=\sin 2x$；　　(2) $y'+3y=2$；　　(3) $\dfrac{dy}{dx}-3xy=x$。

6.求下列微分方程中满足初始条件的特解。

(1) $y'-y=x$，$y\big|_{x=0}=2$；　　　　(2) $y'+2xy=xe^{-x^2}$，$y\big|_{x=0}=1$。

教材复习题解析

复习题五

一、选择题

1.**解答**　选 C。2.**解答**　选 D。原微分方程可变形为一阶非齐次线性微分方程的一般形式 $y'+\dfrac{1}{1-x}y=\dfrac{2-x}{1-x}$。3.**解答**　选 B。因为 $x\sin y\,dx+y^2\,dy=0$ 可变形为可分离变量的一

般形式 $\dfrac{\mathrm{d}y}{\mathrm{d}x}=-x\,\dfrac{\sin y}{y^2}$。 **4.解答** 选 B。因为 $xy'-y=\sqrt{x^2+y^2}$ 可变形为齐次方程的一般形

式 $y'=\dfrac{y}{x}+\sqrt{1+\left(\dfrac{y}{x}\right)^2}$。 **5.解答** 选 D。通解一定要满足三点：（1）是函数形式；（2）能

使微分方程的等式成立；（3）含有与阶数相同的独立的任意常数。只有 $y=Ce^x$ 满足要求。

6.解答 选 C。因为 $\dfrac{\mathrm{d}y}{\mathrm{d}x}=2x$，两边积分得通解 $y=x^2+C$，故 A 错；通过点（1，4）时，有

$4=1^2+C$，$C=3$，此时特解是 $y=x^2+3$，故 B 错；与直线 $y=2x+3$ 相切时，斜率为 $y'=$

$2x=2$，$x=1$，此时切点为（1，5），代入到通解中有 $5=1^2+C$，$C=4$，此时特解是 $y=x^2$

$+4$，故 D 错；当 $y=x^2+\dfrac{5}{3}$ 时，$\displaystyle\int_0^1 y\,\mathrm{d}x=\int_0^1\left(x^2+\dfrac{5}{3}\right)\mathrm{d}x=\left(\dfrac{1}{3}x^3+\dfrac{5}{3}x\right)\Big|_0^1=2$，故 C 对。

7.解答 选 C。因为 $y=\sin 2x$，$y'=2\cos 2x$，$y''=-4\sin 2x$，故 $y''+4y=0$。 **8.解答**
选 B。

二、填空题

9.解答 3。 **10.解答** $xy'=2y\ln y$。因为 $y=e^{Cx^2}$，$\ln y=Cx^2$，$C=\dfrac{\ln y}{x^2}$；又 $y'=$

$2Cx\,e^{Cx^2}$，$C=\dfrac{y'}{2x\,e^{Cx^2}}=\dfrac{y'}{2xy}$。所以有 $\dfrac{\ln y}{x^2}=\dfrac{y'}{2xy}$，整理后有 $xy'=2y\ln y$。 **11.解答** x，

$\dfrac{1-x^2}{x}$。 **12.解答** $e^{-\int\mathrm{d}x}=e^{-x}$。 **13.解答** $\dfrac{\mathrm{d}x}{\mathrm{d}y}-\dfrac{1}{y}x=-1$。

三、解答题

14.解答 分离变量得 $\dfrac{\mathrm{d}y}{y\ln y}=\dfrac{\mathrm{d}x}{x}$，两边积分得 $\displaystyle\int\dfrac{\mathrm{d}y}{y\ln y}=\int\dfrac{\mathrm{d}x}{x}$，$\ln|\ln y|=\ln|x|+\ln|C|$，

即通解为 $y=e^{Cx}$。 **15.解答** 原微分方程变形为齐次方程 $\dfrac{\mathrm{d}y}{\mathrm{d}x}=\dfrac{x+y}{x}=1+\dfrac{y}{x}$。令 $u=\dfrac{y}{x}$，得

$y=ux$，$\dfrac{\mathrm{d}y}{\mathrm{d}x}=u+x\,\dfrac{\mathrm{d}u}{\mathrm{d}x}$。代入齐次方程中得 $u+x\,\dfrac{\mathrm{d}u}{\mathrm{d}x}=1+u$，即 $x\,\dfrac{\mathrm{d}u}{\mathrm{d}x}=1$。分离变量得 $\mathrm{d}u$

$=\dfrac{\mathrm{d}x}{x}$，两边积分得 $u=\ln|x|+\ln|C|$，即 $e^u=Cx$。将 $u=\dfrac{y}{x}$ 代入后即得原微分方程的通

解为 $e^{\frac{y}{x}}=Cx$。 **16.解答** 这是一个一阶非齐次线性微分方程，且 $P(x)=2$，$Q(x)=1$。由

通解公式得 $y=e^{-\int 2\mathrm{d}x}\left(\displaystyle\int e^{\int 2\mathrm{d}x}\,\mathrm{d}x+C\right)=e^{-2x}\left(\displaystyle\int e^{2x}\,\mathrm{d}x+C\right)=e^{-2x}\left(\dfrac{1}{2}e^{2x}+C\right)=\dfrac{1}{2}+Ce^{-2x}$。

17.解答 这是一个一阶非齐次线性微分方程，且 $P(x)=\cos x$，$Q(x)=e^{-\sin x}$。由通解公式

得，$y=e^{-\int\cos x\,\mathrm{d}x}\left(\displaystyle\int e^{-\sin x}\,e^{\int\cos x\,\mathrm{d}x}\,\mathrm{d}x+C\right)=e^{-\sin x}\left(\displaystyle\int e^{-\sin x}\,e^{\sin x}\,\mathrm{d}x+C\right)=e^{-\sin x}(x+C)$。

18.解答 分离变量得 $\dfrac{\mathrm{d}y}{y+3}=-\tan x\,\mathrm{d}x$，两边积分得 $\displaystyle\int\dfrac{\mathrm{d}y}{y+3}=-\int\tan x\,\mathrm{d}x$，$\ln|y+3|=$

$\ln|\cos x|+\ln|C|$，通解为 $y=C\cos x-3$。将初始条件 $y|_{x=0}=1$ 代入到通解中得 $1=$

$C\cos 0-3$，$C=4$。故所求特解为 $y=4\cos x-3$。 **19.解答** 分离变量得 $\dfrac{\mathrm{d}y}{y\ln y}=\csc^2 x\,\mathrm{d}x$，两

边积分得 $\int \dfrac{\mathrm{d}y}{y\ln y}=\int \csc^2 x\,\mathrm{d}x$，通解为 $\ln\ln y=-\cot x+C$。将初始条件 $y\big|_{x=\frac{\pi}{2}}=\mathrm{e}$ 代入到通解中得 $\ln\ln\mathrm{e}=-\cot\dfrac{\pi}{2}+C$，$C=0$。故所求特解为 $\ln\ln y=-\cot x$。**20.解答** 这是一个一阶非齐次线性微分方程，且 $P(x)=-2$，$Q(x)=x$。由通解公式得，$y=\mathrm{e}^{\int 2\mathrm{d}x}\left(\int x\mathrm{e}^{-\int 2\mathrm{d}x}\,\mathrm{d}x+C\right)=$

$\mathrm{e}^{2x}\left(\int x\mathrm{e}^{-2x}\,\mathrm{d}x+C\right)=\mathrm{e}^{2x}\left(-\dfrac{1}{2}\int x\mathrm{d}\mathrm{e}^{-2x}+C\right)=\mathrm{e}^{2x}\left(-\dfrac{1}{2}x\mathrm{e}^{-2x}+\dfrac{1}{2}\int\mathrm{e}^{-2x}\,\mathrm{d}x+C\right)=$

$\mathrm{e}^{2x}\left(-\dfrac{1}{2}x\mathrm{e}^{-2x}-\dfrac{1}{4}\mathrm{e}^{-2x}+C\right)=-\dfrac{1}{2}x-\dfrac{1}{4}+C\mathrm{e}^{2x}$。将初始条件 $y\big|_{x=0}=2$ 代入到通解中得，$2=-\dfrac{1}{2}\times 0-\dfrac{1}{4}+C\mathrm{e}^{2\times 0}$，$C=\dfrac{9}{4}$。故所求特解为 $y=-\dfrac{1}{2}x-\dfrac{1}{4}+\dfrac{9}{4}\mathrm{e}^{2x}$。

 自测题

<h2 style="text-align:center">自测题五</h2>

一、选择题

1. 微分方程 $(y'')^2+(y')^3+\sin x=0$ 的阶数是（　　　）。

A. 一阶；　　　　　　B. 二阶；　　　　　　C. 三阶；　　　　　　D. 四阶。

2. 微分方程 $y'+2y=0$ 的通解为（　　　）。

A. $y=\mathrm{e}^{2x}+C$；　　B. $y=\mathrm{e}^{-2x}+C$；　　C. $y=C\mathrm{e}^{2x}$；　　D. $y=C\mathrm{e}^{-2x}$。

3. 下列微分方程中是一阶线性微分方程的为（　　　）。

A. $(y')^2+2y=x$；　B. $y'+2y^2=x$；　　　C. $y'+y=x$；　　　D. $y''+y'=x$。

4. 微分方程 $y'-2xy-x-2=0$ 是（　　　）。

A. 可分离变量的微分方程；　　　　　　B. 齐次方程；

C. 一阶线性微分方程；　　　　　　　　D. 二阶线性微分方程。

5. 一阶非齐次线性微分方程 $xy'-y=x$ 中，$P(x)=$（　　　）。

A. $-\dfrac{1}{x}$；　　　　　B. -1；　　　　　　C. x；　　　　　　D. 1。

6. 对于微分方程 $\dfrac{\mathrm{d}y}{\mathrm{d}x}=3x^2$，下列结果正确的是（　　　）。

A. 通解为 $y=x^3+C$；　　　　　　　　B. 与直线 $y=3x+1$ 相切的解为 $y=x^3+1$；

C. 通过点 $(0,1)$ 的特解是 $y=x^3-1$；　　D. 通解为 $y=Cx^3$。

7. 微分方程 $y''-5y'+6y=0$ 的通解是（　　　）。

A. $y=C_1\mathrm{e}^{2x}+C_2\mathrm{e}^{3x}$；　　　　　　　　B. $y=C\mathrm{e}^{2x}+\mathrm{e}^{3x}$；

C. $y=\mathrm{e}^{2x}+C\mathrm{e}^{3x}$；　　　　　　　　　　D. $y=\mathrm{e}^{2x}+\mathrm{e}^{3x}$。

8. 一阶非齐次微分方程 $y\dfrac{\mathrm{d}x}{\mathrm{d}y}=y^2+x$ 所对应一阶齐次微分方程为（　　　）。

A. $\dfrac{\mathrm{d}x}{\mathrm{d}y}=y$；　　　　　B. $y\dfrac{\mathrm{d}x}{\mathrm{d}y}=x$；　　　C. $\dfrac{\mathrm{d}y}{\mathrm{d}x}=y$；　　　D. $y\dfrac{\mathrm{d}y}{\mathrm{d}x}=x$。

二、填空题

9. 微分方程 $y''' + e^x y'' + e^x = 1$ 的通解中的独立的任意常数的个数为_____。

10. 微分方程 $y'' + y' - 2y = 0$ 的阶数是_____。

11. 微分方程 $y' = \cos x$ 的通解为_____。

12. 微分方程 $y' = y^2 \cos x$ 满足初始条件 $y\big|_{x=\frac{\pi}{2}} = 1$ 的特解为_____。

13. 以函数 $y = Ce^x$（C 为任意常数）为通解的微分方程可以是_____。

14. 用积分因子法求解一阶非齐次线性微分方程 $\dfrac{\mathrm{d}x}{\mathrm{d}y} - yx = y^2$ 时，积分因子为_____。

三、解答题

15. 求微分方程 $(xy + x)y' = y$ 的通解。

16. 求微分方程 $y' - \dfrac{y}{x} = \left(\dfrac{y}{x}\right)^2$ 的通解。

17. 求微分方程 $y' - \dfrac{y}{x+1} = x+1$ 的通解。

18. 求微分方程 $\dfrac{\mathrm{d}y}{\mathrm{d}x} = \dfrac{y}{y-x}$ 的通解。

19. 求微分方程 $xy' = y + x\cos^2 \dfrac{y}{x}$ 满足初始条件 $y\big|_{x=1} = \dfrac{\pi}{4}$ 的特解。

20. 求微分方程 $\dfrac{\mathrm{d}y}{\mathrm{d}x} - y = e^x$ 满足初始条件 $y\big|_{x=0} = 1$ 的特解。

第六章

多元函数微积分的辅导与检测

第一节　多元函数的极限和连续

 重点与难点辅导

1. 从平面直角坐标系下的一元函数推广到空间直角坐标系下的二元函数。平面上两点间的距离公式为 $d=\sqrt{(x_2-x_1)^2+(y_2-y_1)^2}$，空间上两点间的距离公式为 $d=\sqrt{(x_2-x_1)^2+(y_2-y_1)^2+(z_2-z_1)^2}$。

2. 一元函数的定义域是自变量的取值范围，是一个区间；二元函数的定义域是自变量的取值范围，是一个区域。它们都用各自对应的点的集合来表示。

3. 重点是一元函数求极限的思想在二元函数求极限上的推广和应用。难点是通过对比来理解平面直角坐标系下的一元函数与空间直角坐标系下的二元函数的相关概念。

 教材习题解析

习题 6-1

1. **解答**　选 D。 2. **解答**　选 C。因为当 $f(0,0)$ 时，即 $f(x-2,y+1)=f(0,0)$，有 $x=2$，$y=-1$。所以 $f(0,0)=2^2-3\times2\times(-1)-(-1)^2+5=14$。 3. **解答**　选 A。因为令 $y=kx$，则有 $\lim\limits_{(x,y)\to(0,0)}f(x,y)=\lim\limits_{(x,y)\to(0,0)}\dfrac{kx}{x+kx}=\dfrac{k}{1+k}$。由于 k 的任意性，所以 $\dfrac{k}{1+k}$ 不恒定，

故 $\lim\limits_{(x,y)\to(0,0)} f(x,y)$ 无极限。4.**解答** $\sqrt{6}$。5.**解答** 球面。6.**解答** xoy 平面。7.**解答**

(1) 定义域为 $\{(x,y) \mid 2-x^2-y^2>0\}$；（2）定义域为 $\left\{(x,y) \;\middle|\; \begin{matrix} |1-y|\leqslant 1 \\ x-y>0 \end{matrix}\right\}$；（3）定义

域为 $\{(x,y) \mid y^2-2x+1>0\}$；（4）定义域为 $\left\{(x,y) \;\middle|\; \begin{matrix} 1-x^2\geqslant 0 \\ y^2-1\geqslant 0 \end{matrix}\right\}$。8.**解答** $f(0,1)=$

$\dfrac{1}{0^2+1^2}=1$。9.**解答** 由于 $f(x+y,x-y)=x^2-y^2=(x+y)(x-y)$，所以 $f(x,y)=xy$。

10.**解答** $\lim\limits_{\substack{x\to 1 \\ y\to 2}} \dfrac{x+y}{x-y}=\dfrac{1+2}{1-2}=-3$。11.**解答** $\lim\limits_{\substack{x\to 0 \\ y\to 0}} \dfrac{\sqrt{xy+1}-1}{xy}=\lim\limits_{\substack{x\to 0 \\ y\to 0}} \dfrac{(\sqrt{xy+1}-1)(\sqrt{xy+1}+1)}{xy\,(\sqrt{xy+1}+1)}=$

$\lim\limits_{\substack{x\to 0 \\ y\to 0}} \dfrac{xy}{xy\,(\sqrt{xy+1}+1)}=\lim\limits_{\substack{x\to 0 \\ y\to 0}} \dfrac{1}{\sqrt{xy+1}+1}=\dfrac{1}{2}$。12.**解答** $\lim\limits_{\substack{x\to 0 \\ y\to 2}} (1+xy)^{\frac{1}{x}}=\lim\limits_{\substack{x\to 0 \\ y\to 2}} [(1+xy)^{\frac{1}{xy}}]^y=$

e^2。13.**解答** 令 $y=kx$，则有 $\lim\limits_{\substack{x\to 0 \\ y\to 0}} \dfrac{x+y}{x-y}=\lim\limits_{\substack{x\to 0 \\ y\to 0}} \dfrac{x+kx}{x-kx}=\dfrac{1+k}{1-k}$。由于 k 的任意性，所以 $\dfrac{1+k}{1-k}$

不恒定，故 $\lim\limits_{\substack{x\to 0 \\ y\to 0}} \dfrac{x+y}{x-y}$ 无极限。

自我检测题

检测题 6-1

1. 点 $P(1,0,0)$ 是位于（　　）。

A. x 轴上；　　　　　B. y 轴上；　　　　　C. z 轴上；　　　　　D. 原点处。

2. 已知 $f(x+2,y+1)=3x^2-xy-y^2+1$，则 $f(2,1)=($　　）。

A. 1；　　　　　B. 10；　　　　　C. 0；　　　　　D. 2。

3. 空间上两点 $P_1(-1,1,3)$ 与 $P_2(2,1,-1)$ 的距离为_____。

4. 方程 $x^2+y^2=1$ 所表示的曲面是_____。

5. 函数 $x^2+y^2+z^2=1$ 在 xOy 平面上的投影为_____。

6. 设函数 $f(x,y)=xy+\dfrac{x}{y}$，则 $f(2,1)=$_____。

7. 函数 $f(x,y)$ 在 (x_0,y_0) 处连续，则 $\lim\limits_{\substack{x\to x_0 \\ y\to y_0}} f(x,y)$ 与 $f(x_0,y_0)$ 会_____。

8. 求函数 $z=\ln(x+y-1)+\dfrac{1}{\sqrt{1-x^2-y^2}}$ 的定义域。

9. 求 $\lim\limits_{(x,y)\to(1,-1)} \dfrac{2x-y^2}{x^2+y^2}$。

10. 求 $\lim\limits_{\substack{x\to 0 \\ y\to 0}} \dfrac{3-\sqrt{x^2+y^2+9}}{x^2+y^2}$。

11. 求 $\lim\limits_{(x,y)\to(0,0)} (x^2+y^2)\cos\dfrac{1}{xy}$。

12. 判断极限 $\lim\limits_{\substack{x\to 0 \\ y\to 0}} \dfrac{xy}{\sqrt{x^4+y^4}}$ 是否存在？

第二节　多元函数的求导

 重点与难点辅导

1. 二元函数的偏导数就是基于当其中一个自变量固定不变时，二元函数关于另外一个自变量的导数。它们的几何意义都是切线的斜率。对 x 的偏导就是对 x 方向上切线的斜率。

2. 会求二元函数的偏导数与二阶偏导数。

3. 多元复合函数的求导实际是一元复合函数求导的推广，会求复合函数的偏导数或全导数。

4. 会求隐函数的偏导数。

5. 重点是会求偏导数或全导数。难点是通过树权图来理解多元复合函数的链式法则。

 教材习题解析

习题 6-2

1. **解答**　选 B。2. **解答**　选 C。3. **解答**　$\dfrac{1}{y}$，$-2y$。4. **解答**　$\dfrac{yz}{e^z-xy}$，$\dfrac{xz}{e^z-xy}$。因为

令 $F(x,y,z)=e^z-xyz$，则有 $F'_x=-yz$，$F'_y=-xz$，$F'_z=e^z-xy$。$\dfrac{\partial z}{\partial x}=-\dfrac{F'_x}{F'_z}=$

$\dfrac{yz}{\mathrm{e}^{z}-xy}$，$\dfrac{\partial z}{\partial y}=-\dfrac{F'_{y}}{F'_{z}}=\dfrac{xz}{\mathrm{e}^{z}-xy}$。**5. 解答** （1）$\dfrac{\partial z}{\partial x}=3x^{2}+4xy-y^{2}$，$\dfrac{\partial z}{\partial y}=2x^{2}-2xy+3y^{2}$；

（2）$f'_{x}(x,y)=y-\dfrac{1}{y}$，$f'_{y}(x,y)=x+\dfrac{x}{y^{2}}$；（3）$f'_{x}(x,y)=\dfrac{1}{1+\left(\dfrac{x}{y}\right)^{2}}\times\dfrac{1}{y}=\dfrac{y}{y^{2}+x^{2}}$，

$f'_{y}(x,y)=\dfrac{1}{1+\left(\dfrac{x}{y}\right)^{2}}\left(-\dfrac{x}{y^{2}}\right)=-\dfrac{x}{y^{2}+x^{2}}$；（4）$\dfrac{\partial u}{\partial x}=\dfrac{y}{z}$，$\dfrac{\partial u}{\partial y}=\dfrac{x}{z}$，$\dfrac{\partial u}{\partial z}=-\dfrac{xy}{z^{2}}$。**6. 解答**

$f'_{x}(x,y)=2xy^{2}$，$f'_{y}(x,y)=2x^{2}y-2$；$f'_{x}(1,2)=2\times1\times2^{2}=8$，$f'_{y}(0,1)=2\times0^{2}\times1-$

$2=-2$。**7. 解答** $\dfrac{\partial z}{\partial x}=\dfrac{1}{\sqrt{x}+\sqrt{y}}\times\dfrac{1}{2\sqrt{x}}$，$\dfrac{\partial z}{\partial y}=\dfrac{1}{\sqrt{x}+\sqrt{y}}\times\dfrac{1}{2\sqrt{y}}$。故 $x\dfrac{\partial z}{\partial x}+y\dfrac{\partial z}{\partial y}=x$

$\left(\dfrac{1}{\sqrt{x}+\sqrt{y}}\times\dfrac{1}{2\sqrt{x}}\right)+y\left(\dfrac{1}{\sqrt{x}+\sqrt{y}}\times\dfrac{1}{2\sqrt{y}}\right)=\dfrac{1}{2}$。**8. 解答** $f'_{x}(x,y)=2xy^{2}-2$，$f'_{y}(x,y)=$

$2x^{2}y$；$f''_{xx}=2y^{2}$，$f''_{xy}=f''_{yx}=4xy$，$f''_{yy}=2x^{2}$。**9. 解答** $\dfrac{\partial z}{\partial x}=\ln(x+y)+\dfrac{x}{x+y}$，$\dfrac{\partial z}{\partial y}=$

$\dfrac{x}{x+y}$；$\dfrac{\partial^{2}z}{\partial x^{2}}=\dfrac{1}{x+y}+\dfrac{x+y-x}{(x+y)^{2}}=\dfrac{x+2y}{(x+y)^{2}}$，$\dfrac{\partial^{2}z}{\partial x\partial y}=\dfrac{1}{x+y}-\dfrac{x}{(x+y)^{2}}=\dfrac{y}{(x+y)^{2}}$，$\dfrac{\partial^{2}z}{\partial y\partial x}=$

$\dfrac{x+y-x}{(x+y)^{2}}=\dfrac{y}{(x+y)^{2}}$，$\dfrac{\partial^{2}z}{\partial y^{2}}=\dfrac{-x}{(x+y)^{2}}$。**10. 解答** $\dfrac{\partial z}{\partial u}=2u+v$，$\dfrac{\partial z}{\partial v}=u+2v$；$\dfrac{\partial u}{\partial x}=1$，$\dfrac{\partial u}{\partial y}=$

1；$\dfrac{\partial v}{\partial x}=1$，$\dfrac{\partial v}{\partial y}=-1$。$\dfrac{\partial z}{\partial x}=\dfrac{\partial z}{\partial u}\dfrac{\partial u}{\partial x}+\dfrac{\partial z}{\partial v}\dfrac{\partial v}{\partial x}=(2u+v)\times1+(u+2v)\times1=3u+3v=3(x+$

$y)+3(x-y)=6x$，$\dfrac{\partial z}{\partial y}=\dfrac{\partial z}{\partial u}\dfrac{\partial u}{\partial y}+\dfrac{\partial z}{\partial v}\dfrac{\partial v}{\partial y}=(2u+v)\times1+(u+2v)\times(-1)=u-v=(x+y)-$

$(x-y)=2y$。**11. 解答** $\dfrac{\partial z}{\partial x}=\mathrm{e}^{x-2y}$，$\dfrac{\partial z}{\partial y}=-2\mathrm{e}^{x-2y}$；$\dfrac{\mathrm{d}x}{\mathrm{d}t}=\cos t$，$\dfrac{\mathrm{d}y}{\mathrm{d}t}=3t^{2}$；$\dfrac{\mathrm{d}z}{\mathrm{d}t}=\dfrac{\partial z}{\partial x}\dfrac{\mathrm{d}x}{\mathrm{d}t}+$

$\dfrac{\partial z}{\partial y}\dfrac{\mathrm{d}y}{\mathrm{d}t}=\mathrm{e}^{x-2y}\cos t-2\mathrm{e}^{x-2y}\times3t^{2}=\mathrm{e}^{x-2y}\ (\cos t-6t^{2})=\mathrm{e}^{\sin t-2t^{3}}(\cos t-6t^{2})$。**12. 解答** 令

$F(x,y,z)=x+2y+2z-2\sqrt{xyz}$。则有 $F'_{x}=1-\dfrac{yz}{\sqrt{xyz}}$，$F'_{y}=2-\dfrac{xz}{\sqrt{xyz}}$，$F'_{z}=2-\dfrac{xy}{\sqrt{xyz}}$；

$\dfrac{\partial z}{\partial x}=-\dfrac{F'_{x}}{F'_{z}}=-\dfrac{1-\dfrac{yz}{\sqrt{xyz}}}{2-\dfrac{xy}{\sqrt{xyz}}}=\dfrac{\sqrt{xyz}-yz}{xy-2\sqrt{xyz}}$，$\dfrac{\partial z}{\partial y}=-\dfrac{F'_{y}}{F'_{z}}=-\dfrac{2-\dfrac{xz}{\sqrt{xyz}}}{2-\dfrac{xy}{\sqrt{xyz}}}=\dfrac{2\sqrt{xyz}-xz}{xy-2\sqrt{xyz}}$。**13. 解答**

令 $F(x,y,z)=x^{2}-4x+y^{2}-2z^{2}$。则有 $F'_{x}=2x-4$，$F'_{y}=2y$，$F'_{z}=-4z$；$\dfrac{\partial x}{\partial y}=-\dfrac{F'_{y}}{F'_{x}}=$

$-\dfrac{2y}{2x-4}=\dfrac{y}{2-x}$，$\dfrac{\partial x}{\partial z}=-\dfrac{F'_{z}}{F'_{x}}=-\dfrac{-4z}{2x-4}=\dfrac{2z}{x-2}$。**14. 解答** 令 $F(x,y)=xy-\ln y-a$。则有

$F'_{x}=y$，$F'_{y}=x-\dfrac{1}{y}$；$\dfrac{\mathrm{d}y}{\mathrm{d}x}=-\dfrac{F'_{x}}{F'_{y}}=-\dfrac{y}{x-\dfrac{1}{y}}=\dfrac{y^{2}}{1-xy}$。

检测题 6-2

1. 设 $z = f(x, y)$，则偏导数 $\frac{\partial z}{\partial x}\big|_{(x_0, y_0)}$ 等于（　　）。

A. $\lim\limits_{\Delta x \to 0} \dfrac{f(x_0 + \Delta x, \ y_0 + \Delta y) - f(x_0, y_0)}{\Delta x}$；

B. $\lim\limits_{\Delta x \to 0} \dfrac{f(x_0 + \Delta x, y_0) - f(x_0, y_0)}{\Delta x}$；

C. $\lim\limits_{\Delta x \to 0} \dfrac{f(x_0 + \Delta x, y) - f(x_0, y_0)}{\Delta x}$；

D. $\lim\limits_{\Delta x \to 0} \dfrac{f(x_0 + \Delta x, y_0)}{\Delta x}$。

2. 设 $z = f(x, v)$，$v = \varphi(x, y)$，其中 f、φ 都是具有一阶连续偏导数，则 $\frac{\partial z}{\partial y}$ 等于（　　）。

A. $\dfrac{\partial f}{\partial y}$；　　　　B. $\dfrac{\partial f}{\partial y} + \dfrac{\partial \varphi}{\partial y}$；　　　　C. $\dfrac{\partial f}{\partial y} + \dfrac{\partial f}{\partial v} \dfrac{\partial \varphi}{\partial y}$；　　　　D. $\dfrac{\partial f}{\partial v} \dfrac{\partial \varphi}{\partial y}$。

3. 设 $z = uv^2$，而 $u = \sin x$，$v = \cos(x + y)$，则 $\dfrac{\partial u}{\partial x} = $ _____ ，$\dfrac{\partial z}{\partial u} = $ _____ 。

4. 设函数 $z = z(x, y)$ 由方程 $xz = y + e^z$ 所确定，则 $\dfrac{\partial z}{\partial x} = $ _____ ，$\dfrac{\partial z}{\partial y} = $ _____ 。

5. 求下列函数的偏导数。

（1）$z = x^3 + 3x^2 y - 2xy^3 + y^2$；　　　　（2）$z = xy + \dfrac{x}{y}$；

（3）$u = xy^2 + yz^2 + zx^2$。

6. 求函数 $z = x^2 - 2xy + 3y^3$ 在点 $(1, 2)$ 处的偏导数。

7. 求函数 $z = x^3 + 3x^2 y + y^4 + 2$ 的二阶偏导数 $\dfrac{\partial^2 z}{\partial x^2}$。

8. 设 $z = u^2 v$，而 $u = x\cos y$，$v = x\sin y$，求 $\dfrac{\partial z}{\partial x}$ 与 $\dfrac{\partial z}{\partial y}$。

9. 设 $z = x - 2y$，而 $x = \sin t$，$y = t^3$。求全导数 $\dfrac{\mathrm{d}z}{\mathrm{d}t}$。

10. 设 $\mathrm{e}^z - xyz = xy$，求偏导数 $\dfrac{\partial z}{\partial x}$ 与 $\dfrac{\partial z}{\partial y}$。

11. 设 $x^2 + 3xy - y^2 = 1$，求 $\dfrac{\mathrm{d}y}{\mathrm{d}x}$。

第三节　全微分及其近似计算

 重点与难点辅导

1.我们把多元函数全增量的主要部分称为全微分。在自变量的增量幅度都很小时，全微分与全增量近似相等。因此，我们可以利用全微分来进行近似计算。

2.全微分等于各个自变量方向上的偏微分之和，而偏微分等于偏导数与对应方向上的自变量微分之积。

3.理解二元函数中的全微分是一元函数微分的推广。

4.重点是会求全微分。难点是利用全微分进行近似计算。

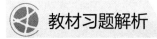

习题 6-3

1. **解答** 选 A。因为 $\dfrac{\partial z}{\partial x}=\mathrm{e}^x\sin y$，$\dfrac{\partial z}{\partial y}=\mathrm{e}^x\cos y$；$\mathrm{d}z=\dfrac{\partial z}{\partial x}\mathrm{d}x+\dfrac{\partial z}{\partial y}\mathrm{d}y=\mathrm{e}^x\sin y\mathrm{d}x+\mathrm{e}^x\cos y\mathrm{d}y=\mathrm{e}^x(\sin y\mathrm{d}x+\cos y\mathrm{d}y)$。2. **解答** 可微。3. **解答** $\dfrac{\mathrm{d}x}{y}-\dfrac{x}{y^2}\mathrm{d}y$。4. **解答** $-16\mathrm{d}x+12\mathrm{d}y$。因为 $\mathrm{d}f=2xy^3\mathrm{d}x+3x^2y^2\mathrm{d}y$，$\mathrm{d}f\Big|_{\substack{x=1\\y=-2}}=2\times1\times(-2)^3\mathrm{d}x+3\times1^2\times(-2)^2\mathrm{d}y=-16\mathrm{d}x+12\mathrm{d}y$。5. **解答** 1.05，1。因为 $\Delta z=(x+\Delta x)^2+(y+\Delta y)^2-(x^2+y^2)=2x\Delta x+(\Delta x)^2+2y\Delta y+(\Delta y)^2$，$\Delta z\Big|_{\substack{x=1\\y=2\\\Delta x=0.1\\\Delta y=0.2}}=2\times1\times0.1+0.1^2+2\times2\times0.2+0.2^2=1.05$；$\mathrm{d}z=2x\mathrm{d}x+2y\mathrm{d}y$，$\mathrm{d}z\Big|_{\substack{x=1\\y=2\\\Delta x=0.1\\\Delta y=0.2}}=2\times1\times0.1+2\times2\times0.2=1$。6. **解答** $\mathrm{d}z=(y+\cos x)\mathrm{d}x+x\mathrm{d}y$。

7. **解答** $\mathrm{d}z=\dfrac{2x\mathrm{d}x}{1+x^2+y^2}+\dfrac{2y\mathrm{d}y}{1+x^2+y^2}$，$\mathrm{d}z\Big|_{\substack{x=1\\y=-2}}=\dfrac{2\times1\times\mathrm{d}x}{1+1^2+2^2}+\dfrac{2\times2\times\mathrm{d}y}{1+1^2+2^2}=\dfrac{\mathrm{d}x}{3}+\dfrac{2\mathrm{d}y}{3}$。

8. **解答** $\mathrm{d}u=yz\mathrm{d}x+xz\mathrm{d}y+xy\mathrm{d}z$。9. **解答** 设 $z=x^y$。这里 $x=2$，$y=1$，$\Delta x=-0.03$，$\Delta y=0.05$。则有 $\mathrm{d}z=yx^{y-1}\mathrm{d}x+x^y\ln x\mathrm{d}y$，$\mathrm{d}z\Big|_{\substack{x=2\\y=1\\\Delta x=-0.03\\\Delta y=0.05}}=1\times2^{1-1}\times(-0.03)+2^1\times\ln2\times0.05\approx-0.03+0.1\times0.693\approx0.039$。故 $1.97^{1.05}\approx2^1+0.039=2.039$。10. **解答** 设底半径为 $r(\mathrm{m})$，高为 $h(\mathrm{m})$，圆锥体积为 $V(\mathrm{m}^3)$，则有 $V=\dfrac{1}{3}\pi r^2h$，这里 $r=2\mathrm{m}$，$\Delta r=0.01\mathrm{m}$，$h=1\mathrm{m}$，$\Delta h=0.01\mathrm{m}$。$\mathrm{d}V=\dfrac{2}{3}\pi rh\mathrm{d}r+\dfrac{1}{3}\pi r^2\mathrm{d}h$，$\mathrm{d}V\Big|_{\substack{r=2\\\Delta r=0.01\\h=1\\\Delta h=0.01}}=\dfrac{2}{3}\pi\times2\times1\times0.01+\dfrac{1}{3}\pi\times2^2\times0.01\approx0.084(\mathrm{m}^3)$，被削去的铁屑质量有 $0.084\times7.8\approx0.655(\mathrm{t})$。

检测题 6-3

1.设 $u = e^{xyz}$，则有 $du = ($ $)$。

A. $yze^{xyz}dx$ ；   B. $xze^{xyz}dy$ ；

C. $xye^{xyz}dz$ ；   D. $e^{xyz}(yzdx + xzdy + xydz)$ 。

2.全微分是函数在各个自变量方向上的_____之和。

3.设函数 $z = xy$ ，则 $dz =$ _____。

4.设函数 $f(x,y) = xy^2$ ，则 $df\Big|_{\substack{x=1 \\ y=-1}} =$ _____。

5.设函数 $z = 3x^3 + y^2$ ，当 $x = 1$ ，$y = 2$ ，$\Delta x = 0.1$ ，$\Delta y = -0.2$ 时，则有 $\Delta z =$ _____，$dz =$ _____。

6.设 $z = ye^x + x\cos y$ ，求全微分 dz 。

7.求函数 $z = xy + x^2 + y^2$ 当 $x = 1$ ，$y = 0$ 时的全微分。

8.设 $u = xy + xz + yz$ ，求全微分 du 。

9.计算 $2.01^{3.01}$ 的近似值（$\ln 2 \approx 0.693$）。

10.设有一无盖圆柱形容器，容器的壁与底的厚度均为 $0.1cm$ ，内高为 $20cm$ ，内半径为 $4cm$ ，求容器外壳体积的近似值。

第四节 多元函数的极值与最值

 重点与难点辅导

1.二元函数的极值存在于驻点之中。学会判断二元函数的驻点是否是极值点：(1) 当 $B^2-AC<0$ 时有极值，且当 $A<0$ 时，有极大值；当 $A>0$ 时，有极小值；(2) 当 $B^2-AC>0$ 时无极值。

2.同一元函数类似，二元函数的最值同样只存在于边界线上或极值点之中。

3.重点是会求解二元函数的极值与最值。难点是理解求二元函数的极值的步骤。

 教材习题解析

习题 6-4

1.**解答** 选 D。2.**解答** 选 B。因为 $f'_x=y$，$f'_y=x$。由于在点 $(0,0)$ 处，$f'_x(0,0)=0$，$f'_y(0,0)=0$，所以点 $(0,0)$ 为驻点。又由于 $A=f''_{xx}(0,0)=0$，$B=f''_{xy}(0,0)=1$，$C=f''_{yy}(0,0)=0$。$B^2-AC=1^2-0\times0=1>0$，无极值。3.**解答** 选 D。因为 $\dfrac{\partial z}{\partial x}=2e^{2x}(x+y^2+2y)+e^{2x}=e^{2x}(2x+2y^2+4y+1)$，$\dfrac{\partial z}{\partial y}=e^{2x}(2y+2)$。令 $\begin{cases}\dfrac{\partial z}{\partial x}=0\\[2mm]\dfrac{\partial z}{\partial y}=0\end{cases}$，得驻点 $\left(\dfrac{1}{2},-1\right)$。

4.**解答** $(0,0)$。因为 $\dfrac{\partial z}{\partial x}=-2x$，$\dfrac{\partial z}{\partial y}=-2y$，有驻点 $(0,0)$。$A=\dfrac{\partial^2 z}{\partial x^2}\Big|_{(0,0)}=-2$，$B=\dfrac{\partial^2 z}{\partial x\partial y}\Big|_{(0,0)}=0$，$C=\dfrac{\partial^2 z}{\partial y^2}\Big|_{(0,0)}=-2$。$B^2-AC=0^2-(-2)\times(-2)=-4<0$，$A<0$，有极大值。5.**解答** $f'_x=(6-2x)(4y-y^2)$，$f'_y=(6x-x^2)(4-2y)$。令 $\begin{cases}f'_x=0\\ f'_y=0\end{cases}$，有驻点 $(3,2)$、$(0,0)$、$(6,0)$、$(0,4)$、$(6,4)$。$f''_{xx}=-2(4y-y^2)$，$f''_{xy}=(6-2x)(4-2y)$，$f''_{yy}=-2(6x-x^2)$。在 $(3,2)$ 处，$B^2-AC=0^2-(-8)\times(-18)=-144<0$，且 $A=-8<0$，有极大值 $f(3,2)=36$。在 $(0,0)$ 处，$B^2-AC=24^2-0\times0=576>0$，无极值。在 $(6,0)$ 处，$B^2-AC=(-24)^2-0\times0=576>0$，无极值。在 $(0,4)$ 处，$B^2-AC=(-24)^2-0\times0=576>0$，无极值。在 $(6,4)$ 处，$B^2-AC=24^2-0\times0=576>0$，无极值。6.**解答** $z'_x=y-\dfrac{1}{x^2}$，$z'_y=x-\dfrac{1}{y^2}$。令 $\begin{cases}z'_x=0\\ z'_y=0\end{cases}$，得驻点 $(1,1)$。$z''_{xx}=\dfrac{2}{x^3}$，$z''_{xy}=1$，$z''_{yy}=\dfrac{2}{y^3}$。$A=$

$z''_{xx}(1,1)=2$，$B=z''_{xy}(1,1)=1$，$C=z''_{yy}(1,1)=2$。$B^2-AC=1^2-2\times2=-3<0$，$A=2>0$，有极小值 $z(1,1)=3$。**7.解答** 将附加条件 $x+y=1$ 化为 $y=1-x$，代入函数 $f(x,y)=xy$ 中，得 $f(x)=x-x^2$。此时，$f'(x)=1-2x$，有驻点 $x=\dfrac{1}{2}$。$f''(x)=-2<0$，有极大值 $f\left(\dfrac{1}{2}\right)=\dfrac{1}{4}$。**8.解答** 先求函数 $f(x,y)=4x-4y-x^2-y^2$ 在区域 $x^2+y^2\leqslant18$ 内的可能极值点。解方程组 $\begin{cases}f'_x=4-2x=0\\f'_y=-4-2y=0\end{cases}$，得驻点 $(2,-2)$。再求函数在边界 $x^2+y^2=18$ 上的可能极值点。设 $F(x,y,\lambda)=4x-4y-x^2-y^2+\lambda(x^2+y^2-18)$，解方程组 $\begin{cases}F'_x=4-2x+2x\lambda=0\\F'_y=-4-2y+2y\lambda=0\\F'_\lambda=x^2+y^2-18=0\end{cases}$，得驻点 $(3,-3)$ 与 $(-3,3)$。由于 $f(2,-2)=8$，$f(3,-3)=6$，$f(-3,3)=-42$，所以函数的最大值为 8，最小值为 -42。**9.解答** 先求函数在区域内的可能极值点。解方程组 $\begin{cases}f'_x=2x+2y=0\\f'_y=2x+6y=0\end{cases}$，得驻点 $(0,0)$。因点 $(0,0)$ 不在区域内（如图 6-1），舍去。再求函数在边界上的可能极值点。直线 PQ 为 $x=-1$，此时函数变为 $f(y)=1-2y+3y^2$，$f'(y)=6y-2$，驻点 $y=\dfrac{1}{3}$ 不在线段 PQ 上，舍去。直线 QR 为 $y=1$，此时函数变为 $f(x)=x^2+2x+3$，令 $f'(x)=2x+2=0$，有 $x=-1$，在 Q 点上。直线 PR 为 $x+3y-5=0$，此时函数变为 $f(y)=6y^2-20y+25$，令 $f'(y)=12y-20=0$，有 $y=\dfrac{5}{3}$，驻点为 $\left(0,\dfrac{5}{3}\right)$。由于 $f\left(0,\dfrac{5}{3}\right)=\dfrac{25}{3}$，$f(-1,2)=9$，$f(-1,1)=2$，

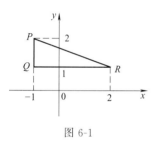

图 6-1

$f(2,1)=11$，所以函数的最大值为 11，最小值为 2。**10.解答** 设直角三角形的两直角边之长分别为 x、y，则周长 $s=x+y+\sqrt{2}$（$0<x<\sqrt{2}$，$0<y<\sqrt{2}$，且 $x^2+y^2=2$）。令函数 $F(x,y,\lambda)=x+y+\sqrt{2}+\lambda(x^2+y^2-2)$，解方程组 $\begin{cases}F'_x=1+2x\lambda=0\\F'_y=1+2y\lambda=0\\F'_\lambda=x^2+y^2-2=0\end{cases}$，得驻点 $(1,1)$。由问题的实际意义知，最大周长的直角三角形一定存在。故所求的三角形是等腰直角三角形，其直角边长为 1，最大周长为 $2+\sqrt{2}$。

👥 自我检测题

检测题 6-4

1.设二元函数 $f(x,y)$ 在点 (x_0,y_0) 处有极值，且两个一阶偏导数都存在，则必有（　　）。

A. $f'_x(x_0,y_0)>0$，$f'_y(x_0,y_0)>0$；　　B. $f'_x(x_0,y_0)=0$，$f'_y(x_0,y_0)=0$；

C. $f'_x(x_0,y_0)>0$，$f'_y(x_0,y_0)=0$；　　D. $f'_x(x_0,y_0)=0$，$f'_y(x_0,y_0)>0$。

2.设函数 $z=x^3-3x-y$，则在点 $(1,0)$ 处（　　　　）。

A. 取得最大值；　　B. 无极值；　　　　C. 取得最小值；　　　　D. 无法判断是否有极值。

3.二元函数 $z=5-x^2-y^2$ 的极大值点是（　　　）。

A. $(1,0)$；　　　　B. $(0,1)$；　　　　C. $(0,0)$；　　　　D. $(1,1)$。

4.设函数 $f(x,y)=2x^2+ax+xy^2+2y$ 在点 $(1,-1)$ 处取得极值，则常数 $a=\underline{\qquad}$。

5.求函数 $z=2(x-y)-x^2-y^2$ 的极值。

6.求函数 $f(x,y)=x^3+y^3-3xy$ 的极值。

7.求函数 $f(x,y)=x^2-xy+y^2$ 在附加条件 $y-x=1$ 下的极值。

8.欲围成一个面积为 60m^2 的矩形场地，正面用料每一米造价为 10 元，其余三面每米造价为 5 元。求场地的长、宽各为多少米时，所用的材料费最省？

9.求函数 $f(x,y)=\sqrt{9-x^2-y^2}$ 在圆域 $x^2+y^2\leqslant1$ 的最大值与最小值。

10.要造一个体积等于 8 的长方体容器，问怎样选择尺寸，才能使得其表面积最小。

第五节　二重积分的概念和性质

 重点与难点辅导

1. 曲顶柱体的体积可以用二重积分来表示。它可以看成是许许多多的细小的直柱体在区域上堆积起来的。二重积分就是在区域上这些直柱体体积的和值的极限。

2. 重点是理解二重积分的概念与记录方式。难点是理解二重积分的性质并会运用性质解决一些简单问题。

 教材习题解析

习题 6-5

1. **解答**　选 D。因为 $z=\sqrt{1-x^2-y^2}$ 表示球心在原点，半径为 1 的上半球面，而二重积分表示的是上半球体的体积，由球体的体积公式可知上半球体的体积为 $\dfrac{2}{3}\pi$。2. **解答**　选 C。由二重积分的几何意义可知 $\iint\limits_{D}\mathrm{d}x\,\mathrm{d}y$ 是一个圆柱体，其区域为圆盘 $x^2+y^2\leqslant1$，高度为 1，所以体积为 π。3. **解答**　选 B。因为由直线 $y=x$、$y=\dfrac{1}{2}x$、$y=2$ 所围成的闭区域 D 是一个三角形，其面积为 1。而二重积分 $\iint\limits_{D}\mathrm{d}x\,\mathrm{d}y$ 表示的是底面为区域 D，高为 1 的直柱体，其体积为 1。4. **解答**　100。因为二重积分 $\iint\limits_{D}10\mathrm{d}x\,\mathrm{d}y$ 表示的是底面面积为 10，高为 10 的直柱体的体积。5. **解答**　$<$。6. **解答**　$>$。因为 $x^2+1>x^2$，$y^2+1>y^2$，$(x^2+1)(y^2+1)>x^2y^2$，所以 $\iint\limits_{D}(x^2+1)(y^2+1)\mathrm{d}\sigma>\iint\limits_{D}x^2y^2\mathrm{d}\sigma$。7. **解答**　$\iint\limits_{D}\rho(x,y)\mathrm{d}\sigma$。8. **解答**　在矩形区域 D 上，$1\leqslant x+y+1\leqslant4$，区域的面积为 2，所以 $2\leqslant I\leqslant8$。

 自我检测题

检测题 6-5

1. 设 D 是由 $\{(x,y)\,|\,x^2+y^2\leqslant4\}$ 所确定的闭区域，则 $\iint\limits_{D}\mathrm{d}x\,\mathrm{d}y=(\qquad)$。

A.4；　　　　　B.4π；　　　　　C.8π；　　　　　D.π。

2.设 D 是由直线 $x=2$、$x=4$、$y=1$、$y=2$ 所围成的矩形闭区域，则 $\iint\limits_{D}\mathrm{d}x\mathrm{d}y=($ 　　　)。

A.0；　　　　　B.1；　　　　　C.2；　　　　　D.4。

3.已知区域 D 的面积为 a，则二重积分 $\iint\limits_{D}\mathrm{d}x\mathrm{d}y=$ _____。

4.比较大小：$\iint\limits_{D}5\mathrm{d}\sigma$ _____ $\iint\limits_{D}2\mathrm{d}\sigma$ 。

5.比较大小：$\iint\limits_{D}(x+y)^2\mathrm{d}\sigma$ _____ $\iint\limits_{D}(x+y)^3\mathrm{d}\sigma$ 。其中 D 是由 x 轴、y 轴与 $x+y=1$ 所围成的闭区域。

6.在 xoy 平面的闭区域 D 上有一平面薄片。如果薄片的面密度为 $\rho(x,y)=x^2+y^2$，且在 D 上连续，则该薄片的质量 m 可用二重积分表示为 _____。

7.利用二重积分的性质估计二重积分 $I=\iint\limits_{D}xy(x+y)\mathrm{d}\sigma$ 的值，其中矩形区域 D 为：$0\leqslant x\leqslant 1$，$0\leqslant y\leqslant 1$。

第六节　二重积分的计算

 重点与难点辅导

1.(1) 能区分 X 型与 Y 型区域；(2) 会化二重积分为二次积分；(3) 会改变二次积分的积分次序。

2.重点是利用二次积分计算二重积分。难点是能将区域化为 X 型或 Y 型区域，并会用具体表达式表达出来。

 教材习题解析

习题 6-6

1.**解答**　选 A。2.**解答**　选 D。3.**解答**　选 A。4.**解答**　选 D。5.**解答**　选 D。如图 6-

2。6. **解答** $\int_1^4 dx \int_2^5 f(x,y)dy$。7. **解答** $\int_0^1 dx \int_{1-x}^{\sqrt{1-x^2}} dy$。因为区域 D 可化为

$\begin{cases} 0 \leqslant x \leqslant 1 \\ 1-x \leqslant y \leqslant \sqrt{1-x^2} \end{cases}$。8. **解答** $\iint\limits_D (2x-y)d\sigma = \int_0^1 dy \int_1^2 (2x-y)dx = \int_0^1 (x^2 - xy)\Big|_1^2 dy =$

$\int_0^1 (3-y)dy = \left(3y - \dfrac{y^2}{2}\right)\Big|_0^1 = \dfrac{5}{2}$。9. **解答** $\int_0^1 dx \int_0^x (5x+2y)dy = \int_0^1 (5xy + y^2)\Big|_0^x dx =$

$\int_0^1 6x^2 dx = 2x^3 \Big|_0^1 = 2$。10. **解答** 如图 6-3。

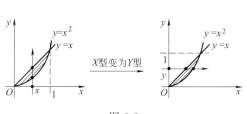

图 6-2

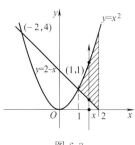

图 6-3

直线 $y = 2-x$ 与抛物线 $y = x^2$ 相交于 $(1,1)$ 与 $(-2,4)$ 两点，区域 D 可表示为

$\begin{cases} 1 \leqslant x \leqslant 2 \\ 2-x \leqslant y \leqslant x^2 \end{cases}$。$\iint\limits_D 2xy\,dx\,dy = \int_1^2 dx \int_{2-x}^{x^2} 2xy\,dy = \int_1^2 xy^2 \Big|_{2-x}^{x^2} dx = \int_1^2 (x^5 - x^3 + 4x^2 - 4x)dx =$

$\left(\dfrac{x^6}{6} - \dfrac{x^4}{4} + \dfrac{4}{3}x^3 - 2x^2\right)\Big|_1^2 = \dfrac{121}{12}$。

👥 自我检测题

检测题 6-6

1.区域 D 由直线 $x=1$、$x=3$、$y=2x$ 和 $y=1$ 所围成，用 X 型区域表示 D，则可为（ ）。

    A. $\begin{cases} 1 \leqslant x \leqslant 3 \\ 1 \leqslant y \leqslant 2x \end{cases}$;   B. $\begin{cases} 0 \leqslant x \leqslant 1 \\ 0 \leqslant y \leqslant 2x \end{cases}$;   C. $\begin{cases} 1 \leqslant x \leqslant 3 \\ 2x \leqslant y \leqslant 1 \end{cases}$;   D. $\begin{cases} 1 \leqslant x \leqslant 3 \\ 1 \leqslant y \leqslant 3 \end{cases}$。

2.设积分区域 D 为 $\begin{cases} 1 \leqslant x \leqslant 3 \\ x \leqslant y \leqslant 4 \end{cases}$，化二重积分 $\iint\limits_D f(x,y)d\sigma$ 为二次积分，则为（ ）。

    A. $\int_1^3 f(x,y)dy \int_x^4 dx$;   B. $\int_1^3 dx \int_x^4 f(x,y)dy$;

    C. $\int_1^3 f(x,y)dx \int_x^4 dy$;   D. $\int_1^3 dy \int_x^4 f(x,y)dx$。

3.设积分区域 D 是由直线 $y=x$、$y=1$、$x=0$ 围成，则有 $\iint\limits_D dx\,dy = ($)。

    A. $\int_0^1 dx \int_0^x dy$;   B. $\int_0^1 dy \int_0^y dx$;   C. $\int_0^1 dx \int_x^0 dy$;   D. $\int_0^1 dx \int_x^y dy$。

4. 交换积分次序，则 $\int_0^1 dy \int_0^y f(x,y)dx = ($ $)$。

A. $\int_0^y dx \int_0^1 f(x,y)dy$; 　　　　　　　B. $\int_0^1 dx \int_0^1 f(x,y)dy$;

C. $\int_0^1 dx \int_0^x f(x,y)dy$; 　　　　　　　D. $\int_0^1 dx \int_x^1 f(x,y)dy$ 。

5. 交换积分次序，则 $\int_0^1 dy \int_y^1 f(x,y)dx = ($ $)$。

A. $\int_0^y dx \int_0^1 f(x,y)dy$; 　　　　　　　B. $\int_0^1 dx \int_0^1 f(x,y)dy$;

C. $\int_0^1 dx \int_0^x f(x,y)dy$; 　　　　　　　D. $\int_0^1 dx \int_x^1 f(x,y)dy$ 。

6. 设积分区域 D 为 $\begin{cases} 2 \leqslant x \leqslant 3 \\ 1 \leqslant y \leqslant 4 \end{cases}$，化二重积分为二次积分，则 $\iint\limits_D f(x,y)d\sigma = $ _____。

7. 设 D 是由直线 $y = x$、$y = 2x$ 及 $x = 1$ 所围成的闭区域，化二重积分为二次积分，则 $\iint\limits_D dxdy = $ _____。

8. 计算 $\iint\limits_D 6xy^2 d\sigma$ 。其中 D 为 $\begin{cases} 2 \leqslant x \leqslant 3 \\ 1 \leqslant y \leqslant 2 \end{cases}$。

9. 计算 $\int_1^2 dx \int_1^x 2xy\, dy$ 。

10. 计算 $\iint\limits_D (1 - \dfrac{x}{3} - \dfrac{y}{4})dxdy$ 。其中区域 D 是由直线 $x = -1$、$x = 1$、$y = -2$ 及 $y = 2$ 所围成。

 教材复习题解析

复习题六

一、选择题

　　1. **解答**　选 D。2. **解答**　选 D。3. **解答**　选 C。因为令 $F(x,y,z) = x + \ln y - \ln z$，则

$F'_x=1$, $F'_y=\dfrac{1}{y}$, $F'_z=-\dfrac{1}{z}$，故 $\dfrac{\partial z}{\partial x}=-\dfrac{F'_x}{F'_z}=z$。由 $x+\ln y-\ln z=0$ 得 $z=y\mathrm{e}^x$。**4. 解答**

选 B。**5. 解答** 选 D。因为平面区域 $\{1\leqslant x\leqslant 2,1\leqslant y\leqslant \mathrm{e}\}$ 的面积 $\sigma=(2-1)\times(\mathrm{e}-1)=\mathrm{e}-$

1，而 $\displaystyle\iint\limits_{D}\mathrm{d}x\mathrm{d}y=\sigma$。**6. 解答** 选 D。区域 D 可以表示为 $\{0\leqslant x\leqslant 1,0\leqslant y\leqslant 1-x\}$。

二、填空题

7. 解答 -1。**8. 解答** xy。因为 $f(x+y,x-y)=x^2-y^2=(x+y)(x-y)$，所以

$f(x,y)=xy$。**9. 解答** $\{(x,y)\mid y^2-2x+1>0\}$。**10. 解答** 15。因为 $\dfrac{\partial z}{\partial y}=15x^2y^2$，

$\dfrac{\partial z}{\partial y}\Big|_{(1,-1)}=15\times1^2\times(-1)^2=15$。**11. 解答** $\mathrm{e}^t\cos t-\mathrm{e}^t\sin t+\cos t$。因为 $\dfrac{\mathrm{d}z}{\mathrm{d}t}=\dfrac{\partial z}{\partial u}\dfrac{\mathrm{d}u}{\mathrm{d}t}+\dfrac{\partial z}{\partial v}\dfrac{\mathrm{d}v}{\mathrm{d}t}+$

$\dfrac{\partial z}{\partial t}=v\mathrm{e}^t+u(-\sin t)+\cos t=\mathrm{e}^t\cos t-\mathrm{e}^t\sin t+\cos t$。**12. 解答** $\pi b^2-\pi a^2$。因为平面区域

图 6-4

$\{a^2\leqslant x^2+y^2\leqslant b^2,\ \text{其中}\ 0<a<b\}$ 的面积为 $\sigma=\pi b^2-\pi a^2$，而 $\displaystyle\iint\limits_{D}\mathrm{d}x\mathrm{d}y=\sigma$。

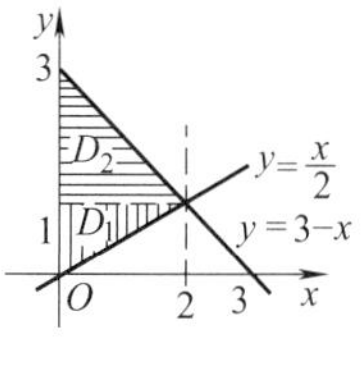

13. 解答 $\displaystyle\int_0^1\mathrm{d}y\int_0^{2y}f(x,y)\mathrm{d}x+\int_1^3\mathrm{d}y\int_0^{3-y}f(x,y)\mathrm{d}x$。如图 6-4。$\displaystyle\int_0^2\mathrm{d}x\int_{\frac{x}{2}}^{3-x}f(x,$

$y)\mathrm{d}y$ 的积分区域为 X 型区域 $D\Big\{0\leqslant x\leqslant 2,\dfrac{x}{2}\leqslant y\leqslant 3-x\Big\}$。改变积分顺序，积

分区域为 Y 型区域 $D=D_1+D_2$。D_1 为 $\{0\leqslant y\leqslant 1,0\leqslant x\leqslant 2y\}$；$D_2$

为 $\{1\leqslant y\leqslant 3,0\leqslant x\leqslant 3-y\}$。

三、解答题

14. 解答 $\displaystyle\lim_{(x,y)\to(0,0)}\dfrac{2-\sqrt{xy+4}}{xy}=\lim_{(x,y)\to(0,0)}\dfrac{(2-\sqrt{xy+4})(2+\sqrt{xy+4})}{xy(2+\sqrt{xy+4})}=$

$\displaystyle\lim_{(x,y)\to(0,0)}\dfrac{4-(xy+4)}{xy(2+\sqrt{xy+4})}=\lim_{(x,y)\to(0,0)}\dfrac{-xy}{xy(2+\sqrt{xy+4})}=\lim_{(x,y)\to(0,0)}\dfrac{-1}{2+\sqrt{xy+4}}=-\dfrac{1}{4}$。

15. 解答 $\dfrac{\partial z}{\partial x}=4x^3-8xy^2$；$\dfrac{\partial z}{\partial y}=4y^3-8x^2y$。**16. 解答** $f'_y(x,y)=2x^2y-2$，$f''_{yy}(x,y)=$

$2x^2$，故 $f''_{yy}(1,1)=2\times1^2=2$。**17. 解答** $\dfrac{\partial z}{\partial x}=y+\dfrac{1}{y}$；$\dfrac{\partial z}{\partial y}=x-\dfrac{x}{y^2}$。$\mathrm{d}z=\dfrac{\partial z}{\partial x}\mathrm{d}x+\dfrac{\partial z}{\partial y}\mathrm{d}y=$

$\Big(y+\dfrac{1}{y}\Big)\mathrm{d}x+\Big(x-\dfrac{x}{y^2}\Big)\mathrm{d}y$。**18. 解答** 设 $F(x,y,z)=x^2+y^2+z^2-4z$，则有 $F'_x=2x$，

$F'_y=2y$，$F'_z=2z-4$。$\dfrac{\partial z}{\partial x}=-\dfrac{F'_x}{F'_z}=-\dfrac{2x}{2z-4}=\dfrac{x}{2-z}$。**19. 解答** 解方程组 $\begin{cases}f'_x=2x+4=0\\f'_y=6y-9=0\end{cases}$ 得驻

点 $\Big(-2,\dfrac{3}{2}\Big)$。$A=f''_{xx}\Big(-2,\dfrac{3}{2}\Big)=2$；$B=f''_{xy}\Big(-2,\dfrac{3}{2}\Big)=0$；$C=f''_{yy}\Big(-2,\dfrac{3}{2}\Big)=6$。由于

$B^2-AC=-12<0$，且 $A=2>0$，所以有极小值 $f\Big(-2,\dfrac{3}{2}\Big)=-\dfrac{31}{4}$。**20. 解答**

$\displaystyle\int_0^1\mathrm{d}y\int_y^1\mathrm{e}^{-x^2}\mathrm{d}x$ 的积分区域为 Y 型区域 $\begin{cases}y\leqslant x\leqslant 1\\0\leqslant y\leqslant 1\end{cases}$，变换为 X 型区域 $\begin{cases}0\leqslant x\leqslant 1\\0\leqslant y\leqslant x\end{cases}$。如图 6-5。

$\displaystyle\int_0^1\mathrm{d}y\int_y^1\mathrm{e}^{-x^2}\mathrm{d}x=\int_0^1\mathrm{d}x\int_0^x\mathrm{e}^{-x^2}\mathrm{d}y=\int_0^1\mathrm{e}^{-x^2}y\Big|_0^x\mathrm{d}x=\int_0^1\mathrm{e}^{-x^2}x\mathrm{d}x=\dfrac{1}{2}\int_0^1\mathrm{e}^{-x^2}\mathrm{d}x^2=-\dfrac{1}{2}\int_0^1\mathrm{e}^{-x^2}$

$$d(-x^2) = -\frac{1}{2}e^{-x^2}\Big|_0^1 = \frac{1}{2} - \frac{1}{2e}\text{。}$$

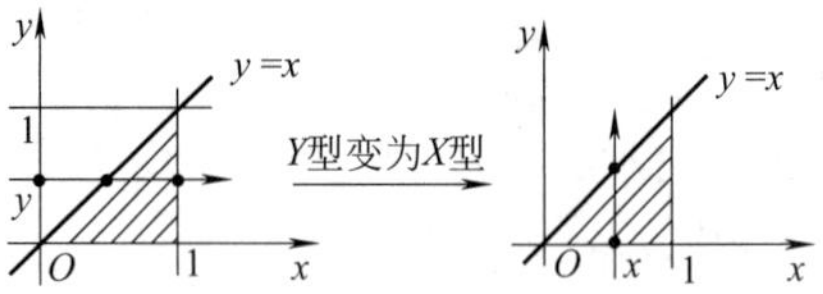

四、综合题

21. **解答** 如图 6-6。区域 D 可表示为

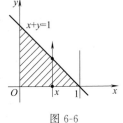

图 6-5

$\begin{cases} 0 \leqslant x \leqslant 1 \\ 0 \leqslant y \leqslant 1-x \end{cases}$。$\iint\limits_D (1-x-y)\,\mathrm{d}x\,\mathrm{d}y = \int_0^1 \mathrm{d}x \int_0^{1-x} (1-x-$

$y)\,\mathrm{d}y = \int_0^1 \left[(1-x)y - \frac{y^2}{2}\right]\Big|_0^{1-x}\,\mathrm{d}x = \int_0^1 \left(\frac{1}{2} - x + \frac{x^2}{2}\right)\mathrm{d}x =$

$\left(\frac{x}{2} - \frac{x^2}{2} + \frac{x^3}{6}\right)\Big|_0^1 = \frac{1}{6}\text{。}$

 自测题

图 6-6

自测题六

一、选择题

1. 设 $z = y\sin x^2$，则 $\dfrac{\partial z}{\partial y} = $（   ）。

A. $\sin x^2 y$；   B. $\sin x^2$；   C. $2xy\sin x^2$；   D. $2xy\cos x^2$。

2. 设 $u = x\sin yz$，则 $\mathrm{d}u = $（   ）。

A. $\sin yz\,\mathrm{d}x$；   B. $xz\cos yz\,\mathrm{d}y$；

C. $xy\cos yz\,\mathrm{d}z$；   D. $\sin yz\,\mathrm{d}x + xz\cos yz\,\mathrm{d}y + xy\cos yz\,\mathrm{d}z$。

3. 若 $\dfrac{x}{2} + \dfrac{y}{3} + \dfrac{z}{4} = 1$，则 $\dfrac{\partial z}{\partial x} = $（   ）。

A. -1；   B. -2；   C. -3；   D. -4。

4. 函数 $z = x^2 + y^2$ 在点 $(0,0)$ 处会（   ）。

A. 有偏导数不存在；B. 不是驻点；   C. 有极小值；   D. 有极大值。

5. 设 D 是平面区域 $\{-1 \leqslant x \leqslant 2, 0 \leqslant y \leqslant 2\}$，则二重积分 $\iint\limits_D \mathrm{d}x\,\mathrm{d}y = $（   ）。

A. 1；   C. 3；   C. 4；   D. 6。

6. 设积分区域 D 是由直线 $y = x+1$、$y = 0$、$x = 0$ 围成，则 $\iint\limits_D \mathrm{d}x\,\mathrm{d}y = $（   ）。

A. $\int_0^1 \mathrm{d}x \int_0^1 \mathrm{d}y$；   B. $\int_0^1 \mathrm{d}y \int_{y-1}^0 \mathrm{d}x$；   C. $\int_0^1 \mathrm{d}x \int_{x+1}^0 \mathrm{d}y$；   D. $\int_0^1 \mathrm{d}x \int_0^{x+1} \mathrm{d}y$。

二、填空题

7. 设函数 $z = |x^2 y - 3| + \dfrac{2y-1}{x}$，则 $z(1,2) = $ _____。

8. 设 $f(x, x-y) = x^2 - xy$，则 $f(x,y) = $ _____。

9. 函数 $z = \dfrac{1}{\sqrt{x+y}} + \dfrac{1}{\sqrt{x-y}}$ 的定义域为 _____。

10. 若 $u = \mathrm{e}^{xyz}$，则 $\dfrac{\partial u}{\partial x}\Big|_{(1,1,1)} = $ _____。

11. 设 $z = u^2 v - \sin t$，而 $u = t^3$，$v = \ln t$，则 $\dfrac{\mathrm{d}z}{\mathrm{d}t} = $ _____。

12. 设 D 是平面区域 $\{x^2 + y^2 \leqslant 9\}$，则 $\displaystyle\iint\limits_{D} \mathrm{d}x\,\mathrm{d}y = $ _____。

13. 二重积分 $I = \displaystyle\int_0^1 \mathrm{d}x \int_{2-x}^2 f(x,y)\mathrm{d}y$，交换积分顺序，则 $I = $ _____。

三、解答题

14. 求二重极限 $\displaystyle\lim_{(x,y)\to(0,0)} \dfrac{3-\sqrt{9-xy}}{xy}$。

15. 设 $f(x,y) = x\ln y + y^2\sin x$，求 $f'_x(x,y)$，$f'_y(x,y)$。

16. 设 $z = x^3 y - 2\sin y$，求 $z''_{yy}(1,0)$。

17. 设 $z = 2xy + y^x$，求 $\mathrm{d}z$。

18. 设 $z(x,y)$ 是由方程 $x^2 + \dfrac{y^2}{4} - \dfrac{z^2}{9} = 1$ 所确定的隐函数，求 $\dfrac{\partial z}{\partial x}$ 与 $\dfrac{\partial z}{\partial y}$。

19. 求 $f(x,y) = x^2 + y^2 + 4x - 6y + 14$ 的极值。

20. 计算二次积分 $\int_0^1 dy \int_1^3 6xy^2 dx$ 。

四、综合题

21. 计算 $\iint\limits_D (3x + 2y) dx dy$ 。其中 D 是由 $y=0$、$x=0$ 及 $x+y=2$ 围成的闭区域。

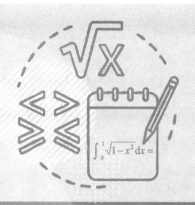

第七章
无穷级数的辅导与检测

第一节　常数项级数的概念和性质

 重点与难点辅导

1.把一个无穷数列的各项都加起来的式子称为级数。每一项都是常数的级数称为常数项级数。

2.如果级数 $\sum\limits_{n=1}^{\infty} u_n$ 的部分和数列 $\{s_n\}$ 有极限，即存在常数 s，使得 $\lim\limits_{n \to \infty} s_n = s$，则称级数 $\sum\limits_{n=1}^{\infty} u_n$ 收敛，且收敛于 s，并称 s 为该级数的和。记作 $s = \sum\limits_{n=1}^{\infty} u_n = u_1 + u_2 + u_3 + \cdots + u_n + \cdots$。

3.等比级数 $\sum\limits_{n=1}^{\infty} aq^{n-1}$，若公比 $|q| < 1$ 时收敛，其和为 $\dfrac{a}{1-q}$；若公比 $|q| \geqslant 1$ 时发散。

4.重点是熟练掌握常数项级数的性质，熟记级数收敛的必要条件。难点是能根据定义和性质判别级数的敛散性。

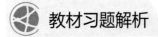

习题 7-1

1.**解答** 选A。 2.**解答** 选B。 3.**解答** $|q|<1$。 4.**解答** 2。因为 $s=\lim\limits_{n\to\infty}\dfrac{\frac{2}{3}\left(1-\left(\frac{2}{3}\right)^{n}\right)}{1-\frac{2}{3}}=2$。

5.**解答** (1) $\sum\limits_{n=1}^{\infty}\dfrac{n}{1+n^{3}}=\dfrac{1}{2}+\dfrac{2}{9}+\dfrac{3}{28}+\dfrac{4}{65}+\dfrac{5}{126}+\cdots$; (2) $\sum\limits_{n=1}^{\infty}\dfrac{(-1)^{n+1}}{n!}=1+\dfrac{-1}{1\times2}+$

$\dfrac{1}{1\times2\times3}+\dfrac{-1}{1\times2\times3\times4}+\dfrac{1}{1\times2\times3\times4\times5}+\cdots$。 6.**解答** (1) $u_{n}=\dfrac{1}{2n-1}$; (2) $u_{n}=$

$(-1)^{n-1}\dfrac{n\ (n+1)}{2^{n}}$。 7.**解答** (1) $s_{n}=\dfrac{1}{2}\left(1-\dfrac{1}{3}\right)+\dfrac{1}{2}\left(\dfrac{1}{3}-\dfrac{1}{5}\right)+\cdots+\dfrac{1}{2}\left(\dfrac{1}{2n-1}-\dfrac{1}{2n+1}\right)=$

$\dfrac{1}{2}\left(1-\dfrac{1}{2n+1}\right)$, $s=\lim\limits_{n\to\infty}s_{n}=\lim\limits_{n\to\infty}\dfrac{1}{2}\left(1-\dfrac{1}{2n+1}\right)=\dfrac{1}{2}$,所 以 级 数 收 敛。 (2) $s_{n}=$

$\dfrac{1\times\left[1-\left(-\frac{1}{3}\right)^{n}\right]}{1-\left(-\frac{1}{3}\right)}=\dfrac{3}{4}\left[1-\left(-\dfrac{1}{3}\right)^{n}\right]$, $s=\lim\limits_{n\to\infty}s_{n}=\lim\limits_{n\to\infty}\dfrac{3}{4}\left[1-\left(-\dfrac{1}{3}\right)^{n}\right]=\dfrac{3}{4}$,所以级数收

敛。 (3) $s_{n}=\ln\dfrac{2}{1}+\ln\dfrac{3}{2}+\ln\dfrac{4}{3}+\cdots+\ln\dfrac{n+1}{n}=(\ln2-\ln1)+(\ln3-\ln2)+(\ln4-\ln3)+\cdots+$

$[\ln(n+1)-\ln n]=-\ln1+\ln(n+1)=\ln(n+1)$, $\lim\limits_{n\to\infty}s_{n}=\lim\limits_{n\to\infty}\ln(n+1)=+\infty$,所以级

数发散。 8.**解答** (1) 等比级数 $\sum\limits_{n=1}^{\infty}\dfrac{1}{10^{n}}$ 收敛于 $s=\dfrac{a_{1}}{1-q}=\dfrac{\frac{1}{10}}{1-\frac{1}{10}}=\dfrac{1}{9}$, $\sum\limits_{n=1}^{\infty}\dfrac{3}{10^{n}}=3\sum\limits_{n=1}^{\infty}\dfrac{1}{10^{n}}=$

$3\times\dfrac{1}{9}=\dfrac{1}{3}$,故级数 $\sum\limits_{n=1}^{\infty}\dfrac{3}{10^{n}}$ 收敛。 (2) $\lim\limits_{n\to\infty}u_{n}=\lim\limits_{n\to\infty}\dfrac{(-1)^{n}n}{n+1}\neq0$,故级数 $\sum\limits_{n=1}^{\infty}(-1)^{n}\dfrac{n}{n+1}$

发散。 (3) $\sum\limits_{n=1}^{\infty}\dfrac{2+(-1)^{n}}{2^{n}}=\sum\limits_{n=1}^{\infty}\dfrac{1}{2^{n-1}}+\sum\limits_{n=1}^{\infty}\dfrac{(-1)^{n}}{2^{n}}$,等比级数 $\sum\limits_{n=1}^{\infty}\dfrac{1}{2^{n-1}}$ 的公比为 $|q|=\dfrac{1}{2}<$

1,收敛;等比级数 $\sum\limits_{n=1}^{\infty}\dfrac{(-1)^{n}}{2^{n}}$ 的公比为 $|q|=\dfrac{1}{2}<1$,收敛。由级数的基本性质,可知原级

数 $\sum\limits_{n=1}^{\infty}\dfrac{2+(-1)^{n}}{2^{n}}$ 收敛。

自我检测题

检测题 7-1

1. 如果级数 $\sum\limits_{n=1}^{\infty} u_n$ 收敛，则有（　　）。

A. $\lim\limits_{n\to\infty} u_n = 0$；　　　B. $\lim\limits_{n\to\infty} u_n \neq 0$；　　　C. $\lim\limits_{n\to\infty} s_n = \infty$；　　　D. $\lim\limits_{n\to\infty} s_n$ 不存在。

2. 下列说法正确的是（　　）。

A. 级数添加括号后，不改变级数的敛散性；

B. 去掉级数一千项后，就改变了级数的敛散性；

C. 等比级数 $\sum\limits_{n=1}^{\infty} aq^{n-1}$，若 $|q|<1$ 时收敛；

D. 等比级数 $\sum\limits_{n=1}^{\infty} aq^{n-1}$，若 $|q|>1$ 时收敛。

3. 级数 $\sum\limits_{n=1}^{\infty} \left(\dfrac{1}{3}\right)^n$ 的和是_____。

4. 级数 $\sum\limits_{n=1}^{\infty} 1$ 的部分和数列是_____。

5. 如果级数 $\sum\limits_{n=1}^{\infty} u_n$ 的部分和数列 $\{s_n\}$ 有极限，则称级数 $\sum\limits_{n=1}^{\infty} u_n$ _____。

6. 用写出前五项来表示下列级数。

(1) $\sum\limits_{n=1}^{\infty} \dfrac{\sin 2n}{n^2}$；

(2) $\sum\limits_{n=1}^{\infty} \dfrac{2}{n+3}$。

7. 判断下列级数的敛散性。

(1) $\sum\limits_{n=1}^{\infty} \dfrac{1}{(n+1)(n+2)}$；

(2) $\sum\limits_{n=1}^{\infty} \left(\dfrac{1}{2^n} + \dfrac{5}{3^n}\right)$；

$(3) \displaystyle\sum_{n=1}^{\infty} \frac{n}{2n+1};$

$(4) \displaystyle\sum_{n=1}^{\infty} (-1)^n \frac{2}{3^n}.$

第二节　常数项级数的判敛法

 重点与难点辅导

1. 级数 $\displaystyle\sum_{n=1}^{\infty} u_n$ 的一般项 $u_n \geqslant 0$，这种级数叫正项级数。

2. 判断正项级数敛散性通常有比较法、比值法、根值法。

3. 在比较判别法中，常用几何级数、p 级数、调和级数这几个重要级数作比较对象，要熟悉这些常用级数的敛散性。

4. 熟悉莱布尼茨交错级数的敛散性。会用莱布尼茨判敛法判定交错级数的敛散性。

5. 掌握用绝对收敛法判断一般项级数的敛散性。

6. 重点是熟练运用比值法判别正项级数的敛散性。难点是理解用绝对收敛法判断一般项级数的敛散性。

 教材习题解析

习题 7-2

1. **解答**　选 D。因为答案 A 中，$\displaystyle\sum_{n=1}^{\infty} \frac{1}{\sqrt{n-1}} > \sum_{n=1}^{\infty} \frac{1}{\sqrt{n}} = \sum_{n=1}^{\infty} \frac{1}{n^{\frac{1}{2}}}$，而级数 $\displaystyle\sum_{n=1}^{\infty} \frac{1}{n^{\frac{1}{2}}}$ 为 p 级数，且 $p = \frac{1}{2} < 1$，级数发散。由比较判敛法知，级数 $\displaystyle\sum_{n=1}^{\infty} \frac{1}{\sqrt{n-1}}$ 发散；答案 B 中，$\displaystyle\lim_{n\to\infty} \frac{n}{3n+1} = \frac{1}{3} \neq 0$，级数发散；答案 C 中，$\displaystyle\sum_{n=1}^{\infty} \frac{1}{q^n} = \sum_{n=1}^{\infty} \left(\frac{1}{q}\right)^n$，当 $|q| < 1$ 时，$\left|\frac{1}{q}\right| > 1$，级数发散；答案 D 中，$\rho = \displaystyle\lim_{n\to\infty} \left(\frac{2^n}{3^{n+1}} \times \frac{3^n}{2^{n-1}}\right) = \frac{2}{3} < 1$，级数收敛。2. **解答**　选 B。答案 A

中，$\rho = \lim\limits_{n\to\infty} \left[\dfrac{(n+1)+1}{3^{n+1}} \times \dfrac{3^n}{n+1} \right] = \dfrac{1}{3} \lim\limits_{n\to\infty} \dfrac{n+2}{n+1} = \dfrac{1}{3} < 1$，级数收敛；答案 B 中，$\rho =$

$\lim\limits_{n\to\infty} \left[\dfrac{3^{n+1}(n+1)!}{(n+1)^{n+1}} \times \dfrac{n^n}{3^n n!} \right] = \lim\limits_{n\to\infty} \dfrac{3n^n}{(n+1)^n} = \lim\limits_{n\to\infty} \dfrac{3}{\left(1+\dfrac{1}{n}\right)^n} = \dfrac{3}{\mathrm{e}} > 1$，级数发散；答案 C 中，

$\rho = \lim\limits_{n\to\infty} \left[\dfrac{1}{(n+1)!} n! \right] = \lim\limits_{n\to\infty} \dfrac{1}{n+1} = 0 < 1$，级数收敛；答案 D 中，$\sum\limits_{n=1}^{\infty} \dfrac{\sin^2 \dfrac{n\pi}{2}}{2^n} \leqslant \sum\limits_{n=1}^{\infty} \dfrac{1}{2^n} =$

$\sum\limits_{n=1}^{\infty} \left(\dfrac{1}{2}\right)^n$，而 $\sum\limits_{n=1}^{\infty} \left(\dfrac{1}{2}\right)^n$ 为等比级数，且 $|q| = \dfrac{1}{2} < 1$，级数收敛，由比较法知，级数

$\sum\limits_{n=1}^{\infty} \dfrac{\sin^2 \dfrac{n\pi}{2}}{2^n}$ 收敛。**3. 解答** 选 A。答案 A 中，级数 $\sum\limits_{n=1}^{\infty} \left| \dfrac{(-1)^{n-1}}{\sqrt{n}} \right| = \sum\limits_{n=1}^{\infty} \dfrac{1}{n^{\frac{1}{2}}}$ 为 p 级数，且

$p = \dfrac{1}{2} < 1$，级数发散，但是 $\sum\limits_{n=1}^{\infty} \dfrac{(-1)^{n-1}}{\sqrt{n}}$ 是交错级数，且满足 $|u_{n+1}| < |u_n|$，$\lim\limits_{n\to\infty} u_n =$

$\lim\limits_{n\to\infty} (-1)^{n-1} \left(\dfrac{2}{3}\right)^n = 0$，由莱布尼茨判敛法知，交错级数 $\sum\limits_{n=1}^{\infty} \dfrac{(-1)^{n-1}}{\sqrt{n}}$ 收敛，为条件收敛；

答案 B 中，$\sum\limits_{n=1}^{\infty} \left| (-1)^{n-1} \left(\dfrac{2}{3}\right)^n \right| = \sum\limits_{n=1}^{\infty} \left(\dfrac{2}{3}\right)^n$ 是等比级数，且 $|q| = \dfrac{2}{3} < 1$，收敛，且为绝对

收敛；答案 C 中，$\sum\limits_{n=1}^{\infty} \left| \dfrac{(-1)^{n-1}}{2^n} \right| = \sum\limits_{n=1}^{\infty} \left(\dfrac{1}{2}\right)^n$ 是等比级数，且 $|q| = \dfrac{1}{2} < 1$，收敛，且为绝对

收敛；答案 D 中，$\sum\limits_{n=1}^{\infty} \left| \dfrac{(-1)^{n-1}}{n^3} \right| = \sum\limits_{n=1}^{\infty} \dfrac{1}{n^3}$ 是 p 级数，且 $p = 3 > 1$，级数收敛，且为绝对收

敛。**4. 解答** （1）正项；交错。 （2）>1；$\leqslant 1$。 （3）收敛；发散。**5. 解答** （1）$u_n =$

$\dfrac{1}{2n-1}$，因为 $\dfrac{1}{2n-1} > \dfrac{1}{2n}$，由 $\sum\limits_{n=1}^{\infty} \dfrac{1}{n}$ 发散，得 $\sum\limits_{n=1}^{\infty} \dfrac{1}{2n} = \dfrac{1}{2} \sum\limits_{n=1}^{\infty} \dfrac{1}{n}$ 也发散，所以由比较判敛法

知，原级数发散。 （2）$u_n = \dfrac{1}{n(n+1)}$，因为 $\dfrac{1}{n(n+1)} < \dfrac{1}{n^2}$，由于 p 级数 $\sum\limits_{n=1}^{\infty} \dfrac{1}{n^2}$ 收敛，由比

较判敛法知，原级数 $\sum\limits_{n=1}^{\infty} \dfrac{1}{n(n+1)}$ 收敛。 （3）因为 $\dfrac{1}{1+3^n} < \dfrac{1}{3^n}$，由于等比级数 $\sum\limits_{n=1}^{\infty} \dfrac{1}{3^n}$ 收敛，

由比较判敛法知，原级数收敛。**6. 解答** （1）$\rho = \lim\limits_{n\to\infty} \dfrac{u_{n+1}}{u_n} = \lim\limits_{n\to\infty} \left(\dfrac{2n+1}{2^{n+1}} \times \dfrac{2^n}{2n-1}\right) =$

$\lim\limits_{n\to\infty} \left(\dfrac{1}{2} \times \dfrac{2n+1}{2n-1}\right) = \dfrac{1}{2} < 1$，由比值判敛法知，原级数收敛。 （2）$\rho = \lim\limits_{n\to\infty} \dfrac{u_{n+1}}{u_n} =$

$\lim\limits_{n\to\infty} \left[\dfrac{(n+1)!}{5^{n+1}} \times \dfrac{5^n}{n!} \right] = \lim\limits_{n\to\infty} \dfrac{n+1}{5} = +\infty > 1$，由比值判敛法知，原级数发散。 （3）$\rho =$

$\lim\limits_{n\to\infty} \dfrac{u_{n+1}}{u_n} = \lim\limits_{n\to\infty} \left[\dfrac{4^{n+1}}{(n+1)^2} \times \dfrac{n^2}{4^n} \right] = \lim\limits_{n\to\infty} \dfrac{4n^2}{(n+1)^2} = 4 > 1$，由比值判敛法知，原级数发散。

（4）$\rho = \lim\limits_{n\to\infty} \dfrac{u_{n+1}}{u_n} = \lim\limits_{n\to\infty} \dfrac{2^{n+1}\sin\dfrac{1}{3^{n+1}}}{2^n \sin\dfrac{1}{3^n}} = \lim\limits_{n\to\infty} \dfrac{2^{n+1}\dfrac{1}{3^{n+1}}}{2^n \dfrac{1}{3^n}} = \lim\limits_{n\to\infty} \dfrac{2^{n+1}\,3^n}{2^n\,3^{n+1}} = \dfrac{2}{3} < 1$，由比值判敛

法知，原级数收敛。**7.解答** （1）$\rho = \lim\limits_{n\to\infty} \sqrt[n]{u_n} = \lim\limits_{n\to\infty} \dfrac{n}{2n+1} = \dfrac{1}{2} < 1$，由柯西根值判敛法

知，原级数收敛。（2）$\rho = \lim\limits_{n\to\infty} \sqrt[n]{u_n} = \lim\limits_{n\to\infty}\left(\dfrac{n}{3n-1}\right)^2 = \dfrac{1}{9} < 1$，由柯西根值判敛法知，原级数

收敛。**8.解答** （1）$\sum\limits_{n=1}^{\infty} |a_n| = \sum\limits_{n=1}^{\infty} \dfrac{1}{\sqrt{n}} = \sum\limits_{n=1}^{\infty} \dfrac{1}{n^{\frac{1}{2}}}$，它是 $p = \dfrac{1}{2} < 1$ 的 p 级数，是发散的；又

因为 $u_n = \dfrac{1}{\sqrt{n}} > \dfrac{1}{\sqrt{n+1}} = u_{n+1}$，且有 $\lim\limits_{n\to\infty} u_n = \lim\limits_{n\to\infty} \dfrac{1}{\sqrt{n}} = 0$，由莱布尼茨判敛法得该交错级数

收敛。综上所述，原级数条件收敛。（2）$\rho = \lim\limits_{n\to\infty}\left|\dfrac{u_{n+1}}{u_n}\right| = \lim\limits_{n\to\infty}\left[\dfrac{2^{n+1}}{(n+1)!} \times \dfrac{n!}{2^n}\right] = \lim\limits_{n\to\infty} \dfrac{2}{n+1} =$

$0 < 1$，所以原级数收敛且绝对收敛。（3）$\lim\limits_{n\to\infty} u_n = \lim\limits_{n\to\infty} \dfrac{n+1}{2n+1} = \dfrac{1}{2} \neq 0$，所以原级数发散。

（4）$\sum\limits_{n=2}^{\infty} |a_n| = \sum\limits_{n=2}^{\infty} \dfrac{1}{\ln n}$。因为 $\dfrac{1}{\ln n} > \dfrac{1}{n}$，而 $\sum\limits_{n=2}^{\infty} \dfrac{1}{n}$ 是发散的，由比较判敛法得 $\sum\limits_{n=2}^{\infty} \dfrac{1}{\ln n}$ 发散；

又因为交错级数 $u_n > u_{n+1}$，且有 $\lim\limits_{n\to\infty} u_n = \lim\limits_{n\to\infty} \dfrac{1}{\ln n} = 0$，由莱布尼茨判敛法得该交错级数收

敛。综上所述，原级数条件收敛。

自我检测题

检测题 7-2

1.下列说法正确的是（　　）。

A. 正项级数 $\sum\limits_{n=1}^{\infty} u_n$ 与 $\sum\limits_{n=1}^{\infty} v_n$ 中，有 $u_n \leqslant v_n$，若级数 $\sum\limits_{n=1}^{\infty} v_n$ 发散，则级数 $\sum\limits_{n=1}^{\infty} u_n$ 也
发散；

B. 如果等比级数 $\sum\limits_{n=1}^{\infty} q^n$ 收敛，则有 $|q| > 1$；

C. 级数 $\sum\limits_{n=2}^{\infty} \dfrac{1}{n}$ 是调和级数；

D. 如果 p 级数 $\sum\limits_{n=1}^{\infty} \dfrac{1}{n^p}$ 收敛，则有 $p > 1$。

2.下列说法正确的是（　　）。

A.绝对收敛的级数一定收敛；B.调和级数一定收敛；

C.正项级数 $\sum\limits_{n=1}^{\infty} u_n$ 中，如果 $\rho = \lim\limits_{n\to\infty} \sqrt[n]{u_n} > 1$，则级数收敛；

D. 把一个级数任意添加括号后，不改变级数的敛散性。

3. 填空题。

（1）若级数 $\sum\limits_{n=1}^{\infty} u_n$ 收敛，则级数 $\sum\limits_{n=1}^{\infty} u_{n+2}$ _____；（2）当 _____ 时，级数 $\sum\limits_{n=1}^{\infty} \dfrac{1}{n^p}$ 收敛；（3）当 _____ 时，级数 $\sum\limits_{n=1}^{\infty} aq^n$ 收敛（a 为非零常数）。

4. 判断下列级数的敛散性。

（1）$\sum\limits_{n=1}^{\infty} \dfrac{1}{1+2^n}$；

（2）$\sum\limits_{n=1}^{\infty} \dfrac{1+n}{1+n^2}$；

（3）$\sum\limits_{n=1}^{\infty} \dfrac{1}{(n+1)(n+4)}$；

（4）$\sum\limits_{n=1}^{\infty} \dfrac{3^n}{2^n n}$；

（5）$\sum\limits_{n=1}^{\infty} \dfrac{n^2}{3^n}$；

（6）$\sum\limits_{n=1}^{\infty} \dfrac{n!}{10^n}$。

5.判断下列级数的敛散性，如果收敛，指出是条件收敛还是绝对收敛。

(1) $\displaystyle\sum_{n=1}^{\infty}(-1)^{n}\frac{1}{\sqrt[3]{n}}$ ；

(2) $\displaystyle\sum_{n=1}^{\infty}(-1)^{n-1}\frac{n}{3^{n+1}}$ ；

(3) $\displaystyle\sum_{n=1}^{\infty}(-1)^{n}\frac{1}{\ln(n+1)}$ ；

(4) $\displaystyle\sum_{n=1}^{\infty}(-1)^{n-1}\frac{n!}{n^{n}}$ 。

第三节　幂级数

 重点与难点辅导

1.形如 $\displaystyle\sum_{n=0}^{\infty}a_{n}(x-x_{0})^{n}$ 的函数项级数称为幂级数，其中常数 $a_{n}(n=0,1,2,\cdots)$ 称为幂级数的系数。当 $x_{0}=0$ 时，幂级数具有更简单的形式 $\displaystyle\sum_{n=0}^{\infty}a_{n}x^{n}=a_{0}+a_{1}x+a_{2}x^{2}+\cdots+a_{n}x^{n}+\cdots$ 。

2.熟练求出幂级数的收敛半径和收敛区间；熟记几个常见函数的幂级数展开式，并会用间接法将比较简单的函数展开成幂级数。

3.重点是求幂级数的收敛半径和收敛区间。难点是求收敛域、和函数、幂级数的展开式。

 教材习题解析

习题 7-3

1.解答　选 D。**2.解答**　选 D。**3.解答**　选 A。因为 $\rho=\displaystyle\lim_{n\to\infty}\left|\frac{a_{n+1}}{a_{n}}\right|=$

$$\lim_{n \to \infty} \left| \frac{(n+1)(n+2)}{n(n+1)} \right| = \lim_{n \to \infty} \frac{n+2}{n} = 1,\ R = \frac{1}{\rho} = 1,\ \text{故收敛区间为}(-1,1)\text{。} \quad \textbf{4. 解答} \quad \text{选 B。}$$

因为 $\left[\sum\limits_{n=0}^{\infty} \dfrac{(-1)^n}{n+1} x^{n+1} \right]' = \sum\limits_{n=0}^{\infty} \left[\dfrac{(-1)^n}{n+1} x^{n+1} \right]' = \sum\limits_{n=0}^{\infty} (-1)^n x^n = \dfrac{1}{1+x}\ (-1 < x \leqslant 1)$，故

$$\sum\limits_{n=0}^{\infty} \frac{(-1)^n}{n+1} x^{n+1} = \int_0^x \frac{1}{1+x}\,\mathrm{d}x = \ln(1+x)(-1 < x \leqslant 1)\text{。} \quad \textbf{5. 解答} \quad 0;\ \infty\text{。}$$

6. 解答 $\sum\limits_{n=0}^{\infty} \dfrac{x^n}{n!}(-\infty < x < +\infty);\ \sum\limits_{n=0}^{\infty} \dfrac{(-1)^n}{(2n+1)!} x^{2n+1}(-\infty < x < +\infty)\text{。}$

7. 解答 （1）$\rho = \lim\limits_{n \to \infty} \left| \dfrac{a_{n+1}}{a_n} \right| = \lim\limits_{n \to \infty} \dfrac{n+1}{n} = 1,\ R = \dfrac{1}{\rho} = 1,\ \text{故收敛区间为}(-1,1)\text{。}$

（2）$\rho = \lim\limits_{n \to \infty} \left| \dfrac{a_{n+1}}{a_n} \right| = \lim\limits_{n \to \infty} \dfrac{\frac{1}{(n+1)^2}}{\frac{1}{n^2}} = \lim\limits_{n \to \infty} \dfrac{n^2}{(n+1)^2} = 1,\ R = \dfrac{1}{\rho} = 1,\ \text{故收敛区间为}(-1,1)\text{。}$

（3）$\rho = \lim\limits_{n \to \infty} \left| \dfrac{a_{n+1}}{a_n} \right| = \lim\limits_{n \to \infty} \left[\dfrac{3^{n+1}}{(n+1)!} \times \dfrac{n!}{3^n} \right] = \lim\limits_{n \to \infty} \dfrac{3}{n+1} = 0,\ R = \dfrac{1}{\rho} = +\infty,\ \text{故收敛区间为}$

$(-\infty,\infty)\text{。}$ （4）$\rho = \lim\limits_{n \to \infty} \left| \dfrac{a_{n+1}}{a_n} \right| = \lim\limits_{n \to \infty} \left[\dfrac{1}{5^{n+1} \sqrt{n+2}} 5^n \sqrt{n+1} \right] = \dfrac{1}{5},\ R = \dfrac{1}{\rho} = 5,\ \text{故收敛区}$

间为 $(-5,5)$。 （5）作变换 $t = x - 2$，先求 $\sum\limits_{n=1}^{\infty} \dfrac{t^n}{3^n n}$ 的收敛区间。$\rho = \lim\limits_{n \to \infty} \left| \dfrac{a_{n+1}}{a_n} \right| = $

$\lim\limits_{n \to \infty} \dfrac{3^n n}{3^{n+1}(n+1)} = \dfrac{1}{3},\ R = \dfrac{1}{\rho} = 3,\ \text{故其收敛区间为}(-3,3)\text{。因此} -3 < t < 3,\ \text{即} -3 < x -$

$2 < 3$，故 $-1 < x < 5$，即原级数收敛区间为 $(-1,5)$。 **8. 解答** （1）$s\ (x) = \sum\limits_{n=1}^{\infty} n x^{n-1} =$

$\sum\limits_{n=1}^{\infty} (x^n)' = \left(\sum\limits_{n=1}^{\infty} x^n \right)' = \left(\dfrac{1}{1-x} - 1 \right)' = \dfrac{1}{(1-x)^2}(-1 < x < 1)\text{。}$ （2）$s(x) = \sum\limits_{n=0}^{\infty} \dfrac{1}{n+1} x^{n+1} =$

$\sum\limits_{n=0}^{\infty} \int_0^x x^n \mathrm{d}x = \int_0^x \sum\limits_{n=0}^{\infty} x^n \mathrm{d}x = \int_0^x \dfrac{1}{1-x} \mathrm{d}x = -\ln(1-x)\ (-1 \leqslant x < 1)\text{。}$ **9. 解答** $f\ (x) =$

$\ln(3+x)\ = \ln \left[3 \left(1 + \dfrac{x}{3} \right) \right] = \ln 3 + \ln \left(1 + \dfrac{x}{3} \right)$。由于 $\ln \left(1 + \dfrac{x}{3} \right) = \dfrac{x}{3} - \dfrac{1}{2} \left(\dfrac{x}{3} \right)^2 + \dfrac{1}{3} \left(\dfrac{x}{3} \right)^3 - \cdots +$

$(-1)^n \dfrac{1}{n+1} \left(\dfrac{x}{3} \right)^{n+1} + \cdots = \sum\limits_{n=0}^{\infty} (-1)^n \dfrac{1}{n+1} \left(\dfrac{x}{3} \right)^{n+1} = \sum\limits_{n=0}^{\infty} \dfrac{(-1)^n}{3^{n+1}(n+1)} x^{n+1}(-3 < x \leqslant 3)$，所

以 $f\ (x) = \ln 3 + \sum\limits_{n=0}^{\infty} \dfrac{(-1)^n}{3^{n+1}(n+1)} x^{n+1}\ (-3 < x \leqslant 3)$。 **10. 解答** 由于 $f\ (x) = \dfrac{1}{5-x} =$

$\dfrac{1}{6-(x+1)} = \dfrac{1}{6} \times \dfrac{1}{1 - \frac{x+1}{6}}$。由公式 $\dfrac{1}{1-x} = 1 + x + x^2 + x^3 + \cdots + x^n + \cdots = \sum\limits_{n=0}^{\infty} x^n (-1 <$

$x < 1)$，可得 $\dfrac{1}{1 - \frac{x+1}{6}} = 1 + \dfrac{x+1}{6} + \left(\dfrac{x+1}{6} \right)^2 + \left(\dfrac{x+1}{6} \right)^3 + \cdots + \left(\dfrac{x+1}{6} \right)^n + \cdots = \sum\limits_{n=0}^{\infty} \dfrac{(x+1)^n}{6^n}$

（由 $-1<\dfrac{x+1}{6}<1$ 可得，$-7<x<5$）。于是 $f(x)=\dfrac{1}{6}\sum\limits_{n=0}^{\infty}\dfrac{(x+1)^n}{6^n}=\sum\limits_{n=0}^{\infty}\dfrac{(x+1)^n}{6^{n+1}}$ $(-7<x<5)$。

自我检测题

检测题 7-3

1. 幂级数 $\sum\limits_{n=0}^{\infty}a_nx^n$ 一定有收敛点为（　　）。

A. $x=0$；　　　　　　B. $x=1$；　　　　　　C. $x=-1$；　　　　　　D. $x=\pm1$。

2. 幂级数 $1+2(x-1)+3(x-1)^2+4(x-1)^3+\cdots$ 的收敛中心点是（　　）。

A. $x=0$；　　　　　　B. $x=1$；　　　　　　C. $x=-1$；　　　　　　D. $x=\infty$。

3. 如果幂级数 $\sum\limits_{n=1}^{\infty}a_nx^{kn}$（$k$ 是大于 1 的正整数）的收敛半径 $R=1$，则幂级数 $\sum\limits_{n=2}^{\infty}a_nx^{kn}$ 的收敛半径 $R=$（　　）。

A. 0；　　　　　　B. 1；　　　　　　C. 2；　　　　　　D. ∞。

4. 如果幂级数 $\sum\limits_{n=0}^{\infty}a_nx^n$ 的收敛域为 $(-3,3)$，则幂级数 $\sum\limits_{n=0}^{\infty}a_n\left(\dfrac{x-2}{3}\right)^n$ 的收敛域为（　　）。

A. $(-1,1)$；　　　　　　B. $(-3,3)$；　　　　　　C. $(-9,9)$；　　　　　　D. $(-7,11)$。

5. 函数 $\dfrac{1}{1-x}$ 在 $x=0$ 点处的幂级数展开式为 $\dfrac{1}{1-x}=$ ＿＿＿＿＿＿。

6. 若幂级数 $\sum\limits_{n=0}^{\infty}a_nx^n$ 的收敛半径为 16，则幂级数 $\sum\limits_{n=0}^{\infty}a_nx^{4n}$ 的收敛半径为 ＿＿＿＿＿＿。

7. 牛顿二项式定理为 $(1+x)^m=$ ＿＿＿＿＿＿。

8. 求下列幂级数的收敛半径与收敛区间。

(1) $\sum\limits_{n=1}^{\infty}\dfrac{(-1)^{n-1}}{n}x^n$；

(2) $\sum\limits_{n=1}^{\infty}\dfrac{(-1)^n}{2^nn}x^n$；

(3) $\sum\limits_{n=1}^{\infty}\dfrac{n}{3^n}x^n$；

(4) $\sum\limits_{n=1}^{\infty}\dfrac{1}{2n!}x^n$；

$(5) \displaystyle\sum_{n=1}^{\infty} \frac{n!}{2^n} x^n$;

$(6) \displaystyle\sum_{n=1}^{\infty} \frac{1}{n^2} (x+3)^n$ 。

9. $\displaystyle\sum_{n=1}^{\infty} x^n$ 、 $\displaystyle\sum_{n=0}^{\infty} x^n$ 有什么不同？分别求出它们的和函数。

10. 求下列幂级数的和函数。

$(1) \displaystyle\sum_{n=0}^{\infty} (2n+1)x^n$;

$(2) \displaystyle\sum_{n=1}^{\infty} \frac{(-1)^{n-1}}{n} x^n$;

$(3) \displaystyle\sum_{n=1}^{\infty} (-1)^{n-1} \frac{x^{2n-1}}{2n-1}$ 。

11. 将下列函数展开成幂级数。

（1）将 $f(x) = \dfrac{1}{1+3x}$ 展开成 x 的幂级数；

（2）将 $f(x)=\dfrac{1}{4-x}$ 展开成 $(x-2)$ 的幂级数；

（3）将 $f(x)=\ln x$ 展开成 $(x-1)$ 的幂级数。

 教材复习题解析

复习题七

一、选择题

1.**解答** 选 C。 2.**解答** 选 D。因为 $\sum\limits_{n=1}^{\infty}(u_n-2v_n)=\sum\limits_{n=1}^{\infty}u_n-2\sum\limits_{n=1}^{\infty}v_n=5-2\times1=3$。

3.**解答** 选 C。因为答案 A 中，$\sum\limits_{n=1}^{\infty}\dfrac{1}{n\sqrt{n}}=\sum\limits_{n=1}^{\infty}\dfrac{1}{n^{\frac{3}{2}}}$ 是一个 p 级数，且 $p=\dfrac{3}{2}>1$，级数收敛；

答案 B 中，$\sum\limits_{n=1}^{\infty}\dfrac{1}{n^2}$ 是一个 p 级数，且 $p=2>1$，级数收敛；答案 D 中，$\sum\limits_{n=1}^{\infty}\left(\dfrac{1}{2}\right)^n$ 是一个等比

级数，且 $q=\dfrac{1}{2}<1$，级数收敛；而答案 C 中，$\lim\limits_{n\to\infty}u_n=\lim\limits_{n\to\infty}\sqrt{\dfrac{n}{n+1}}=1\neq0$，级数发散。

4.**解答** 选 D。因为答案 A 中，$\lim\limits_{n\to\infty}u_n=\lim\limits_{n\to\infty}(-1)^{n-1}\neq0$，级数发散；答案 B 中，$\sum\limits_{n=1}^{\infty}\dfrac{1}{\sqrt{n}}=$

$\sum\limits_{n=1}^{\infty}\dfrac{1}{n^{\frac{1}{2}}}$ 是一个 p 级数，且 $p=\dfrac{1}{2}<1$，级数发散；答案 C 中，$\lim\limits_{n\to\infty}u_n=\lim\limits_{n\to\infty}\dfrac{n}{2n+1}=\dfrac{1}{2}\neq0$，

级数发散；答案 D 中，$\sum\limits_{n=1}^{\infty}\dfrac{(-1)^n}{3^n}=\sum\limits_{n=1}^{\infty}\left(-\dfrac{1}{3}\right)^n$ 是一个等比级数，且 $|q|=\left|-\dfrac{1}{3}\right|=\dfrac{1}{3}<1$，

级数收敛。**5. 解答** 选 C。因为答案 A 中，交错级数 $\sum\limits_{n=1}^{\infty}(-1)^{n-1}\dfrac{1}{\sqrt{n}}$ 收敛，但

$\sum\limits_{n=1}^{\infty}\left|(-1)^{n-1}\dfrac{1}{\sqrt{n}}\right|=\sum\limits_{n=1}^{\infty}\dfrac{1}{n^{\frac{1}{2}}}$ 是一个 p 级数，且 $p=\dfrac{1}{2}<1$，级数发散，因此级数 $\sum\limits_{n=1}^{\infty}(-1)^{n-1}\dfrac{1}{\sqrt{n}}$

是条件收敛；答案 B 中，$\lim\limits_{n\to\infty}u_n=\lim\limits_{n\to\infty}(-1)^n\left(\dfrac{3}{2}\right)^n\neq0$，级数发散；答案 C 中，交错级数

$\sum\limits_{n=1}^{\infty}(-1)^{n-1}\dfrac{1}{n^3}$ 收敛，且 $\sum\limits_{n=1}^{\infty}\left|(-1)^{n-1}\dfrac{1}{n^3}\right|=\sum\limits_{n=1}^{\infty}\dfrac{1}{n^3}$ 是一个 p 级数，且 $p=3>1$，级数收

敛，因而级数 $\sum\limits_{n=1}^{\infty}(-1)^{n-1}\dfrac{1}{n^3}$ 是绝对收敛；答案 D 中，交错级数 $\sum\limits_{n=1}^{\infty}(-1)^n\dfrac{1}{n}$ 收敛，但

$\sum\limits_{n=1}^{\infty}\left|(-1)^n\dfrac{1}{n}\right|=\sum\limits_{n=1}^{\infty}\dfrac{1}{n}$ 是调和级数，级数发散，因而级数 $\sum\limits_{n=1}^{\infty}(-1)^n\dfrac{1}{n}$ 是条件收敛。**6. 解答** 选 C。显然收敛半径为 $R=1$，收敛区间为 $(-1,1)$。关键是考察两端点 $x=\pm1$ 的收敛

情况，当 $x=-1$ 时，级数变为 $\sum\limits_{n=1}^{\infty}\dfrac{(-1)^n}{n}$，收敛；当 $x=1$ 时，级数变为 $\sum\limits_{n=1}^{\infty}\dfrac{1}{n}$，是调和

级数，发散。因此，级数 $\sum\limits_{n=1}^{\infty}\dfrac{x^n}{n}$ 的收敛域是 $[-1,1)$。**7. 解答** 选 C。因为幂级数

$\sum\limits_{n=1}^{\infty}a_nx^n$ 在 $x=2$ 处收敛，则有收敛半径 $R\geqslant2$，说明在区间 $(-2,2)$ 内是收敛的，因而在

$x=\pm1$ 点处都是收敛的，所以 $\sum\limits_{n=1}^{\infty}|a_n(-1)^n|=\sum\limits_{n=1}^{\infty}|a_n|$ 也收敛，且级数在 $x=-1$ 处绝对

收敛。**8. 解答** 选 A。利用 $\dfrac{1}{1-x}=\sum\limits_{n=0}^{\infty}x^n=1+x+x^2+\cdots+x^n+\cdots(-1<x<1)$，把

其中的 x 都替换成 x^2 即得。

二、填空题

9. 解答 $\sum\limits_{n=1}^{\infty}\dfrac{1}{n}$。**10. 解答** $\lim\limits_{n\to\infty}u_n=0$。**11. 解答** $p>1$。**12. 解答** 收敛。可由莱布

尼茨判敛法可知收敛。**13. 解答** 1。因为 $s=\dfrac{a_1}{1-q}=\dfrac{\dfrac{1}{2}}{1-\dfrac{1}{2}}=1$。**14. 解答** $\sqrt{R}$。

15. 解答 $\sum\limits_{n=0}^{\infty}\dfrac{x^n}{n!}=1+x+\dfrac{x^2}{2!}+\cdots+\dfrac{x^n}{n!}+\cdots,(-\infty<x<+\infty)$。

16. 解答 $\dfrac{x}{(1-x)^2},(-1<x<1)$。因为 $\sum\limits_{n=1}^{\infty}nx^n=x\sum\limits_{n=1}^{\infty}nx^{n-1}=x\sum\limits_{n=1}^{\infty}(x^n)'=x\left(\sum\limits_{n=1}^{\infty}x^n\right)'=$

$x\left(\dfrac{1}{1-x}-1\right)'=x\dfrac{1}{(1-x)^2}=\dfrac{x}{(1-x)^2}(-1<x<1)$。

三、解答题

17. 解答 (1) $\dfrac{1}{n^3+1}<\dfrac{1}{n^3}$，而 $\sum\limits_{n=1}^{\infty}\dfrac{1}{n^3}$ 收敛，故 $\sum\limits_{n=1}^{\infty}\dfrac{1}{n^3+1}$ 也收敛。 (2) $\rho=\lim\limits_{n\to\infty}\dfrac{u_{n+1}}{u_n}=$

$$\lim_{n\to\infty}\left[\frac{(\sqrt{2})^{n+1}}{2n+1}\times\frac{2n-1}{(\sqrt{2})^n}\right]=\lim_{n\to\infty}\frac{\sqrt{2}(2n-1)}{2n+1}=\sqrt{2}>1,所以原级数发散。$$

18. 解答 （1）$\displaystyle\sum_{n=1}^{\infty}|u_n|=\sum_{n=1}^{\infty}\left|(-1)^n\frac{n}{2^{n-1}}\right|=\sum_{n=1}^{\infty}\frac{n}{2^{n-1}}$，由于 $\rho=\lim_{n\to\infty}\left(\frac{n+1}{2^n}\times\frac{2^{n-1}}{n}\right)=$

$\lim_{n\to\infty}\frac{n+1}{2n}=\frac{1}{2}<1$，故级数 $\displaystyle\sum_{n=1}^{\infty}\frac{n}{2^{n-1}}$ 收敛，且原级数绝对收敛。（2）$|u_n|=\frac{1}{\ln(n+1)}>\frac{1}{n}$，

而 $\displaystyle\sum_{n=1}^{\infty}\frac{1}{n}$ 发散，由比较法知 $\displaystyle\sum_{n=1}^{\infty}\frac{1}{\ln(n+1)}$ 发散。又因为 $|u_n|=\frac{1}{\ln(n+1)}>\frac{1}{\ln(n+2)}=$

$|u_{n+1}|$ 以及 $\lim_{n\to\infty}u_n=\lim_{n\to\infty}\frac{1}{\ln(n+1)}=0$，所以交错级数 $\displaystyle\sum_{n=1}^{\infty}(-1)^{n+1}\frac{1}{\ln(n+1)}$ 条件收敛。

19. 解答 （1）$\rho=\lim_{n\to\infty}\left|\frac{a_{n+1}}{a_n}\right|=\lim_{n\to\infty}\left[\frac{3^{n+1}}{(n+1)(n+2)}\times\frac{n(n+1)}{3^n}\right]=3$，所以收敛半径

$R=\frac{1}{\rho}=\frac{1}{3}$。故原级数的收敛区间为 $\left(-\frac{1}{3},\frac{1}{3}\right)$。 （2）因为 $\rho=\lim_{n\to\infty}\left|\frac{a_{n+1}}{a_n}\right|=\lim_{n\to\infty}\frac{n}{n+1}=1$，

所以收敛半径 $R=\frac{1}{\rho}=1$，收敛区间为 $(0,2)$。**20. 解答** $s(x)=\displaystyle\sum_{n=1}^{\infty}(n+2)x^{n+3}=x^2\sum_{n=1}^{\infty}(n+2)x^{n+1}=x^2\sum_{n=1}^{\infty}(x^{n+2})'=x^2\left(\sum_{n=1}^{\infty}x^{n+2}\right)'=x^2\left[x^2\sum_{n=1}^{\infty}x^n\right]'=x^2\left[x^2\left(\frac{1}{1-x}-1\right)\right]'=$

$x^2\left[\frac{2x(1-x)-x^2(-1)}{(1-x)^2}-2x\right]=\frac{2x^3-x^4}{(1-x)^2}-2x^3=-2x^3-x^2+1+\frac{2x-1}{(x-1)^2}(-1<x<1)$。

21. 解答 $y=\frac{1}{x+1}=\frac{1}{(x+4)-3}=-\frac{1}{3}\times\frac{1}{1-\frac{x+4}{3}}=-\frac{1}{3}\displaystyle\sum_{n=0}^{\infty}\left(\frac{x+4}{3}\right)^n=-\sum_{n=0}^{\infty}\frac{(x+4)^n}{3^{n+1}}$

$(-7<x<-1)$。**22. 解答** $\rho=\lim_{n\to\infty}\frac{u_{n+1}}{u_n}=\lim_{n\to\infty}\left(\frac{a^{n+1}}{(n+1)^3}\times\frac{n^3}{a^n}\right)=\lim_{n\to\infty}a\left(\frac{n}{n+1}\right)^3=a$。由于

级数收敛，由比值判敛法得 $\rho<1$。故 $a<1$。

 自测题

自测题七

一、选择题

1. 设几何级数 $\displaystyle\sum_{n=1}^{\infty}aq^n$ 收敛，且 $a\neq0$，则 q 应满足（　　　）。

    A. $q<1$；   B. $-1<q<1$；   C. $q>1$；   D. $q=1$。

2. 若级数 $\displaystyle\sum_{n=1}^{\infty}\frac{1}{n^{p-2}}$ 发散，则有（　　　）。

    A. $p>0$；   B. $p>3$；   C. $p\leqslant3$；   D. $p\leqslant2$。

3. 若级数 $\lim_{n\to\infty}u_n\neq0$，则级数 $\displaystyle\sum_{n=1}^{\infty}u_n$（　　　）。

A. 收敛；　　　　　　B. 发散；　　　　　　C. 条件收敛；　　　　　　D. 绝对收敛。

4.若级数 $\sum\limits_{n=1}^{\infty}u_n$ 发散，则有（　　　）。

A. $\lim\limits_{n\to\infty}u_n\neq0$；　　　B. $\lim\limits_{n\to\infty}u_n=0$；　　　C. $\lim\limits_{n\to\infty}u_n=\infty$；　　　D. $\sum\limits_{n=1}^{\infty}|u_n|$ 发散。

5.下列级数中，条件收敛的是（　　　）。

A. $\sum\limits_{n=1}^{\infty}(-1)^n\dfrac{n}{n+1}$；　B. $\sum\limits_{n=1}^{\infty}(-1)^n\dfrac{1}{n}$；　　　C. $\sum\limits_{n=1}^{\infty}(-1)^n\dfrac{1}{n^2}$；　　　D. $\sum\limits_{n=1}^{\infty}(-1)^n\dfrac{1}{2^n}$。

6.交错级数 $\sum\limits_{n=1}^{\infty}(-1)^n(\sqrt{n+1}-\sqrt{n})$，则会（　　　）。

A. 绝对收敛；　　　　　　　　　　　　B. 发散；

C. 条件收敛；　　　　　　　　　　　　D. 可能收敛也可能发散。

7.幂级数 $\sum\limits_{n=1}^{\infty}\dfrac{1}{n}\left(\dfrac{x}{5}\right)^n$ 的收敛域是（　　　）。

A. $(-5,5)$；　　　　　B. $[-5,5)$；　　　　　C. $(-5,5]$；　　　　　D. $[-5,5]$。

8.幂级数 $1-\dfrac{x^2}{2!}+\dfrac{x^4}{4!}-\dfrac{x^6}{6!}+\cdots$ 在 $(-\infty,+\infty)$ 上的和函数是（　　　）。

A. $\sin x$；　　　　　B. $\cos x$；　　　　　C. $\ln(1+x^2)$；　　　　　D. e^x。

二、填空题

9.级数 $\sum\limits_{n=0}^{\infty}\left(\dfrac{1}{2}\right)^n$ 的和是_____。

10.已知级数 $\sum\limits_{n=1}^{\infty}\dfrac{2^n}{n!}$ 收敛，则 $\lim\limits_{n\to\infty}\dfrac{2^n}{n!}=$_____。

11.已知级数 $\sum\limits_{n=1}^{\infty}u_n$ 收敛，其和为 s，常数 $k\neq0$，则级数 $\sum\limits_{n=1}^{\infty}ku_n=$_____。

12.幂级数 $\sum\limits_{n=1}^{\infty}\dfrac{x^n}{3^n}$ 的收敛区间为_____。

13.在区间 $(-1,1)$ 内，级数 $1-x+x^2-x^3+\cdots+(-1)^nx^n+\cdots$ 的和函数是_____。

三、解答题

14.判断下列级数的敛散性。

(1) $\sum\limits_{n=1}^{\infty}\left(\dfrac{1}{n}+\dfrac{1}{3^n}\right)$；　　　　　(2) $\sum\limits_{n=1}^{\infty}\dfrac{1}{4^n+n}$；　　　　　(3) $\sum\limits_{n=1}^{\infty}\dfrac{2^n}{2n-1}$。

15. 判断下列级数的敛散性。若收敛，是绝对收敛，还是条件收敛？

(1) $\sum_{n=1}^{\infty}(-1)^{n}\frac{5^{n-1}}{n!}$;　　　　　 (2) $\sum_{n=1}^{\infty}(-1)^{n}\frac{1}{\sqrt{n^{2}-1}}$; 　(3) $\sum_{n=1}^{\infty}(-1)^{n-1}\frac{2n+1}{3n-1}$ 。

16. 求下列幂级数的收敛半径、收敛区间。

(1) $\sum_{n=1}^{\infty}\frac{x^{n}}{n^{2}2^{n}}$;　　　　　　　　　　　　　　　(2) $\sum_{n=1}^{\infty}\frac{2n+1}{n!}x^{n}$ 。

17. 求幂级数 $\sum_{n=1}^{\infty}nx^{n-2}(-1<x<1)$ 的和函数。

18. 将函数 $f(x)=\ln(2+x)$ 展开成 x 的幂级数。

第八章

线性代数初步的辅导与检测

第一节　行列式

 重点与难点辅导

1.把 n^2 个元素排成 n 行 n 列，并用记号 $\begin{vmatrix} a_{11} & a_{12} & \cdots & a_{1n} \\ a_{21} & a_{22} & \cdots & a_{2n} \\ \vdots & \vdots & \ddots & \vdots \\ a_{n1} & a_{n2} & \cdots & a_{nn} \end{vmatrix}$ 表示行列式。行列式表示的是

一种特殊的运算，其结果是一个数值或代数式。

2.行列式的计算方法主要有：（1）定义法；（2）降阶法；（3）三角形法。

3.掌握运用行列式来求解线性方程组的方法——克莱姆法则。

4.重点是行列式的计算。难点是熟练运用各种方法求解行列式。

 教材习题解析

习题 8-1

1.**解答**　选 C。因为 $\begin{vmatrix} 3 & -2 \\ 2 & 1 \end{vmatrix} = 3 \times 1 - 2 \times (-2) = 7$。2.**解答**　选 D。因为 $A_{32} =$

$(-1)^{3+2}\begin{vmatrix} 2 & 3 \\ -1 & 1 \end{vmatrix}=-5$。**3. 解答** 6。因为 $\begin{vmatrix} 1 & 0 & 0 \\ 4 & 2 & 0 \\ 5 & x & 3 \end{vmatrix}$ 是一个下三角行列式，其值为主对

角线元素的乘积。即 $\begin{vmatrix} 1 & 0 & 0 \\ 4 & 2 & 0 \\ 5 & x & 3 \end{vmatrix}=1\times 2\times 3=6$。**4. 解答** 6。因为 $\begin{vmatrix} 6a_{11} & 2a_{12} \\ 3a_{21} & a_{22} \end{vmatrix}=$

$2\begin{vmatrix} 3a_{11} & a_{12} \\ 3a_{21} & a_{22} \end{vmatrix}=6\begin{vmatrix} a_{11} & a_{12} \\ a_{21} & a_{22} \end{vmatrix}=6\times 1=6$。**5. 解答** 3。因为 $D=\begin{vmatrix} 1 & 3 \\ 1 & k \end{vmatrix}=k-3$，若

$\begin{cases} x_1+3x_2=0 \\ x_1+kx_2=0 \end{cases}$ 有非零解，则有 $D=0$，即 $k=3$。**6. 解答** $\begin{vmatrix} 1 & -2 & 1 \\ 2 & 1 & -3 \\ -1 & 1 & -1 \end{vmatrix}=[1\times 1\times$

$(-1)+2\times 1\times 1+(-1)\times(-2)\times(-3)]-[(-1)\times 1\times 1+2\times(-2)\times(-1)+1\times 1\times$

$(-3)]=(-1+2-6)-(-1+4-3)=-5$。**7. 解答** $\begin{vmatrix} 2 & 0 & 3 \\ 7 & 1 & 6 \\ 6 & 0 & 5 \end{vmatrix}=1\times(-1)^{2+2}\begin{vmatrix} 2 & 3 \\ 6 & 5 \end{vmatrix}=$

-8。**8. 解法一** $D=\begin{vmatrix} 1 & 1 & 1 \\ a & b & c \\ b+c & c+a & a+b \end{vmatrix}\xlongequal[c_3-c_1]{c_2-c_1}\begin{vmatrix} 1 & 0 & 0 \\ a & b-a & c-a \\ b+c & a-b & a-c \end{vmatrix}=\begin{vmatrix} b-a & c-a \\ a-b & a-c \end{vmatrix}\xlongequal{r_1+r_2}$

$\begin{vmatrix} 0 & 0 \\ a-b & a-c \end{vmatrix}=0$；**解法二** $D=\begin{vmatrix} 1 & 1 & 1 \\ a & b & c \\ b+c & c+a & a+b \end{vmatrix}\xlongequal{r_3+r_2}\begin{vmatrix} 1 & 1 & 1 \\ a & b & c \\ a+b+c & a+b+c & a+b+c \end{vmatrix}=$

$(a+b+c)\begin{vmatrix} 1 & 1 & 1 \\ a & b & c \\ 1 & 1 & 1 \end{vmatrix}=0$。**9. 解答** $\begin{vmatrix} 0 & 1 & 0 & 0 \\ 0 & 0 & 2 & 0 \\ 0 & 0 & 0 & 3 \\ 4 & 0 & 0 & 0 \end{vmatrix}\xlongequal{r_4\leftrightarrow r_3}-\begin{vmatrix} 0 & 1 & 0 & 0 \\ 0 & 0 & 2 & 0 \\ 4 & 0 & 0 & 0 \\ 0 & 0 & 0 & 3 \end{vmatrix}\xlongequal{r_3\leftrightarrow r_2}$

$\begin{vmatrix} 0 & 1 & 0 & 0 \\ 4 & 0 & 0 & 0 \\ 0 & 0 & 2 & 0 \\ 0 & 0 & 0 & 3 \end{vmatrix}\xlongequal{r_2\leftrightarrow r_1}-\begin{vmatrix} 4 & 0 & 0 & 0 \\ 0 & 1 & 0 & 0 \\ 0 & 0 & 2 & 0 \\ 0 & 0 & 0 & 3 \end{vmatrix}=-4\times 1\times 2\times 3=-24$。**10. 解答** $\begin{vmatrix} 0 & 1 & 3 & 2 \\ 1 & 1 & -1 & 2 \\ -2 & 0 & -2 & -5 \\ -1 & 2 & -1 & -2 \end{vmatrix}$

$\xlongequal[r_4+r_2]{r_3+2r_2}\begin{vmatrix} 0 & 1 & 3 & 2 \\ 1 & 1 & -1 & 2 \\ 0 & 2 & -4 & -1 \\ 0 & 3 & -2 & 0 \end{vmatrix}=-\begin{vmatrix} 1 & 3 & 2 \\ 2 & -4 & -1 \\ 3 & -2 & 0 \end{vmatrix}\xlongequal{r_1+2r_2}-\begin{vmatrix} 5 & -5 & 0 \\ 2 & -4 & -1 \\ 3 & -2 & 0 \end{vmatrix}=-\begin{vmatrix} 5 & -5 \\ 3 & -2 \end{vmatrix}$

$=-5$。**11. 解答** $D=\begin{vmatrix} 2 & 5 & 4 \\ 1 & 3 & 2 \\ 2 & 10 & 9 \end{vmatrix}=5$；$D_1=\begin{vmatrix} 10 & 5 & 4 \\ 6 & 3 & 2 \\ 20 & 10 & 9 \end{vmatrix}=0$；$D_2=\begin{vmatrix} 2 & 10 & 4 \\ 1 & 6 & 2 \\ 5 & 20 & 9 \end{vmatrix}=10$；$D_3=$

$\begin{vmatrix} 2 & 5 & 10 \\ 1 & 3 & 6 \\ 2 & 10 & 20 \end{vmatrix}=0$。由克莱姆法则可得，$x_1=\dfrac{D_1}{D}=\dfrac{0}{5}=0$；$x_2=\dfrac{D_2}{D}=\dfrac{10}{5}=2$；$x_3=\dfrac{D_3}{D}=\dfrac{0}{5}=0$。

自我检测题

检测题 8-1

1. 二阶行列式 $\begin{vmatrix} 4 & -5 \\ 1 & 2 \end{vmatrix}$ 的值为（　　）。

A. 10；　　　　　　　B. 8；　　　　　　　C. 3；　　　　　　　D. 13。

2. 下列说法正确的是（　　）。

A. 行列式和绝对值一样；　　　　　　　B. 行列式是一种算式；

C. 行列式的值有很多个；　　　　　　　D. 行列式的值不能等于 0。

3. 行列式 $\begin{vmatrix} 4 & 2 & 3 \\ -5 & 0 & 1 \\ 2 & 1 & 3 \end{vmatrix}$ 中元素 a_{11} 的余子式 $M_{11}=$（　　）。

A. 1；　　　　　　　B. -1；　　　　　　　C. 0；　　　　　　　D. 2。

4. 下列行列式中不是三角行列式的为（　　）。

A. $\begin{vmatrix} 1 & 3 \\ 0 & 2 \end{vmatrix}$；　　　　B. $\begin{vmatrix} 2 & 3 & 0 \\ 0 & 5 & 1 \\ 0 & 0 & 0 \end{vmatrix}$；　　　　C. $\begin{vmatrix} 2 & 0 & 0 \\ 5 & 1 & 0 \\ 7 & -1 & 4 \end{vmatrix}$；　　　　D. $\begin{vmatrix} 2 & -4 & 3 & 5 \\ 3 & 0 & 7 & 0 \\ 2 & 1 & 0 & 0 \\ 1 & 0 & 0 & 0 \end{vmatrix}$。

5. 行列式 $\begin{vmatrix} 1 & 2 & 3 \\ x & 4 & 5 \\ 3 & 1 & 2 \end{vmatrix}$ 中元素 a_{13} 的代数余子式 $A_{13}=2$，则 $x=$（　　）。

A. 10；　　　　　　　B. -10；　　　　　　　C. -14；　　　　　　　D. 14。

6. 三阶行列式 $\begin{vmatrix} 1 & 2 & 3 \\ 1 & 2 & 5 \\ 1 & 2 & 7 \end{vmatrix}=$ _____。

7. 三阶行列式 $\begin{vmatrix} 1 & 0 & 0 \\ 4 & 3 & 0 \\ 7 & 2 & 7 \end{vmatrix}=$ _____。

8. 将行列式按第一行展开 $\begin{vmatrix} m & 0 & 0 \\ -2m & 1 & 1 \\ 3 & 1 & 4 \end{vmatrix}=$ _____。

9. 行列式 $\begin{vmatrix} 4 & 2 & 3 \\ -5 & 0 & 1 \\ 2 & 1 & 3 \end{vmatrix}$ 中元素 a_{12} 的代数余子式 $A_{12}=$ _____。

10. 计算行列式 $\begin{vmatrix} 2 & -2 & -2 \\ 2 & -2 & 2 \\ -2 & 2 & 2 \end{vmatrix}$。

11. 计算行列式 $\begin{vmatrix} 1 & 1 & 0 \\ -2 & 0 & 1 \\ 3 & 1 & 0 \end{vmatrix}$。

12. 计算行列式 $\begin{vmatrix} 2 & 7 & 2 \\ 0 & 3 & 5 \\ 0 & 0 & 1 \end{vmatrix}$。

13. 计算行列式 $\begin{vmatrix} 1 & 1 & 1 & 1 \\ 1 & -1 & 2 & 1 \\ 4 & 1 & 2 & 0 \\ 5 & 0 & 4 & 2 \end{vmatrix}$。

14. 利用克莱姆法则解线性方程组 $\begin{cases} x_1 - 2x_2 + x_3 = 2 \\ x_1 + 2x_2 - x_3 = -2 \\ 3x_1 + x_2 + x_3 = 3 \end{cases}$。

第二节　矩阵

 重点与难点辅导

1. 把 $m \times n$ 个数排成的 m 行 n 列的矩形数表 $\begin{pmatrix} a_{11} & a_{12} & \cdots & a_{1n} \\ a_{21} & a_{22} & \cdots & a_{2n} \\ \vdots & \vdots & \ddots & \vdots \\ a_{m1} & a_{m2} & \cdots & a_{mn} \end{pmatrix}$，称为 m 行 n 列矩阵，简

称 $m \times n$ 矩阵。它代表的仅仅只是一个数表。常见的特殊矩阵有行矩阵、列矩阵、零矩阵、方阵、三角矩阵、对角矩阵、单位矩阵。矩阵之间可能是同型矩阵，也可能是相等矩阵。

2.矩阵可以运算，有矩阵的加法、矩阵的减法、矩阵的数乘法、矩阵与矩阵的乘法。

3.矩阵也可以实施初等变换，包括三种初等行变换与三种初等列变换。初等变换中的重点是初等行变换。

4.利用初等行变换可以确定阶梯形矩阵与矩阵的秩。

5.求逆矩阵的方法有两个，即用伴随矩阵求逆矩阵和用初等行变换求逆矩阵。

6.重点是掌握矩阵的乘法、矩阵的初等变换、逆矩阵的求解方法。难点是理解矩阵的运算方法及其运算律，熟练运用伴随矩阵的方法和初等行变换的方法求逆矩阵。

 教材习题解析

习题 8-2

1.**解答** 选 D。抓住单位矩阵的定义可知。答案 A 是错的，因为矩阵的行数与列数不一定相等；答案 B 也是错的，因为这是上三角矩阵；答案 C 也是错的，因为只有两个同型的零矩阵才相等。2.**解答** 选 C。答案 A、B 均错误，因为只有同型矩阵才能进行加减运算，而 $\boldsymbol{A}$ 与 $\boldsymbol{B}$ 不是同型矩阵；答案 D 也是错的，两个矩阵可进行乘法运算的前提条件是前面矩阵的列数等于后面矩阵的行数。3.**解答** $\begin{pmatrix} 3 & -1 & 1 \\ -2 & -1 & 0 \end{pmatrix}$；$\begin{pmatrix} -1 & 2 & 3 \\ -1 & 2 & 10 \end{pmatrix}$。因为 $\boldsymbol{A} - \boldsymbol{B} = \begin{pmatrix} 1 & 0 & 1 \\ -1 & 0 & 2 \end{pmatrix} - \begin{pmatrix} -2 & 1 & 0 \\ 1 & 1 & 2 \end{pmatrix} = \begin{pmatrix} 3 & -1 & 1 \\ -2 & -1 & 0 \end{pmatrix}$；$3\boldsymbol{A} + 2\boldsymbol{B} = 3 \begin{pmatrix} 1 & 0 & 1 \\ -1 & 0 & 2 \end{pmatrix} + 2 \begin{pmatrix} -2 & 1 & 0 \\ 1 & 1 & 2 \end{pmatrix} = \begin{pmatrix} 3 & 0 & 3 \\ -3 & 0 & 6 \end{pmatrix} + \begin{pmatrix} -4 & 2 & 0 \\ 2 & 2 & 4 \end{pmatrix} = \begin{pmatrix} -1 & 2 & 3 \\ -1 & 2 & 10 \end{pmatrix}$。4.**解答** (10)；$\begin{pmatrix} -2 & 1 \\ -4 & 2 \\ -6 & 3 \end{pmatrix}$。因为 $(1 \quad 2 \quad 3) \begin{pmatrix} 3 \\ 2 \\ 1 \end{pmatrix} = (1 \times 3 + 2 \times 2 + 3 \times 1) = (10)$；$\begin{pmatrix} 1 \\ 2 \\ 3 \end{pmatrix}(-2 \quad 1) = \begin{pmatrix} 1 \times (-2) & 1 \times 1 \\ 2 \times (-2) & 2 \times 1 \\ 3 \times (-2) & 3 \times 1 \end{pmatrix} = \begin{pmatrix} -2 & 1 \\ -4 & 2 \\ -6 & 3 \end{pmatrix}$。

5.**解答** $\begin{pmatrix} 1 & 3 \\ 2 & 4 \end{pmatrix}$；$-2$。因为 $\boldsymbol{A}^{\mathrm{T}} = \begin{pmatrix} 1 & 3 \\ 2 & 4 \end{pmatrix}$；$|\boldsymbol{A}| = \begin{vmatrix} 1 & 2 \\ 3 & 4 \end{vmatrix} = 1 \times 4 - 2 \times 3 = -2$。

6.**解答** 24。因为 $\boldsymbol{A}$ 为 3 阶方阵，且 $|\boldsymbol{A}| = -3$，则 $|-2\boldsymbol{A}| = (-2)^3 |\boldsymbol{A}| = (-8) \times (-3) = 24$。7.**解答** (1) $\begin{pmatrix} 0 & 0 & 1 \\ 0 & 1 & 0 \\ 1 & 0 & 0 \end{pmatrix} \begin{pmatrix} 2 \\ 3 \\ 4 \end{pmatrix} = \begin{pmatrix} 0 \times 2 + 0 \times 3 + 1 \times 4 \\ 0 \times 2 + 1 \times 3 + 0 \times 4 \\ 1 \times 2 + 0 \times 3 + 0 \times 4 \end{pmatrix} = \begin{pmatrix} 4 \\ 3 \\ 2 \end{pmatrix}$；(2) $\begin{pmatrix} 2 & 1 & 4 & 0 \\ 1 & -1 & 3 & 4 \end{pmatrix}$

$\begin{pmatrix} 1 & 3 & 1 \\ 0 & -1 & 2 \\ 1 & -3 & 1 \\ 4 & 0 & -2 \end{pmatrix} = \begin{pmatrix} 6 & -7 & 8 \\ 20 & -5 & -6 \end{pmatrix}$。8.**解答** $\boldsymbol{A} = \begin{pmatrix} 1 & -2 & -1 & 3 \\ 3 & -6 & -3 & 9 \\ -2 & 4 & 2 & 5 \end{pmatrix} \xrightarrow[r_3 + 2r_1]{r_2 - 3r_1} \begin{pmatrix} 1 & -2 & -1 & 3 \\ 0 & 0 & 0 & 0 \\ 0 & 0 & 0 & 11 \end{pmatrix}$

$$\xrightarrow{r_3 \leftrightarrow r_2} \begin{pmatrix} 1 & -2 & -1 & 3 \\ 0 & 0 & 0 & 11 \\ 0 & 0 & 0 & 0 \end{pmatrix},$$ 所以矩阵的秩 $R(A) = 2$。**9. 解答** $\begin{pmatrix} 1 & -1 & 2 & 2 \\ -1 & -1 & 2 & 0 \\ 3 & 1 & -2 & 2 \end{pmatrix} \xrightarrow[r_3 - 3r_1]{r_2 + r_1}$

$$\begin{pmatrix} 1 & -1 & 2 & 2 \\ 0 & -2 & 4 & 2 \\ 0 & 4 & -8 & -4 \end{pmatrix} \xrightarrow[\frac{1}{4}r_3]{-\frac{1}{2}r_2} \begin{pmatrix} 1 & -1 & 2 & 2 \\ 0 & 1 & -2 & -1 \\ 0 & 1 & -2 & -1 \end{pmatrix} \xrightarrow{r_3 - r_2} \begin{pmatrix} 1 & -1 & 2 & 2 \\ 0 & 1 & -2 & -1 \\ 0 & 0 & 0 & 0 \end{pmatrix}.$$

10. 解答 $|A| = \begin{vmatrix} 1 & 2 & 2 \\ 0 & 1 & -2 \\ 0 & -1 & 1 \end{vmatrix} = -1$。 $A_{11} = \begin{vmatrix} 1 & -2 \\ -1 & 1 \end{vmatrix} = -1$； $A_{12} = -\begin{vmatrix} 0 & -2 \\ 0 & 1 \end{vmatrix} = 0$；

$A_{13} = \begin{vmatrix} 0 & 1 \\ 0 & -1 \end{vmatrix} = 0$； $A_{21} = -\begin{vmatrix} 2 & 2 \\ -1 & 1 \end{vmatrix} = -4$； $A_{22} = \begin{vmatrix} 1 & 2 \\ 0 & 1 \end{vmatrix} = 1$； $A_{23} = -\begin{vmatrix} 1 & 2 \\ 0 & -1 \end{vmatrix} = 1$；

$A_{31} = \begin{vmatrix} 2 & 2 \\ 1 & -2 \end{vmatrix} = -6$； $A_{32} = -\begin{vmatrix} 1 & 2 \\ 0 & -2 \end{vmatrix} = 2$； $A_{33} = \begin{vmatrix} 1 & 2 \\ 0 & 1 \end{vmatrix} = 1$。 于是，$A^{-1} = \frac{1}{|A|}A^* = \frac{1}{-1}$

$$\begin{pmatrix} -1 & -4 & -6 \\ 0 & 1 & 2 \\ 0 & 1 & 1 \end{pmatrix} = \begin{pmatrix} 1 & 4 & 6 \\ 0 & -1 & -2 \\ 0 & -1 & -1 \end{pmatrix}.$$ **11. 解答** $(A \vdots I) = \begin{pmatrix} 1 & 2 & 2 & \vdots & 1 & 0 & 0 \\ 0 & 1 & -2 & \vdots & 0 & 1 & 0 \\ 0 & -1 & 1 & \vdots & 0 & 0 & 1 \end{pmatrix}$

$$\xrightarrow[r_3 + r_2]{r_1 - 2r_2} \begin{pmatrix} 1 & 0 & 6 & \vdots & 1 & -2 & 0 \\ 0 & 1 & -2 & \vdots & 0 & 1 & 0 \\ 0 & 0 & -1 & \vdots & 1 & 1 & 1 \end{pmatrix} \xrightarrow{-r_3} \begin{pmatrix} 1 & 0 & 6 & \vdots & 1 & -2 & 0 \\ 0 & 1 & -2 & \vdots & 0 & 1 & 0 \\ 0 & 0 & 1 & \vdots & 0 & -1 & -1 \end{pmatrix} \xrightarrow[r_2 + 2r_3]{r_1 - 6r_3}$$

$$\begin{pmatrix} 1 & 0 & 0 & \vdots & 1 & 4 & 6 \\ 0 & 1 & 0 & \vdots & 0 & -1 & -2 \\ 0 & 0 & 1 & \vdots & 0 & -1 & -1 \end{pmatrix}, \text{ 故 } A^{-1} = \begin{pmatrix} 1 & 4 & 6 \\ 0 & -1 & -2 \\ 0 & -1 & -1 \end{pmatrix}.$$

自我检测题

检测题 8-2

1. 下面说法错误的是（　　）。

A. 单位矩阵一定是对角矩阵；　　　　　　B. 零矩阵一定是三角矩阵；

C. 矩阵的乘法运算不满足交换律；　　　　D. 两个相等的矩阵必定是同型矩阵。

2. 下列矩阵中必须是方阵的是（　　）。

A. 行矩阵；　　　　　B. 列矩阵；　　　　　C. 对角矩阵；　　　　D. 零矩阵。

3. 下面说法正确的是（　　）。

A. $2\begin{vmatrix} 3 & 1 \\ 4 & 5 \end{vmatrix} = \begin{vmatrix} 6 & 2 \\ 8 & 10 \end{vmatrix}$；

B. 矩阵 $\begin{pmatrix} 3 & 1 \\ 4 & 5 \end{pmatrix}$ 与行列式 $\begin{vmatrix} 3 & 1 \\ 4 & 5 \end{vmatrix}$ 都等于 11；

C. 方阵 A、B 满足 $AB = I$，则 $A^{-1} = B$；

D. 矩阵 A 与其负矩阵 $-A$ 相加的和是零。

4. 已知矩阵 $A = \begin{pmatrix} 4 & 6 \\ 8 & 2 \end{pmatrix}$，$A + 2B = O$。那么 $B = ($　　$)$。

A. $\begin{pmatrix} 2 & 3 \\ 4 & 1 \end{pmatrix}$；　　　　B. $\begin{pmatrix} -2 & -3 \\ -4 & -1 \end{pmatrix}$；　　C. $\begin{pmatrix} -4 & -6 \\ -8 & -2 \end{pmatrix}$；　　D. $\begin{pmatrix} 8 & 12 \\ 16 & 4 \end{pmatrix}$。

5. 矩阵 $\boldsymbol{A} = \begin{pmatrix} 1 & 0 & 3 \\ -1 & 2 & 1 \\ 1 & 0 & 1 \end{pmatrix}$，则 $2\boldsymbol{A} = $ _____，$|\boldsymbol{A}| = $ _____。

6. 矩阵 $\boldsymbol{A} = \begin{pmatrix} 3 & 2 \\ 4 & 5 \end{pmatrix}$，则伴随矩阵 $\boldsymbol{A}^* = $ _____。

7. 已知矩阵 $\boldsymbol{A} = \begin{pmatrix} 1 & 2 & 1 \\ 3 & -3 & 0 \end{pmatrix}$，$\boldsymbol{B} = \begin{pmatrix} 0 \\ 2 \\ 2 \end{pmatrix}$，那么 $\boldsymbol{AB} = $ _____。

8. 设 $\boldsymbol{A} = \begin{pmatrix} 0 & 2 & -1 \\ 1 & 0 & 0 \\ 0 & 4 & 3 \end{pmatrix}$，则 $|k\boldsymbol{A}| = $ _____。

9. 设矩阵 $\boldsymbol{A} = \begin{pmatrix} 4 & 2x-3y \\ 8 & 1 \end{pmatrix}$，$\boldsymbol{B} = \begin{pmatrix} 4 & 0 \\ 2x+y & 1 \end{pmatrix}$，如果 $\boldsymbol{A} = \boldsymbol{B}$，求 x 和 y 的值。

10. 设矩阵 $\boldsymbol{A} = \begin{pmatrix} 2 & -2 & 1 \\ 5 & 0 & 2 \end{pmatrix}$，$\boldsymbol{B} = \begin{pmatrix} 0 & 2 & 0 \\ 0 & -3 & 1 \\ 0 & 0 & 2 \end{pmatrix}$，$\boldsymbol{C} = \begin{pmatrix} 1 & 0 & 0 \\ 0 & 3 & 0 \\ 0 & 0 & 2 \end{pmatrix}$，求 $\boldsymbol{AB} - \boldsymbol{AC}$。

11. 已知 $\boldsymbol{A} = \begin{pmatrix} -1 & 2 & 3 \\ 0 & 3 & 4 \\ 0 & 0 & 5 \end{pmatrix}$，$\boldsymbol{B} = \begin{pmatrix} 2 & -2 & 3 \\ 1 & 0 & 4 \\ -1 & 0 & 2 \end{pmatrix}$，求 $|2\boldsymbol{A}|$，$|\boldsymbol{AB}|$。

12. 利用初等行变换把矩阵 $A = \begin{pmatrix} 0 & 2 & 4 & 1 \\ 3 & 2 & 7 & -3 \\ 2 & 4 & 10 & -3 \end{pmatrix}$ 化成阶梯形矩阵，并求矩阵的秩 $R(A)$。

13. 求矩阵 $A = \begin{pmatrix} 1 & 0 \\ 1 & 1 \end{pmatrix}$ 的逆矩阵 A^{-1}。

第三节　线性方程组

 重点与难点辅导

1. 未知数的次数都是 1 的方程组叫做线性方程组。线性方程组中，方程的个数与未知数的个数可以不相等。由未知数的系数组成的矩阵称为系数矩阵。由等号右边的常数组成的列矩阵叫做常数项矩阵。由系数矩阵与常数项矩阵合起来的新矩阵叫做增广矩阵。由未知数组成的列矩阵叫做未知数矩阵。线性方程组可以用矩阵方程表示，也可以用增广矩阵来表示。

2. 重点是熟练运用初等变换求解线性方程组。难点是理解线性方程组解的几种情况。

 教材习题解析

习题 8-3

1. **解答**　选 A。因为方程组的解为 $\begin{cases} x = 1 \\ y = 2 \end{cases}$，写成矩阵形式即为 $\begin{pmatrix} x \\ y \end{pmatrix} = \begin{pmatrix} 1 \\ 2 \end{pmatrix}$。2. **解答**　选 D。因为方程的两边都要右乘 $\begin{pmatrix} 0 & 1 & -1 \\ 2 & 0 & 2 \\ 1 & -1 & 1 \end{pmatrix}^{-1}$。3. **解答**　选 D。因为增广矩阵的每一行都

代表的是一个线性方程。4. 解答 $\begin{pmatrix} 2 & 7 \\ 3 & -5 \end{pmatrix}$；$\begin{pmatrix} 10 \\ -2 \end{pmatrix}$；$\begin{pmatrix} x_1 \\ x_2 \end{pmatrix}$；$\begin{pmatrix} 2 & 7 & 10 \\ 3 & -5 & -2 \end{pmatrix}$。

5. 解答 $\begin{pmatrix} 1 & -1 \\ 1 & 1 \end{pmatrix}$。因为由 $\boldsymbol{BA} = \boldsymbol{B} + 2\boldsymbol{I}$ 得，$\boldsymbol{B}(\boldsymbol{A} - \boldsymbol{I}) = 2\boldsymbol{I}$，即

$\boldsymbol{B}\left[\begin{pmatrix} 2 & 1 \\ -1 & 2 \end{pmatrix} - \begin{pmatrix} 1 & 0 \\ 0 & 1 \end{pmatrix}\right] = 2\begin{pmatrix} 1 & 0 \\ 0 & 1 \end{pmatrix}$，$\boldsymbol{B}\begin{pmatrix} 1 & 1 \\ -1 & 1 \end{pmatrix} = \begin{pmatrix} 2 & 0 \\ 0 & 2 \end{pmatrix}$，故 $\boldsymbol{B} = \begin{pmatrix} 2 & 0 \\ 0 & 2 \end{pmatrix}\begin{pmatrix} 1 & 1 \\ -1 & 1 \end{pmatrix}^{-1} =$

$\begin{pmatrix} 2 & 0 \\ 0 & 2 \end{pmatrix}\left[\dfrac{1}{2}\begin{pmatrix} 1 & -1 \\ 1 & 1 \end{pmatrix}\right] = \begin{pmatrix} 2 & 0 \\ 0 & 2 \end{pmatrix}\begin{pmatrix} \frac{1}{2} & -\frac{1}{2} \\ \frac{1}{2} & \frac{1}{2} \end{pmatrix} = \begin{pmatrix} 1 & -1 \\ 1 & 1 \end{pmatrix}$。6. 解答 （1）因为 $\begin{vmatrix} 2 & 5 \\ 1 & 3 \end{vmatrix} = 1 \neq 0$，

故矩阵 $\begin{pmatrix} 2 & 5 \\ 1 & 3 \end{pmatrix}$ 可逆。由 $\begin{pmatrix} 2 & 5 \\ 1 & 3 \end{pmatrix}\boldsymbol{X} = \begin{pmatrix} 4 & -6 \\ 2 & 1 \end{pmatrix}$ 得，$\boldsymbol{X} = \begin{pmatrix} 2 & 5 \\ 1 & 3 \end{pmatrix}^{-1}\begin{pmatrix} 4 & -6 \\ 2 & 1 \end{pmatrix} =$

$\left[\dfrac{1}{1}\begin{pmatrix} 3 & -5 \\ -1 & 2 \end{pmatrix}\right]\begin{pmatrix} 4 & -6 \\ 2 & 1 \end{pmatrix} = \begin{pmatrix} 2 & -23 \\ 0 & 8 \end{pmatrix}$。 （2）因为 $\begin{vmatrix} 2 & 1 & -1 \\ 2 & 1 & 0 \\ 1 & -1 & 1 \end{vmatrix}\xrightarrow{r_3 + r_1}\begin{vmatrix} 2 & 1 & -1 \\ 2 & 1 & 0 \\ 3 & 0 & 0 \end{vmatrix} =$

$3\begin{vmatrix} 1 & -1 \\ 1 & 0 \end{vmatrix} = 3 \neq 0$，故矩阵 $\begin{pmatrix} 2 & 1 & -1 \\ 2 & 1 & 0 \\ 1 & -1 & 1 \end{pmatrix}$ 可逆。由 $\boldsymbol{X}\begin{pmatrix} 2 & 1 & -1 \\ 2 & 1 & 0 \\ 1 & -1 & 1 \end{pmatrix} = \begin{pmatrix} 1 & -1 & 3 \\ 4 & 3 & 2 \end{pmatrix}$ 得，

$\boldsymbol{X} = \begin{pmatrix} 1 & -1 & 3 \\ 4 & 3 & 2 \end{pmatrix}\begin{pmatrix} 2 & 1 & -1 \\ 2 & 1 & 0 \\ 1 & -1 & 1 \end{pmatrix}^{-1} = \begin{pmatrix} 1 & -1 & 3 \\ 4 & 3 & 2 \end{pmatrix}\left[\dfrac{1}{3}\begin{pmatrix} 1 & 0 & 1 \\ -2 & 3 & -2 \\ -3 & 3 & 0 \end{pmatrix}\right] = \dfrac{1}{3}\begin{pmatrix} -6 & 6 & 3 \\ -8 & 15 & -2 \end{pmatrix} =$

$\begin{pmatrix} -2 & 2 & 1 \\ -\frac{8}{3} & 5 & -\frac{2}{3} \end{pmatrix}$。7. 解答 方程组 $\begin{cases} x_1 + 2x_2 + 3x_3 = 1 \\ 2x_1 + 2x_2 + 5x_3 = 2 \\ 3x_1 + 5x_2 + x_3 = 3 \end{cases}$ 可写为矩阵方程 $\begin{pmatrix} 1 & 2 & 3 \\ 2 & 2 & 5 \\ 3 & 5 & 1 \end{pmatrix}\begin{pmatrix} x_1 \\ x_2 \\ x_3 \end{pmatrix} =$

$\begin{pmatrix} 1 \\ 2 \\ 3 \end{pmatrix}$。$\begin{pmatrix} x_1 \\ x_2 \\ x_3 \end{pmatrix} = \begin{pmatrix} 1 & 2 & 3 \\ 2 & 2 & 5 \\ 3 & 5 & 1 \end{pmatrix}^{-1}\begin{pmatrix} 1 \\ 2 \\ 3 \end{pmatrix} = \dfrac{1}{15}\begin{pmatrix} -23 & 13 & 4 \\ 13 & -8 & 1 \\ 4 & 1 & -2 \end{pmatrix}\begin{pmatrix} 1 \\ 2 \\ 3 \end{pmatrix} = \dfrac{1}{15}\begin{pmatrix} 15 \\ 0 \\ 0 \end{pmatrix} = \begin{pmatrix} 1 \\ 0 \\ 0 \end{pmatrix}$，即 $\begin{cases} x_1 = 1 \\ x_2 = 0 \\ x_3 = 0 \end{cases}$。

8. 解答 （1）$\overline{\boldsymbol{A}} = \begin{pmatrix} 1 & 3 & 2 & 4 \\ 2 & 5 & 4 & 9 \\ 1 & 7 & 3 & 2 \\ 3 & 8 & 2 & 5 \end{pmatrix}\xrightarrow[\substack{r_3 - r_1 \\ r_4 - 3r_1}]{r_2 - 2r_1}\begin{pmatrix} 1 & 3 & 2 & 4 \\ 0 & -1 & 0 & 1 \\ 0 & 4 & 1 & -2 \\ 0 & -1 & -4 & -7 \end{pmatrix}\xrightarrow{-r_2}\begin{pmatrix} 1 & 3 & 2 & 4 \\ 0 & 1 & 0 & -1 \\ 0 & 4 & 1 & -2 \\ 0 & -1 & -4 & -7 \end{pmatrix}$

$\xrightarrow[\substack{r_3 - 4r_2 \\ r_4 + r_2}]{r_1 - 3r_2}\begin{pmatrix} 1 & 0 & 2 & 7 \\ 0 & 1 & 0 & -1 \\ 0 & 0 & 1 & 2 \\ 0 & 0 & -4 & -8 \end{pmatrix}\xrightarrow[\substack{r_4 + 4r_3}]{r_1 - 2r_3}\begin{pmatrix} 1 & 0 & 0 & 3 \\ 0 & 1 & 0 & -1 \\ 0 & 0 & 1 & 2 \\ 0 & 0 & 0 & 0 \end{pmatrix}$，故 $\begin{cases} x_1 = 3 \\ x_2 = -1 \\ x_3 = 2 \end{cases}$。

（2）$\overline{\boldsymbol{A}} = \begin{pmatrix} 1 & -1 & -1 & 1 & 0 \\ 1 & -1 & 1 & -3 & 1 \\ 1 & -1 & -2 & 3 & -\frac{1}{2} \end{pmatrix}\xrightarrow[\substack{r_3 - r_1}]{r_2 - r_1}\begin{pmatrix} 1 & -1 & -1 & 1 & 0 \\ 0 & 0 & 2 & -4 & 1 \\ 0 & 0 & -1 & 2 & -\frac{1}{2} \end{pmatrix}\xrightarrow{\frac{1}{2}r_2}$

$$\begin{pmatrix} 1 & -1 & -1 & 1 & 0 \\ 0 & 0 & 1 & -2 & \dfrac{1}{2} \\ 0 & 0 & -1 & 2 & -\dfrac{1}{2} \end{pmatrix} \xrightarrow[r_3+r_2]{r_1+r_2} \begin{pmatrix} 1 & -1 & 0 & -1 & \dfrac{1}{2} \\ 0 & 0 & 1 & -2 & \dfrac{1}{2} \\ 0 & 0 & 0 & 0 & 0 \end{pmatrix}$$，得到方程组 $\begin{cases} x_1 - x_2 - x_4 = \dfrac{1}{2} \\ x_3 - 2x_4 = \dfrac{1}{2} \end{cases}$，

所以原方程组的解可以写成 $\begin{cases} x_1 = \dfrac{1}{2} + C_1 + C_2 \\ x_2 = C_1 \\ x_3 = \dfrac{1}{2} + 2C_2 \\ x_4 = C_2 \end{cases}$ （C_1、C_2 为任意常数）。

9. 解答 （1）$\overline{A} = \begin{pmatrix} 2 & -1 & -1 & 1 & 1 \\ 1 & 2 & -1 & -2 & 0 \\ 3 & 1 & -2 & -1 & 2 \end{pmatrix} \xrightarrow{r_1 \leftrightarrow r_2} \begin{pmatrix} 1 & 2 & -1 & -2 & 0 \\ 2 & -1 & -1 & 1 & 1 \\ 3 & 1 & -2 & -1 & 2 \end{pmatrix} \xrightarrow[r_3-3r_1]{r_2-2r_1}$

$\begin{pmatrix} 1 & 2 & -1 & -2 & 0 \\ 0 & -5 & 1 & 5 & 1 \\ 0 & -5 & 1 & 5 & 2 \end{pmatrix} \xrightarrow{r_3-r_2} \begin{pmatrix} 1 & 2 & -1 & -2 & 0 \\ 0 & -5 & 1 & 5 & 1 \\ 0 & 0 & 0 & 0 & 1 \end{pmatrix}$。由于 $R(A) \neq R(\overline{A})$，所以方

程组无解。 （2）$\overline{A} = \begin{pmatrix} 1 & 2 & 3 & -1 & 2 \\ 3 & 2 & 1 & -1 & 4 \\ 1 & -2 & -5 & 1 & 0 \end{pmatrix} \xrightarrow[r_3-r_1]{r_2-3r_1} \begin{pmatrix} 1 & 2 & 3 & -1 & 2 \\ 0 & -4 & -8 & 2 & -2 \\ 0 & -4 & -8 & 2 & -2 \end{pmatrix} \xrightarrow{-\frac{1}{4}r_2}$

$\begin{pmatrix} 1 & 2 & 3 & -1 & 2 \\ 0 & 1 & 2 & -\dfrac{1}{2} & \dfrac{1}{2} \\ 0 & -4 & -8 & 2 & -2 \end{pmatrix} \xrightarrow[r_3+4r_2]{r_1-2r_2} \begin{pmatrix} 1 & 0 & -1 & 0 & 1 \\ 0 & 1 & 2 & -\dfrac{1}{2} & \dfrac{1}{2} \\ 0 & 0 & 0 & 0 & 0 \end{pmatrix}$。由于 $R(A) = R(\overline{A}) = 2 <$

$n = 4$，所以方程组有无穷多解。由于方程组为 $\begin{cases} x_1 - x_3 = 1 \\ x_2 + 2x_3 - \dfrac{1}{2}x_4 = \dfrac{1}{2} \end{cases}$，所以原方程组的解为

$\begin{cases} x_1 = 1 + C_1 \\ x_2 = \dfrac{1}{2} - 2C_1 + \dfrac{1}{2}C_2 \\ x_3 = C_1 \\ x_4 = C_2 \end{cases}$（$C_1$、$C_2$ 为任意常数）。**10. 解答** 设第一、二、三台打印机每分钟分

别打印 x、y、z 行字，由题意有 $\begin{cases} x + y + z = 8200 \\ 2x + 3y = 12200 \\ x + 2y + 3z = 17600 \end{cases}$。 $\overline{A} = \begin{pmatrix} 1 & 1 & 1 & 8200 \\ 2 & 3 & 0 & 12200 \\ 1 & 2 & 3 & 17600 \end{pmatrix} \xrightarrow[r_3-r_1]{r_2-2r_1}$

$\begin{pmatrix} 1 & 1 & 1 & 8200 \\ 0 & 1 & -2 & -4200 \\ 0 & 1 & 2 & 9400 \end{pmatrix} \xrightarrow[r_3-r_2]{r_1-r_2} \begin{pmatrix} 1 & 0 & 3 & 12400 \\ 0 & 1 & -2 & -4200 \\ 0 & 0 & 4 & 13600 \end{pmatrix} \xrightarrow{\frac{1}{4}r_3} \begin{pmatrix} 1 & 0 & 3 & 12400 \\ 0 & 1 & -2 & -4200 \\ 0 & 0 & 1 & 3400 \end{pmatrix} \xrightarrow[r_2+2r_3]{r_1-3r_3}$

$\begin{pmatrix} 1 & 0 & 0 & 2200 \\ 0 & 1 & 0 & 2600 \\ 0 & 0 & 1 & 3400 \end{pmatrix}$，故 $\begin{cases} x = 2200 \\ y = 2600 \\ z = 3400 \end{cases}$。即第一、二、三台打印机每分钟分别打印 2200、2600、

3400 行字。

检测题 8-3

1.线性方程组 $\begin{cases} x+y-z=2 \\ 2x-y+z=1 \\ -x+2y+z=4 \end{cases}$ 可写成矩阵方程为（　　）。

A. $(x \quad y \quad z)\begin{pmatrix} 1 & 1 & -1 \\ 2 & -1 & 1 \\ -1 & 2 & 1 \end{pmatrix}=(2 \quad 1 \quad 4)$；

B. $\begin{pmatrix} 1 & 1 & -1 \\ 2 & -1 & 1 \\ -1 & 2 & 1 \end{pmatrix}\begin{pmatrix} x \\ y \\ z \end{pmatrix}=\begin{pmatrix} 2 \\ 1 \\ 4 \end{pmatrix}$；

C. $\begin{pmatrix} 1 & 1 & -1 \\ 2 & -1 & 1 \\ -1 & 2 & 1 \end{pmatrix}(x \quad y \quad z)=(2 \quad 1 \quad 4)$；

D. $\begin{pmatrix} x \\ y \\ z \end{pmatrix}\begin{pmatrix} 1 & 1 & -1 \\ 2 & -1 & 1 \\ -1 & 2 & 1 \end{pmatrix}=\begin{pmatrix} 2 \\ 1 \\ 4 \end{pmatrix}$。

2.线性方程组 $\begin{pmatrix} 1 & 2 & -1 \\ 0 & 1 & -3 \\ 0 & 0 & 5 \end{pmatrix}\begin{pmatrix} x_1 \\ x_2 \\ x_3 \end{pmatrix}=\begin{pmatrix} 5 \\ -1 \\ 10 \end{pmatrix}$ 的解为（　　）。

A. $\begin{cases} x_1=5 \\ x_2=-3 \\ x_3=0 \end{cases}$；
B. $\begin{cases} x_1=-3 \\ x_2=5 \\ x_3=2 \end{cases}$；
C. $\begin{cases} x_1=3 \\ x_2=-5 \\ x_3=2 \end{cases}$；
D. $\begin{cases} x_1=5 \\ x_2=-1 \\ x_3=10 \end{cases}$。

3.已知线性方程组 $\begin{cases} x_1-2x_2-x_3-2x_4=6 \\ x_1-3x_3-2x_4=9 \\ 2x_1+x_2-5x_4=-2 \end{cases}$ ，则增广矩阵 $\overline{A}=$_____。

4.请写出下列增广矩阵对应方程组的解。

（1）由 $\overline{\boldsymbol{A}}=\begin{pmatrix} 1 & 0 & 0 & 4 \\ 0 & 1 & 0 & -5 \\ 0 & 0 & 1 & 2 \end{pmatrix}$，则有_____。

（2）由 $\overline{\boldsymbol{A}}=\begin{pmatrix} 1 & 0 & 0 & 0 & -10 \\ 0 & 1 & 2 & 0 & -10 \\ 0 & 0 & 0 & 1 & 3 \end{pmatrix}$，则有_____。

（3）由 $\overline{\boldsymbol{A}}=\begin{pmatrix} 1 & -2 & 0 & 0 & 1 \\ 0 & 0 & 1 & 2 & -5 \\ 0 & 0 & 0 & 0 & 0 \end{pmatrix}$，则有_____。

5.求解矩阵方程 $\begin{pmatrix} 2 & 1 \\ 1 & 1 \end{pmatrix} \boldsymbol{X} = \begin{pmatrix} 0 & -1 \\ 2 & 0 \end{pmatrix}$。 6.求解矩阵方程 $\boldsymbol{X} \begin{pmatrix} 1 & 2 & 3 \\ 2 & 2 & 1 \\ 3 & 4 & 3 \end{pmatrix} = \begin{pmatrix} 2 & 0 & -1 \\ 2 & 1 & 2 \end{pmatrix}$。

7.求解矩阵方程 $\boldsymbol{AX} + \boldsymbol{I} = \boldsymbol{A} + \boldsymbol{X}$，其中 $\boldsymbol{A} = \begin{pmatrix} 1 & 0 & 1 \\ 0 & 2 & 0 \\ 1 & 6 & 1 \end{pmatrix}$，$\boldsymbol{I}$ 为单位矩阵。

8.解线性方程组 $\begin{cases} 3x_1 - 7x_2 = -5 \\ 2x_1 + 5x_2 = 16 \end{cases}$。

9.解线性方程组 $\begin{cases} x_1 - 2x_2 + x_3 + x_4 = 1 \\ x_1 - 2x_2 + x_3 - x_4 = -1 \\ x_1 - 2x_2 + x_3 - 5x_4 = -5 \end{cases}$。

10. 解线性方程组 $\begin{cases} x_1 + x_2 - x_3 = 0 \\ 2x_1 + x_2 - 2x_3 = 0 \\ -x_1 + x_3 = 0 \end{cases}$。

11. 设线性方程组 $\begin{cases} 2x_1 - x_2 + x_3 = 1 \\ -x_1 - 2x_2 + x_3 = -1 \\ x_1 - 3x_2 + 2x_3 = m \end{cases}$。试问 m 为何值时，方程组有解？若有解，请求出一般解。

教材复习题解析

复习题八

一、选择题

1. **解答** 选 A。因为 $\begin{vmatrix} a_1 & b_1+c_1 \\ a_2 & b_2+c_2 \end{vmatrix} = \begin{vmatrix} a_1 & b_1 \\ a_2 & b_2 \end{vmatrix} + \begin{vmatrix} a_1 & c_1 \\ a_2 & c_2 \end{vmatrix} = 1+2=3$。 2. **解答** 选 A。

因为 $\begin{vmatrix} 4a_{11} & 3a_{12} & a_{13} \\ 4a_{21} & 3a_{22} & a_{23} \\ 4a_{31} & 3a_{32} & a_{33} \end{vmatrix} = 4 \begin{vmatrix} a_{11} & 3a_{12} & a_{13} \\ a_{21} & 3a_{22} & a_{23} \\ a_{31} & 3a_{32} & a_{33} \end{vmatrix} = 4 \times 3 \begin{vmatrix} a_{11} & a_{12} & a_{13} \\ a_{21} & a_{22} & a_{23} \\ a_{31} & a_{32} & a_{33} \end{vmatrix} = 12 \times 1 = 12$。

3. **解答** 选 B。因为 $A_{21} = (-1)^{2+1} \begin{vmatrix} -1 & 1 \\ 1 & 0 \end{vmatrix} = 1$。 4. **解答** 选 C。因为 $|-2\boldsymbol{A}| = (-2)^3$ $|\boldsymbol{A}| = (-8) \times 2 = -16$。 5. **解答** 选 D。 6. **解答** 选 D。矩阵与矩阵相乘时，抓住第一个矩阵的列数必须与第二个矩阵的行数相等；矩阵与矩阵相加时，必须是同型矩阵。

7. **解答** 选 D。 8. **解答** 选 A。因为 $\overline{\boldsymbol{A}} = \begin{pmatrix} 1 & -1 & 1 & 1 \\ 0 & 1 & 3 & 0 \\ 2 & 1 & 12 & 0 \end{pmatrix} \xrightarrow{r_3 - 2r_1} \begin{pmatrix} 1 & -1 & 1 & 1 \\ 0 & 1 & 3 & 0 \\ 0 & 3 & 10 & -2 \end{pmatrix}$

$$\xrightarrow[r_3-3r_2]{r_1+r_2}\begin{pmatrix}1&0&4&1\\0&1&3&0\\0&0&1&-2\end{pmatrix}\xrightarrow[r_2-3r_3]{r_1-4r_3}\begin{pmatrix}1&0&0&9\\0&1&0&6\\0&0&1&-2\end{pmatrix}。$$ 这里 $R(\overline{A})=R(A)=3$，所以有唯

一解，其解为 $\begin{cases}x_1=9\\x_2=6\\x_3=-2\end{cases}$。

二、填空题

9. **解答** $\dfrac{1}{2}$。由 $\begin{vmatrix}a&1\\1&2\end{vmatrix}=0$ 得 $2a-1=0$，故 $a=\dfrac{1}{2}$。 10. **解答** $\begin{pmatrix}3&3\\-1&-3\end{pmatrix}$。

11. **解答** 6。由矩阵相等的定义得 $a=3$、$b=1$、$c=2$，从而 $a+b+c=6$。

12. **解答** 2。化为阶梯形矩阵，$A=\begin{pmatrix}1&-1&1&2\\3&5&-1&2\\5&3&1&6\end{pmatrix}\xrightarrow[r_3-5r_1]{r_2-3r_1}\begin{pmatrix}1&-1&1&2\\0&8&-4&-4\\0&8&-4&-4\end{pmatrix}$

$\longrightarrow\begin{pmatrix}1&-1&1&2\\0&8&-4&-4\\0&0&0&0\end{pmatrix}$，故它的秩 $R(A)=2$。 13. **解答** $\begin{pmatrix}4&-9\\-6&10\end{pmatrix}$。因为 A^2-3A^{T}

$=\begin{pmatrix}1&2\\3&-1\end{pmatrix}\begin{pmatrix}1&2\\3&-1\end{pmatrix}-3\begin{pmatrix}1&2\\3&-1\end{pmatrix}^{\mathrm{T}}=\begin{pmatrix}7&0\\0&7\end{pmatrix}-3\begin{pmatrix}1&3\\2&-1\end{pmatrix}=\begin{pmatrix}4&-9\\-6&10\end{pmatrix}$。

14. **解答** $\begin{pmatrix}-1&-4\\1&3\end{pmatrix}$。因为 $X=A^{-1}C=\begin{pmatrix}1&2\\3&2\end{pmatrix}^{-1}\begin{pmatrix}1&2\\-1&-6\end{pmatrix}=\dfrac{1}{-4}$

$\begin{pmatrix}2&-2\\-3&1\end{pmatrix}\begin{pmatrix}1&2\\-1&-6\end{pmatrix}=\dfrac{1}{-4}\begin{pmatrix}4&16\\-4&-12\end{pmatrix}=\begin{pmatrix}-1&-4\\1&3\end{pmatrix}$。

三、解答题

15. **解答** 由 $2A-3X=B$，得 $X=\dfrac{1}{3}(2A-B)=\dfrac{1}{3}\left[2\begin{pmatrix}2&1\\0&3\\-1&4\end{pmatrix}-\begin{pmatrix}-1&4\\2&0\\5&-3\end{pmatrix}\right]=\dfrac{1}{3}$

$\left[\begin{pmatrix}4&2\\0&6\\-2&8\end{pmatrix}-\begin{pmatrix}-1&4\\2&0\\5&-3\end{pmatrix}\right]=\dfrac{1}{3}\begin{pmatrix}5&-2\\-2&6\\-7&11\end{pmatrix}=\begin{pmatrix}\dfrac{5}{3}&-\dfrac{2}{3}\\-\dfrac{2}{3}&2\\-\dfrac{7}{3}&\dfrac{11}{3}\end{pmatrix}$。 16. **解答** （1）$\begin{vmatrix}m&0&1\\1&2&m\\3&4&0\end{vmatrix}=$

$m\begin{vmatrix}2&m\\4&0\end{vmatrix}+\begin{vmatrix}1&2\\3&4\end{vmatrix}=-4m^2-2$。 （2）$\begin{vmatrix}2&-1&5&7\\0&1&-3&8\\4&-2&12&17\\0&0&-1&0\end{vmatrix}=\begin{vmatrix}2&-1&7\\0&1&8\\4&-2&17\end{vmatrix}=2\begin{vmatrix}1&8\\-2&17\end{vmatrix}+$

$4\begin{vmatrix}-1&7\\1&8\end{vmatrix}=2\times33+4\times(-15)=6$。 17. **解答** （1）$AB=\begin{pmatrix}1&1&1\\1&1&-1\\1&-1&1\end{pmatrix}\begin{pmatrix}1&2&3\\-1&-2&4\\0&5&1\end{pmatrix}=$

$$\begin{pmatrix} 0 & 5 & 8 \\ 0 & -5 & 6 \\ 2 & 9 & 0 \end{pmatrix}, \quad 3\boldsymbol{AB} - 2\boldsymbol{A} = 3\begin{pmatrix} 0 & 5 & 8 \\ 0 & -5 & 6 \\ 2 & 9 & 0 \end{pmatrix} - 2\begin{pmatrix} 1 & 1 & 1 \\ 1 & 1 & -1 \\ 1 & -1 & 1 \end{pmatrix} = \begin{pmatrix} 0 & 15 & 24 \\ 0 & -15 & 18 \\ 6 & 27 & 0 \end{pmatrix} - $$

$$\begin{pmatrix} 2 & 2 & 2 \\ 2 & 2 & -2 \\ 2 & -2 & 2 \end{pmatrix} = \begin{pmatrix} -2 & 13 & 22 \\ -2 & -17 & 20 \\ 4 & 29 & -2 \end{pmatrix}; \quad (2) \ |\boldsymbol{A}^{\mathrm{T}}\boldsymbol{B}| = |\boldsymbol{A}^{\mathrm{T}}|\,|\boldsymbol{B}| = |\boldsymbol{A}|\,|\boldsymbol{B}| = \begin{vmatrix} 1 & 1 & 1 \\ 1 & 1 & -1 \\ 1 & -1 & 1 \end{vmatrix}$$

$$\begin{vmatrix} 1 & 2 & 3 \\ -1 & -2 & 4 \\ 0 & 5 & 1 \end{vmatrix} = \begin{vmatrix} 1 & 1 & 1 \\ 0 & 0 & -2 \\ 1 & -1 & 1 \end{vmatrix} \begin{vmatrix} 1 & 2 & 3 \\ 0 & 0 & 7 \\ 0 & 5 & 1 \end{vmatrix} = 2\begin{vmatrix} 1 & 1 \\ 1 & -1 \end{vmatrix}\begin{vmatrix} 0 & 7 \\ 5 & 1 \end{vmatrix} = 2 \times (-2) \times (-35) = 140。$$

18. **解答**　解法一（伴随矩阵法）

$$|\boldsymbol{A}| = \begin{vmatrix} 1 & 2 & 2 \\ 2 & 1 & -2 \\ 2 & -2 & 1 \end{vmatrix} \xrightarrow[r_3-2r_1]{r_2-2r_1} \begin{vmatrix} 1 & 2 & 2 \\ 0 & -3 & -6 \\ 0 & -6 & -3 \end{vmatrix} \xrightarrow{r_3-2r_2} \begin{vmatrix} 1 & 2 & 2 \\ 0 & -3 & -6 \\ 0 & 0 & 9 \end{vmatrix} = -27。$$

$$A_{11} = \begin{vmatrix} 1 & -2 \\ -2 & 1 \end{vmatrix} = -3; \quad A_{12} = -\begin{vmatrix} 2 & -2 \\ 2 & 1 \end{vmatrix} = -6; \quad A_{13} = \begin{vmatrix} 2 & 1 \\ 2 & -2 \end{vmatrix} = -6; \quad A_{21} = -$$

$$\begin{vmatrix} 2 & 2 \\ -2 & 1 \end{vmatrix} = -6; \quad A_{22} = \begin{vmatrix} 1 & 2 \\ 2 & 1 \end{vmatrix} = -3; \quad A_{23} = -\begin{vmatrix} 1 & 2 \\ 2 & -2 \end{vmatrix} = 6; \quad A_{31} = \begin{vmatrix} 2 & 2 \\ 1 & -2 \end{vmatrix} = -6;$$

$$A_{32} = -\begin{vmatrix} 1 & 2 \\ 2 & -2 \end{vmatrix} = 6; \quad A_{33} = \begin{vmatrix} 1 & 2 \\ 2 & 1 \end{vmatrix} = -3。\ 所以\ \boldsymbol{A}^* = \begin{pmatrix} -3 & -6 & -6 \\ -6 & -3 & 6 \\ -6 & 6 & -3 \end{pmatrix}，\ 那么\ \boldsymbol{A}^{-1} = \frac{1}{|\boldsymbol{A}|}$$

$$\boldsymbol{A}^* = \frac{1}{-27}\begin{pmatrix} -3 & -6 & -6 \\ -6 & -3 & 6 \\ -6 & 6 & -3 \end{pmatrix} = \begin{pmatrix} \dfrac{1}{9} & \dfrac{2}{9} & \dfrac{2}{9} \\[2mm] \dfrac{2}{9} & \dfrac{1}{9} & -\dfrac{2}{9} \\[2mm] \dfrac{2}{9} & -\dfrac{2}{9} & \dfrac{1}{9} \end{pmatrix}。$$

解法二（初等行变换法）

$$(\boldsymbol{A} \vdots \boldsymbol{I}) = \begin{pmatrix} 1 & 2 & 2 & \vdots & 1 & 0 & 0 \\ 2 & 1 & -2 & \vdots & 0 & 1 & 0 \\ 2 & -2 & 1 & \vdots & 0 & 0 & 1 \end{pmatrix} \xrightarrow[r_3-2r_1]{r_2-2r_1} \begin{pmatrix} 1 & 2 & 2 & \vdots & 1 & 0 & 0 \\ 0 & -3 & -6 & \vdots & -2 & 1 & 0 \\ 0 & -6 & -3 & \vdots & -2 & 0 & 1 \end{pmatrix}$$

$$\xrightarrow{-\frac{1}{3}r_2} \begin{pmatrix} 1 & 2 & 2 & \vdots & 1 & 0 & 0 \\ 0 & 1 & 2 & \vdots & \dfrac{2}{3} & -\dfrac{1}{3} & 0 \\ 0 & -6 & -3 & \vdots & -2 & 0 & 1 \end{pmatrix} \xrightarrow[r_3+6r_2]{r_1-2r_2} \begin{pmatrix} 1 & 0 & -2 & \vdots & -\dfrac{1}{3} & \dfrac{2}{3} & 0 \\ 0 & 1 & 2 & \vdots & \dfrac{2}{3} & -\dfrac{1}{3} & 0 \\ 0 & 0 & 9 & \vdots & 2 & -2 & 1 \end{pmatrix}$$

$$\xrightarrow{\frac{1}{9}r_3} \begin{pmatrix} 1 & 0 & -2 & \vdots & -\dfrac{1}{3} & \dfrac{2}{3} & 0 \\ 0 & 1 & 2 & \vdots & \dfrac{2}{3} & -\dfrac{1}{3} & 0 \\ 0 & 0 & 1 & \vdots & \dfrac{2}{9} & -\dfrac{2}{9} & \dfrac{1}{9} \end{pmatrix} \xrightarrow[r_2-2r_3]{r_1+2r_3} \begin{pmatrix} 1 & 0 & 0 & \vdots & \dfrac{1}{9} & \dfrac{2}{9} & \dfrac{2}{9} \\ 0 & 1 & 0 & \vdots & \dfrac{2}{9} & \dfrac{1}{9} & -\dfrac{2}{9} \\ 0 & 0 & 1 & \vdots & \dfrac{2}{9} & -\dfrac{2}{9} & \dfrac{1}{9} \end{pmatrix}。$$

故 $A^{-1} = \begin{vmatrix} \dfrac{1}{9} & \dfrac{2}{9} & \dfrac{2}{9} \\[2mm] \dfrac{2}{9} & \dfrac{1}{9} & -\dfrac{2}{9} \\[2mm] \dfrac{2}{9} & -\dfrac{2}{9} & \dfrac{1}{9} \end{vmatrix}$。

19. 解答　解法一（克拉姆法则）

$D = \begin{vmatrix} 2 & -1 & 3 \\ 1 & 2 & -1 \\ 3 & 1 & 1 \end{vmatrix} = -5$；$D_1 = \begin{vmatrix} 1 & -1 & 3 \\ -2 & 2 & -1 \\ 3 & 1 & 1 \end{vmatrix} = -20$；$D_2 = \begin{vmatrix} 2 & 1 & 3 \\ 1 & -2 & -1 \\ 3 & 3 & 1 \end{vmatrix} = 25$；

$D_3 = \begin{vmatrix} 2 & -1 & 1 \\ 1 & 2 & -2 \\ 3 & 1 & 3 \end{vmatrix} = 20$。所以 $x_1 = \dfrac{D_1}{D} = \dfrac{-20}{-5} = 4$；$x_2 = \dfrac{D_2}{D} = \dfrac{25}{-5} = -5$；

$x_3 = \dfrac{D_3}{D} = \dfrac{20}{-5} = -4$。

解法二（初等行变换法）

$\overline{A} = \begin{pmatrix} 2 & -1 & 3 & 1 \\ 1 & 2 & -1 & -2 \\ 3 & 1 & 1 & 3 \end{pmatrix} \xrightarrow{r_1 \leftrightarrow r_2} \begin{pmatrix} 1 & 2 & -1 & -2 \\ 2 & -1 & 3 & 1 \\ 3 & 1 & 1 & 3 \end{pmatrix} \xrightarrow[r_3 - 3r_1]{r_2 - 2r_1} \begin{pmatrix} 1 & 2 & -1 & -2 \\ 0 & -5 & 5 & 5 \\ 0 & -5 & 4 & 9 \end{pmatrix}$

$\xrightarrow{-\frac{1}{5}r_2} \begin{pmatrix} 1 & 2 & -1 & -2 \\ 0 & 1 & -1 & -1 \\ 0 & -5 & 4 & 9 \end{pmatrix} \xrightarrow[r_3 + 5r_2]{r_1 - 2r_2} \begin{pmatrix} 1 & 0 & 1 & 0 \\ 0 & 1 & -1 & -1 \\ 0 & 0 & -1 & 4 \end{pmatrix} \xrightarrow{-r_3} \begin{pmatrix} 1 & 0 & 1 & 0 \\ 0 & 1 & -1 & -1 \\ 0 & 0 & 1 & -4 \end{pmatrix} \xrightarrow[r_2 + r_3]{r_1 - r_3}$

$\begin{pmatrix} 1 & 0 & 0 & 4 \\ 0 & 1 & 0 & -5 \\ 0 & 0 & 1 & -4 \end{pmatrix}$，所以 $\begin{cases} x_1 = 4 \\ x_2 = -5 \\ x_3 = -4 \end{cases}$。**20. 解答**　$\overline{A} = \begin{pmatrix} 1 & -1 & -1 & 1 & 0 \\ 1 & -1 & 2 & -5 & 1 \\ 1 & -1 & -2 & 3 & -\dfrac{1}{3} \end{pmatrix} \xrightarrow[r_3 - r_1]{r_2 - r_1}$

$\begin{pmatrix} 1 & -1 & -1 & 1 & 0 \\ 0 & 0 & 3 & -6 & 1 \\ 0 & 0 & -1 & 2 & -\dfrac{1}{3} \end{pmatrix} \xrightarrow{\frac{1}{3}r_2} \begin{pmatrix} 1 & -1 & -1 & 1 & 0 \\ 0 & 0 & 1 & -2 & \dfrac{1}{3} \\ 0 & 0 & -1 & 2 & -\dfrac{1}{3} \end{pmatrix} \xrightarrow[r_3 + r_2]{r_1 + r_2} \begin{pmatrix} 1 & -1 & 0 & -1 & \dfrac{1}{3} \\ 0 & 0 & 1 & -2 & \dfrac{1}{3} \\ 0 & 0 & 0 & 0 & 0 \end{pmatrix}$。

由于 $R(\overline{A}) = R(A) = 2 \neq n = 4$，所以原方程组有解，其解为 $\begin{cases} x_1 = \dfrac{1}{3} + C_1 + C_2 \\ x_2 = C_1 \\ x_3 = \dfrac{1}{3} + 2C_2 \\ x_4 = C_2 \end{cases}$ （这里 C_1 与

C_2 为任意常数）。

自测题八

一、选择题

1. 三阶行列式 D 某元素的余子式是 $M_{23}=-6$，那么代数余子式 $A_{23}=(\quad)$。

A. -6；　　　　　B. -11；　　　　　C. 6；　　　　　D. 0。

2. 下列等式中正确的是（　　）。

A. $4\begin{vmatrix} 2 & 3 & -2 \\ 0 & 1 & -3 \\ 5 & 7 & -1 \end{vmatrix}=\begin{vmatrix} 8 & 12 & -8 \\ 0 & 4 & -12 \\ 20 & 28 & -4 \end{vmatrix}$；

B. $\begin{vmatrix} 1+3 & 5-3 \\ 2+4 & 7-1 \end{vmatrix}=\begin{vmatrix} 1 & 5 \\ 2 & 7 \end{vmatrix}+\begin{vmatrix} 3 & -3 \\ 4 & -1 \end{vmatrix}$；

C. $\begin{vmatrix} a_{11} & a_{12} & a_{13} \\ a_{21} & a_{22} & a_{23} \\ a_{31} & a_{32} & a_{33} \end{vmatrix}=a_{11}\begin{vmatrix} a_{22} & a_{23} \\ a_{32} & a_{33} \end{vmatrix}+a_{21}\begin{vmatrix} a_{12} & a_{13} \\ a_{32} & a_{33} \end{vmatrix}+a_{31}\begin{vmatrix} a_{12} & a_{13} \\ a_{22} & a_{23} \end{vmatrix}$；

D. $\begin{vmatrix} 0 & 3 & 0 & 0 \\ 0 & 0 & 2 & 1 \\ 1 & 5 & 8 & 3 \\ 0 & 4 & 0 & 5 \end{vmatrix}=30$。

3. 设三阶方阵 $\boldsymbol{A}$ 和三阶单位矩阵 $\boldsymbol{E}$，下列等式成立的是（　　）。

A. $\boldsymbol{A}+\boldsymbol{E}=\boldsymbol{A}$；　　　　　　　　B. $\boldsymbol{A}+\boldsymbol{E}=\boldsymbol{E}$；

C. $\boldsymbol{AE}=\boldsymbol{A}$；　　　　　　　　　D. $\boldsymbol{AE}=\boldsymbol{E}$。

4. 设 $\boldsymbol{A}$ 为 n 阶方阵，则 $|-2\boldsymbol{A}|=(\quad)$。

A. $2|\boldsymbol{A}|$；　　　　　　　　　　B. $-2|\boldsymbol{A}|$；

C. $2^n|\boldsymbol{A}|$；　　　　　　　　　D. $(-2)^n|\boldsymbol{A}|$。

5. 下列说法错误的是（　　）。

A. 简化阶梯形矩阵一定是阶梯形矩阵；　　B. 单位矩阵一定是简化阶梯形矩阵；

C. 对角矩阵一定是方阵；　　　　　　　　D. 对角矩阵一定是阶梯形矩阵。

6. 设矩阵 $\boldsymbol{A}=\begin{pmatrix} 1 & 2 \\ 3 & 4 \end{pmatrix}$，则 $\boldsymbol{A}$ 的伴随矩阵 $\boldsymbol{A}^*=(\quad)$。

A. $\begin{pmatrix} 4 & -2 \\ -3 & 1 \end{pmatrix}$；　　　B. $\begin{pmatrix} 1 & -2 \\ -3 & 4 \end{pmatrix}$；　　　C. $\begin{pmatrix} 4 & 3 \\ 2 & 1 \end{pmatrix}$；　　　D. $\begin{pmatrix} 1 & 3 \\ 2 & 4 \end{pmatrix}$。

7. 设 $\boldsymbol{A}$ 为可逆矩阵，且已知 $(2\boldsymbol{A})^{-1}=\begin{pmatrix} 1 & 2 \\ 3 & 4 \end{pmatrix}$，则 $\boldsymbol{A}=(\quad)$。

A. $2\begin{pmatrix} 1 & 2 \\ 3 & 4 \end{pmatrix}$；　　　B. $\dfrac{1}{2}\begin{pmatrix} 1 & 2 \\ 3 & 4 \end{pmatrix}$；　　　C. $2\begin{pmatrix} 1 & 2 \\ 3 & 4 \end{pmatrix}^{-1}$；　　　D. $\dfrac{1}{2}\begin{pmatrix} 1 & 2 \\ 3 & 4 \end{pmatrix}^{-1}$。

8.线性方程组 $\begin{pmatrix} 3 & 0 & 0 \\ 0 & 2 & 0 \\ 0 & 0 & 2 \end{pmatrix} \begin{pmatrix} x_1 \\ x_2 \\ x_3 \end{pmatrix} = \begin{pmatrix} -15 \\ 6 \\ 0 \end{pmatrix}$ 的解为（　　）。

A. $\begin{cases} x_1=5 \\ x_2=-3; \\ x_3=0 \end{cases}$　　　　B. $\begin{cases} x_1=-3 \\ x_2=5 \quad ; \\ x_3=0 \end{cases}$　　　　C. $\begin{cases} x_1=3 \\ x_2=-5; \\ x_3=0 \end{cases}$　　　　D. $\begin{cases} x_1=-5 \\ x_2=3 \\ x_3=0 \end{cases}$ 。

二、填空题

9.行列式 $\begin{vmatrix} 1 & 1 \\ 2 & k \end{vmatrix} =0$，则 $k=$ _____。

10.行列式 $D = \begin{vmatrix} 0 & 0 & -1 \\ 0 & 2 & 7 \\ 3 & 5 & 1 \end{vmatrix} =$ _____。

11.已知矩阵 $\boldsymbol{A} = \begin{pmatrix} 1 & -1 & 0 \\ 2 & 0 & -3 \end{pmatrix}$，则 $-3\boldsymbol{A}=$ _____。

12.将矩阵 $\begin{pmatrix} 1 & 2 & 2 & 3 \\ 0 & 2 & 3 & 2 \\ 0 & 3 & 5 & 1 \end{pmatrix}$ 化成简化阶梯形矩阵，则为 _____。

13.三元线性方程组中，如果行列式 $D=2$，$D_1=-2$，$D_2=4$，$D_3=6$，则有 $x_2=$ _____。

14.如果矩阵方程 $\begin{pmatrix} 0 & 1 \\ 1 & 0 \end{pmatrix} \boldsymbol{X} = \begin{pmatrix} 1 & 2 \\ 3 & 4 \end{pmatrix}$，则 $\boldsymbol{X}=$ _____。

三、解答题

15.计算行列式 $\begin{vmatrix} 1 & 2 & 3 \\ 0 & 5 & 1 \\ -1 & 7 & 8 \end{vmatrix}$。

16.计算行列式 $\begin{vmatrix} 3 & 1 & 3 & 2 \\ 0 & 2 & 1 & -1 \\ 0 & 0 & 4 & 3 \\ 3 & 4 & 5 & 6 \end{vmatrix}$。

17. 已知矩阵 $A = \begin{pmatrix} 5 & 3 & 0 \\ -2 & 3 & -1 \end{pmatrix}$，$B = \begin{pmatrix} 2 & 0 \\ -2 & 1 \\ 3 & 9 \end{pmatrix}$，求 AB。

18. 已知矩阵 $A = \begin{pmatrix} 1 & 2 & 0 \\ 3 & 5 & 0 \\ -1 & 2 & 1 \end{pmatrix}$，求 A^{-1}。

19. 解线性方程组 $\begin{cases} x + 2y - z = 6 \\ 2x + 5y + 8z = 3 \\ 4x + 9y - 7z = 28 \end{cases}$。

本书检测题和自测题答案

检测题 1-1 答案

1.**解答**　选 C。答案 A 中 $f(x)=(\sqrt{x})^2$ 的定义域为 $(0,+\infty)$，$g(x)=x$ 的定义域为 R，定义域不相同；答案 B 中 $f(x)=\sqrt{x^2}=|x|$ 与 $g(x)=x$ 解析式不相同；答案 D 中 $f(x)=x+1$ 与 $g(x)=\dfrac{x^2-1}{x-1}$ 的定义域不相同；只有答案 C 中解析式与定义域都相同。

2.**解答**　选 D。由 $\begin{cases} x+2\geqslant 0 \\ x-1\neq 0 \end{cases}$ 可得 $x\geqslant -2$ 且 $x\neq 1$。3.**解答**　选 A。答案 B 为偶函数；答案 C 与 D 为奇函数；只有答案 A 为非奇非偶函数。4.**解答**　选 A。因为 $y(-x)=\dfrac{e^x-e^{-x}}{2}=-\dfrac{e^{-x}-e^x}{2}=-y(x)$ 为奇函数，而奇函数是关于原点对称的。5.**解答**　选 B。

6.**解答**　选 B。由 $f(x)=\dfrac{2x}{1+x^2}$ 变形得 $(1+x^2)f(x)-2x=0$，$f(x)x^2-2x+f(x)=0$，判别式 $\Delta=(-2)^2-4f(x)f(x)\geqslant 0$。故 $-1\leqslant f(x)\leqslant 1$，即函数 $f(x)=\dfrac{2x}{1+x^2}$ 有最大值 1 与最小值 -1。7.**解答**　选 C。当内层函数的值域与外层函数的定义域的交集非空时，才可以复合。8.**解答**　选 B。先求解出 $f(x)=\dfrac{4x}{x-1}$ 的反函数。$f(x)(x-1)-4x=0$，$[f(x)-4]x=f(x)$，$x=\dfrac{f(x)}{f(x)-4}$，改写后为 $f^{-1}(x)=\dfrac{x}{x-4}$。所以 $f^{-1}(3)=\dfrac{3}{3-4}=-3$。9.**解答**　11。令 $x+1=0$ 得 $x=-1$，$f(0)=3\times(-1)^2-2\times(-1)+6=11$。

10.**解答**　$(-2,2]$。11.**解答**　$\sin(x^2+2x+3)$。12.**解答**　先反求，有 $x-1=\sin y$，

$x = 1 + \sin y$；再改写得反函数为 $y = 1 + \sin x$；最后写出反函数的定义域（即直接函数的值域）为 $\left[-\dfrac{\pi}{2}, \dfrac{\pi}{2}\right]$。 **13.解答** 函数 $y = \tan\left(2x + \dfrac{\pi}{4}\right)$ 是由函数 $y = \tan u$ 与函数 $u = 2x + \dfrac{\pi}{4}$ 复合而成的。 **14.解答** $y = 2^{2x} \, (x \in N)$。

检测题 1-2 答案

1.解答 选 B。因为当 $n \to \infty$ 时，$(-1)^n \dfrac{1}{n} \to 0$。 **2.解答** 选 C。因为 $\lim\limits_{x \to 2} 4^{x-2} = 1$。

3.解答 选 C。因为函数 $f(x) = \begin{cases} 1 & (x \neq 1) \\ 0 & (x = 1) \end{cases}$ 在 $x \to 1$ 时，都是使用同一个函数式子 $f(x) = 1$，所以 $\lim\limits_{x \to 1} f(x) = 1$。 **4.解答** A；A。 **5.解答** $\lim\limits_{x \to 2^-} f(x) = \lim\limits_{x \to 2^+} x = 2$；$\lim\limits_{x \to 3^-} f(x) = \lim\limits_{x \to 3^-} x = 3$，$\lim\limits_{x \to 3^+} f(x) = \lim\limits_{x \to 3^+} (3x - 1) = 8$，由于 $\lim\limits_{x \to 3^-} f(x) \neq \lim\limits_{x \to 3^+} f(x)$，所以 $\lim\limits_{x \to 3} f(x)$ 不存在。 **6.解答** 因为 $\lim\limits_{x \to 1^-} f(x) = \lim\limits_{x \to 1^-} 2x^2 = 2$，$\lim\limits_{x \to 1^+} f(x) = \lim\limits_{x \to 1^+} (kx + 1) = k + 1$。由于有 $\lim\limits_{x \to 1} f(x)$ 存在，所以 $\lim\limits_{x \to 1^-} f(x) = \lim\limits_{x \to 1^+} f(x)$，即有 $k + 1 = 2$，$k = 1$。

检测题 1-3 答案

1.解答 选 A。 **2.解答** 选 D。 **3.解答** 选 C。 **4.解答** 选 D。 **5.解答** 选 A。
6.解答 （1）5；（2）1；（3）e；（4）e^k；（5）无穷小；（6）8；（7）0。

7.解答 （1）原式 $= \dfrac{1}{3 + 3} = \dfrac{1}{6}$；（2）原式 $= \lim\limits_{x \to 3} \dfrac{x - 3}{(x + 3)(x - 3)} = \lim\limits_{x \to 3} \dfrac{1}{x + 3} = \dfrac{1}{6}$；

（3）原式 $= \lim\limits_{x \to 0} \dfrac{(\sqrt{4 - x} - 2)(\sqrt{4 - x} + 2)}{x(\sqrt{4 - x} + 2)} = \lim\limits_{x \to 0} \dfrac{(4 - x) - 4}{x(\sqrt{4 - x} + 2)} = \lim\limits_{x \to 0} \dfrac{-1}{\sqrt{4 - x} + 2} = -\dfrac{1}{4}$；

（4）原式 $= \lim\limits_{n \to \infty} \dfrac{\left(1 + \dfrac{1}{n}\right)\left(1 + \dfrac{2}{n}\right)}{2} = \dfrac{1}{2}$；（5）原式 $= \lim\limits_{n \to \infty} \dfrac{\left(\dfrac{2}{3}\right)^n - 1}{\left(\dfrac{2}{3}\right)^n + 1} = \dfrac{0 - 1}{0 + 1} = -1$；

（6）原式 $= \lim\limits_{x \to 1} \dfrac{(1 + x + x^2) - 3}{1 - x^3} = \lim\limits_{x \to 1} \dfrac{(x - 1)(x + 2)}{(1 - x)(1 + x + x^2)} = \lim\limits_{x \to 1} \dfrac{-(x + 2)}{1 + x + x^2} = -1$。

8.解答 （1）原式 $= \lim\limits_{5x \to 0}\left(\dfrac{\sin 5x}{5x} \times \dfrac{5}{2}\right) = \dfrac{5}{2}$；（2）原式 $= \lim\limits_{x \to 0}\left(\dfrac{\dfrac{\sin 3x}{3x}}{\dfrac{\sin x}{x}} \times 3\right) = \dfrac{\lim\limits_{3x \to 0}\dfrac{\sin 3x}{3x}}{\lim\limits_{x \to 0}\dfrac{\sin x}{x}} \times$

$3 = 3$；（3）原式 $= \lim\limits_{x \to 0} \dfrac{2 \sin^2 x}{x^2} = 2 \times \left(\lim\limits_{x \to 0} \dfrac{\sin x}{x}\right)^2 = 2$；（4）原式 $= \left[\lim\limits_{x \to 1}\left(1 + \dfrac{2}{x}\right)^{\frac{x}{2}}\right]^{\frac{2}{x} 5x} = e^{10}$；

（5）原式 $= \left[\lim\limits_{n \to \infty}\left(1 + \dfrac{1}{2n}\right)^{2n}\right]^{\lim\limits_{n \to \infty}\left[\frac{1}{2n}(n - 3)\right]} = e^{\frac{1}{2}}$；（6）原式 $= \langle\lim\limits_{x \to 1}[1 + (1 - x)]^{\frac{1}{1 - x}}\rangle^{(1 - x)\frac{2}{1 - x}} =$

e^2；（7）原式 $= \lim\limits_{x \to \infty}\left(x \times \dfrac{1}{x}\right) = 1$；（8）原式 $= \lim\limits_{x \to 1} \dfrac{\ln(1 + (x - 1))}{\sin(x - 1)} = \lim\limits_{x \to 1} \dfrac{x - 1}{x - 1} = 1$。

检测题 1-4 答案

1. **解答** 选 C。因为 $\Delta y = f(x+\Delta x) - f(x) = 2(x+\Delta x)^2 - 2x^2 = 4x\Delta x + 2(\Delta x)^2$。

2. **解答** 选 A。3. **解答** 选 A。因为当 $x=1$ 与 $x=2$ 时，函数 $f(x) = \dfrac{x-3}{x^2-3x+2}$ 无定义。

4. **解答** 选 B。因为当 $x=0$ 时，函数 $y = \dfrac{\sin x}{x}$ 无定义，又由于 $\lim\limits_{x\to 0^-}\dfrac{\sin x}{x} = \lim\limits_{x\to 0^+}\dfrac{\sin x}{x} = 1$，因此是可去间断点。5. **解答** $f(x_0)$。6. **解答** 连续。因为 $\lim\limits_{x\to 0}e^{-\frac{1}{x^2}} = 0$，$f(0) = 0$，$\lim\limits_{x\to 0}e^{-\frac{1}{x^2}} = f(0)$，所以函数 $f(x)$ 在 $x=0$ 处连续。7. **解答** 因为 $\lim\limits_{x\to 0^-}f(x) = \lim\limits_{x\to 0^-}(x-2) = -2$，$\lim\limits_{x\to 0^+}f(x) = \lim\limits_{x\to 0^+}(x+2) = 2$，$f(0) = 2$，所以函数在点 $x=0$ 处右连续，但不左连续，从而函数在 $x=0$ 处不连续。8. **解答** （1）原式 $= e^0 + 4\times 0 + 1 = 2$；（2）原式 $= \ln\left(2+\sin\dfrac{\pi}{2}\right) = \ln 3$。9. **解答** 因为 $\lim\limits_{x\to 2}f(x) = \lim\limits_{x\to 2}\dfrac{x^2-3x+2}{x-2} = \lim\limits_{x\to 2}\dfrac{(x-1)(x-2)}{x-2} = \lim\limits_{x\to 2}(x-1) = 1$，$f(2) = a$。由于 $f(x)$ 在点 $x=2$ 处连续，所以 $\lim\limits_{x\to 2}f(x) = f(2)$，从而 $a = 1$。10. **解答** 显然函数 $f(x)$ 在 $(-\infty, 0)\bigcup(0, +\infty)$ 内是连续的。当 $x=0$ 时，$\lim\limits_{x\to 0}f(x) = \lim\limits_{x\to 0}(1+x)^{\frac{1}{x}} = e$，而 $f(0) = 2$，$\lim\limits_{x\to 0}f(x) \neq f(0)$，所以 $x=0$ 点为可去间断点，属于第一类间断点。11. **证明** 设 $f(x) = x - a\sin x - b$。显然，函数 $f(x)$ 在闭区间 $[0, a+b]$ 上是连续的。由于 $f(0) = 0 - a\sin 0 - b = -b < 0$；$f(a+b) = (a+b) - a\sin(a+b) - b = a(1-\sin(a+b)) \geqslant 0$。当 $\sin(a+b) = 1$ 时，则有 $f(a+b) = 0$，即 $x = a+b$ 为方程的根；当 $\sin(a+b) < 1$ 时，则有 $f(0)f(a+b) < 0$。由零点定理可知，在开区间 $(0, a+b)$ 内至少有一点 ξ，使得 $f(\xi) = \xi - a\sin\xi - b = 0$，此时，$x = \xi$ 是方程 $x = a\sin x + b$ 的一个根。综合可知，方程 $x = a\sin x + b$ 至少有一个正根，并且不超过 $a+b$。

自测题一答案

一、选择题

1. **解答** 选 C。2. **解答** 选 D。因为当 $3-x=3$ 时，$x=0$，故 $f(3) = 2\times 0^2 + 1 = 1$，$f[f(3)] = f(1) = 2\times 2^2 + 1 = 9$。3. **解答** 选 A。因为 $\lim\limits_{x\to 0^-}\dfrac{1}{x} = -\infty$，$\lim\limits_{x\to 0^-}e^{\frac{1}{x}} = 0$。

4. **解答** 选 A。由有限个无穷小的和仍然是无穷小可知。5. **解答** 选 A。由无穷小与无穷大的关系可知。6. **解答** 选 D。因为函数 $f(x)$ 在 $x=x_0$ 点处连续，则在 $x=x_0$ 点处一定有极限，也一定有函数值，并且极限值等于函数值。排除掉答案 A、B、C。只有 D 答案是正确的。7. **解答** 选 A。因为在 $x=1$ 点处是在初等函数的定义区间内，是连续的。

8. **解答** 选 D。设函数 $f(x) = x^3 + x^2 - 3$，显然函数 $f(x)$ 在闭区间 $[1,2]$ 上是连续的。又 $f(-1) = -3 < 0$，$f(2) = 9 > 0$，$f(-1)f(2) < 0$。由零点定理可知，至少有一点 $\xi\in(-1,2)$，使得 $f(\xi) = 0$，即 $x = \xi$ 是方程 $x^3 + x^2 - 3 = 0$ 在 $(-1,2)$ 内的一个实根。

二、填空题

9. **解答** y 轴。10. **解答** 0。因为 $f(x+1)=f(x)=\ln 3$，所以 $f(x+1)-f(x)=0$。

11. **解答** 1。12. **解答** 0。因为 $\lim\limits_{n\to\infty}\dfrac{n^2-1}{n^3+n+1}=\lim\limits_{n\to\infty}\dfrac{\frac{1}{n}-\frac{1}{n^3}}{1+\frac{1}{n^2}+\frac{1}{n^3}}=\dfrac{0-0}{1+0+0}=0$。

13. **解答** e^{-2}。因为 $\lim\limits_{x\to 0}(1-x)^{\frac{2}{x}}=\lim\limits_{x\to 0}\left\{\left[1+(-x)\right]^{\frac{1}{-x}}\right\}^{(-x)\frac{2}{x}}=e^{-2}$。14. **解答** $x=-1$。

三、解答题

15. **解答** 原式 $=\lim\limits_{x\to 1}\dfrac{(x-1)(x^4+x^3+x^2+x+1)}{x-1}=\lim\limits_{x\to 1}(x^4+x^3+x^2+x+1)=5$。

16. **解答** 原式 $=\lim\limits_{x\to 0}\dfrac{(\sqrt{1+x}-\sqrt{1-x})(\sqrt{1+x}+\sqrt{1-x})(\sqrt{1+x}+1)}{(\sqrt{1+x}-1)(\sqrt{1+x}+1)(\sqrt{1+x}+\sqrt{1-x})}=$

$\lim\limits_{x\to 0}\dfrac{[(1+x)-(1-x)](\sqrt{1+x}+1)}{[(1+x)-1](\sqrt{1+x}+\sqrt{1-x})}=\lim\limits_{x\to 0}\dfrac{2x(\sqrt{1+x}+1)}{x(\sqrt{1+x}+\sqrt{1-x})}=\lim\limits_{x\to 0}\dfrac{2(\sqrt{1+x}+1)}{\sqrt{1+x}+\sqrt{1-x}}=2$。

17. **解答** 原式 $=\lim\limits_{x\to\infty}\dfrac{2+\frac{5}{x^2}}{\frac{4}{x^2}-4}=\dfrac{2+0}{0-4}=-\dfrac{1}{2}$。18. **解答** 原式 $=\lim\limits_{x\to\infty}\left[\left(1+\dfrac{2}{x}\right)^{\frac{x}{2}}\right]^{\frac{2}{x}x}=e^2$。

19. **解答** 原式 $=\lim\limits_{x\to 0}\left(\dfrac{\sin x}{x^2}\times\dfrac{1-\cos x}{\cos x}\right)=\lim\limits_{x\to 0}\left(\dfrac{x}{x^2}\times\dfrac{\frac{x^2}{2}}{\cos x}\right)=0$。

20. **解答** 原式 $=\lim\limits_{x\to 0}\dfrac{e^{\sin x}-1}{3x}+\lim\limits_{x\to 0}\dfrac{e^{-2\sin x}-1}{3x}=\lim\limits_{x\to 0}\dfrac{\sin x}{3x}+\lim\limits_{x\to 0}\dfrac{-2\sin x}{3x}=\dfrac{1}{3}-\dfrac{2}{3}=-\dfrac{1}{3}$。

21. **解答** $\lim\limits_{x\to 0^-}f(x)=\lim\limits_{x\to 0^-}(1+x)=1$；$\lim\limits_{x\to 0^+}f(x)=\lim\limits_{x\to 0^+}(1+x^2)=1$；$f(0)=1$，由于 $\lim\limits_{x\to 0^-}f(x)=\lim\limits_{x\to 0^+}f(x)=f(0)$，所以函数 $f(x)$ 在 $x=0$ 点处连续。

检测题 2-1 答案

1. **解答** 选 A。由导数的定义可知。2. **解答** 选 C。因为 $\lim\limits_{h\to\infty}hf\left(x_0-\dfrac{3}{h}\right)=$

$\lim\limits_{\frac{3}{h}\to 0}\dfrac{f\left(x_0-\frac{3}{h}\right)-0}{-\frac{3}{h}}\times(-3)=\lim\limits_{\frac{3}{h}\to 0}\dfrac{f\left(x_0-\frac{3}{h}\right)-f(x_0)}{-\frac{3}{h}}\times(-3)=-3f'(x_0)$。3. **解答** 斜

率。4. **解答** 一定；不一定。5. **解答** （1）$y'=5x^4$；（2）$f(x)=\dfrac{1}{x}=x^{-1}$，$f'(x)=-\dfrac{1}{x^2}$；

（3）$y'=\dfrac{1}{x\ln 2}$；（4）$y'=2^x\ln 2$；（5）$y'=0$。因为 $y=\ln 4$ 是常数，而常数的导数为 0。

6. **解答** $y'=\dfrac{1}{x}$，$y'\big|_{x=4}=\dfrac{1}{4}$。7. **解答** $y'=3x^2$，$y'\big|_{x=2}=3\times 2^2=12$。在 $x=2$ 处的切点

为 $(2,8)$。所求切线方程为 $y-8=12$ $(x-2)$，即 $12x-y-16=0$。**8.解答** $s'=3t^2$，$s'\big|_{t=2}=3\times2^2=12$，即这个物体在 $t=2(s)$ 时的瞬时速度为 $12(m/s)$。**9.解答** 首先讨论函数在 $x=0$ 处的连续性。因为 $\lim\limits_{x\to0^-}f(x)=\lim\limits_{x\to0^-}(-x)=0$，$\lim\limits_{x\to0^+}f(x)=\lim\limits_{x\to0^+}x^2=0$，$f(0)=0$。而 $\lim\limits_{x\to0^-}f(x)=\lim\limits_{x\to0^+}f(x)=f(0)$，所以函数在 $x=0$ 处连续。然后讨论函数在 $x=0$ 处的可导性。因为 $f'_-(0)=\lim\limits_{\Delta x\to0^-}\dfrac{\Delta y}{\Delta x}=\lim\limits_{\Delta x\to0^-}\dfrac{-(0+\Delta x)-0}{\Delta x}=\lim\limits_{\Delta x\to0^-}(-1)=-1$，$f'_+(0)=\lim\limits_{\Delta x\to0^+}\dfrac{\Delta y}{\Delta x}=\lim\limits_{\Delta x\to0^+}\dfrac{(0+\Delta x)^2-0}{\Delta x}=\lim\limits_{\Delta x\to0^+}\Delta x=0$。而 $f'_-(0)\neq f'_+(0)$，所以 $f'(0)$ 不存在，即函数在 $x=0$ 处不可导。

检测题 2-2 答案

1.解答 选 D。**2.解答** 选 D。**3.解答** 选 D。因点 $(1,-1)$ 在曲线 $y=x^2+ax+b$ 上，故有 $-1=1+a+b$，即 $a+b=-2$。设两条曲线在 $(1,-1)$ 处的斜率分别为 k_1 和 k_2，则 $k_1=(x^2+ax+b)'\big|_{x=1}=2+a$；$2y'=3xy^2y'+y^3$，$k_2=y'\big|_{(1,-1)}=\dfrac{y^3}{2-3xy^2}\big|_{(1,-1)}=1$。由 $k_1=k_2$，知 $a=-1$，进而 $b=-1$。**4.解答** (1) 0。因为常数的导数为零；(2) $\dfrac{1}{2e}$。由 $y'=\dfrac{1}{x}$ 与 $y'=2ax$ 得 $\dfrac{1}{x}=2ax$，故 $ax^2=\dfrac{1}{2}$；由 $y=ax^2=\dfrac{1}{2}$，得 $y=\ln x=\dfrac{1}{2}$，从而 $x=\sqrt{e}$，故 $a\sqrt{e}^2=\dfrac{1}{2}$，$a=\dfrac{1}{2e}$；(3) -1。$f(x)=x^2+x+1$，$f'(x)=2x+1$，$f'(-1)=2\times(-1)+1=-1$。**5.解答** (1) $y'=9x^2+1$；(2) $y'=\dfrac{1}{2-x}\cdot(-1)=\dfrac{1}{x-2}$；(3) $y'=2e^{2x}\cos e^{2x}+2$；(4) $y'=\dfrac{1}{2\sqrt{x+\sqrt{x}}}(x+\sqrt{x})'=\dfrac{1}{2\sqrt{x+\sqrt{x}}}\left(1+\dfrac{1}{2\sqrt{x}}\right)$。**6.解答** 在方程的两边同时对 x 求导得 $2x-3y^2\dfrac{dy}{dx}+2y+2x\dfrac{dy}{dx}=0$，$\dfrac{dy}{dx}=\dfrac{2x+2y}{3y^2-2x}$，$\dfrac{dy}{dx}\big|_{(1,-1)}=\dfrac{2\times1+2\times(-1)}{3\times(-1)^2-2\times1}=0$。**7.解答** $\dfrac{dy}{d\theta}=\cos\theta-\theta\sin\theta$，$\dfrac{dx}{d\theta}=1-\sin\theta+\theta(-\cos\theta)$，$\dfrac{dy}{dx}=\dfrac{\frac{dy}{d\theta}}{\frac{dx}{d\theta}}=\dfrac{\cos\theta-\theta\sin\theta}{1-\sin\theta-\theta\cos\theta}$。**8.解答** 先在方程两边取对数得 $\ln y=\dfrac{1}{2}[\ln(x-1)+\ln(x-2)-\ln(x-3)-\ln(x-4)]$，再在两边都对 x 求导，$\dfrac{1}{y}y'=\dfrac{1}{2}\left(\dfrac{1}{x-1}+\dfrac{1}{x-2}-\dfrac{1}{x-3}-\dfrac{1}{x-4}\right)$，$y'=\dfrac{y}{2}\left(\dfrac{1}{x-1}+\dfrac{1}{x-2}-\dfrac{1}{x-3}-\dfrac{1}{x-4}\right)=\dfrac{1}{2}\sqrt{\dfrac{(x-1)(x-2)}{(x-3)(x-4)}}\left(\dfrac{1}{x-1}+\dfrac{1}{x-2}-\dfrac{1}{x-3}-\dfrac{1}{x-4}\right)$。

9.解答 $v=\dfrac{dh}{dt}=10-gt$，$v(1)=\dfrac{dh}{dt}\big|_{t=1}=10-g$。**10.解答** $y'=\ln x+x\dfrac{1}{x}-1=\ln x$，

$y'\big|_{x=e}=\ln e=1$。曲线在点 $x=e$ 处时，$y=0$。所求切线方程为 $y=x-1$，即 $x-y-1=0$。

检测题 2-3 答案

1. **解答** 选 A。2. **解答** 选 A。3. **解答** （1）$6x+3^x\ln^2 3$；（2）$4e^{2x}$；（3）0；（4）$3^x\ln^4 3$。

4. **解答** （1）$y'=5-4x$，$y''=-4$；（2）$y'=\cos x\ln x+\dfrac{1}{x}\sin x$，$y''=-\sin x\ln x+\dfrac{1}{x}\cos x-$

$\dfrac{1}{x^2}\sin x+\dfrac{1}{x}\cos x=-\sin x\ln x+\dfrac{2}{x}\cos x-\dfrac{1}{x^2}\sin x$；（3）$y'=e^x\cos x-e^x\sin x$，$y''=e^x\cos x-$

$e^x\sin x-e^x\sin x-e^x\cos x=-2e^x\sin x$。5. **解答** （1）$y'=-\dfrac{1}{1-x}=-(1-x)^{-1}$；$y''=-1!\ (1-$

$x)^{-2}$；$y'''=-2!\ (1-x)^{-3}$；…；$y^{(n)}=-(n-1)!(1+x)^{-n}$；（2）$y'=2\sin x\cos x=\sin 2x$；

$y''=2\cos 2x=2\sin\left(2x+\dfrac{\pi}{2}\right)$；$y'''=4\cos\left(2x+\dfrac{\pi}{2}\right)=4\sin\left[2x+2\times\dfrac{\pi}{2}\right]$；…；$y^{(n)}=$

$2^{n-1}\left[\sin 2x+\dfrac{(n-1)\ \pi}{2}\right]$。6. **解答** $f'(x)=9x^2+8x-1$；$f''(x)=18x+8$；$f''(1)=18\times$

$1+8=26$。7. **解答** $y'=\cos x-x\sin x$；$y''=-\sin x-\sin x-x\cos x=-2\sin x-x\cos x$；

$y''(0)=-2\sin 0-0\times\cos 0=0$。8. **解答** 在方程的两边同时对 x 求导得 $\dfrac{dy}{dx}\ln y+y\times\dfrac{1}{y}\times$

$\dfrac{dy}{dx}=1+\dfrac{dy}{dx}$，$\dfrac{dy}{dx}=\dfrac{1}{\ln y}$，$\dfrac{d^2y}{dx^2}=\dfrac{-\dfrac{1}{y}\times\dfrac{dy}{dx}}{\ln^2 y}=\dfrac{-\dfrac{1}{y}\times\dfrac{1}{\ln y}}{\ln^2 y}=-\dfrac{1}{y\ln^3 y}$。9. **解答** $\dfrac{dy}{dt}=a\sin t$，

$\dfrac{dx}{dt}=a(1-\cos t)$，$\dfrac{dy}{dx}=\dfrac{\dfrac{dy}{dt}}{\dfrac{dx}{dt}}=\dfrac{a\sin t}{a(1-\cos t)}=\dfrac{\sin t}{1-\cos t}$；$\dfrac{d^2y}{dx^2}=\dfrac{\dfrac{d\left(\dfrac{dy}{dx}\right)}{dt}}{\dfrac{dx}{dt}}=\dfrac{\dfrac{\cos t\ (1-\cos t)}{(1-\cos t)^2}-\sin t\sin t}{a\ (1-\cos t)}=$

$\dfrac{\cos t-\cos^2 t-\sin^2 t\ (1-\cos t)^2}{a\ (1-\cos t)^3}$；$\dfrac{d^2y}{dx^2}\bigg|_{t=\frac{\pi}{2}}=\dfrac{\cos\dfrac{\pi}{2}-\cos^2\dfrac{\pi}{2}-\sin^2\dfrac{\pi}{2}\left(1-\cos\dfrac{\pi}{2}\right)^2}{a\left(1-\cos\dfrac{\pi}{2}\right)^3}=-\dfrac{1}{a}$。

10. **解答** $v=\dfrac{ds}{dt}=2t+2$；$a=\dfrac{dv}{dt}=\dfrac{d^2s}{dt^2}=2$。11. **解答** $y'=e^x\sin x+e^x\cos x$；$y''=$

$e^x\sin x+e^x\cos x+e^x\cos x-e^x\sin x=2e^x\cos x$。左边 $=2e^x\cos x-2\ (e^x\sin x+e^x\cos x)+$

$2e^x\sin x=0=$ 右边。得证。

检测题 2-4 答案

1. **解答** 选 C。因为答案 A 中 $d(x\ln x+C)=(\ln x+1)dx$；答案 B 中 $d\left(\dfrac{1}{2}\ln^2 x+C\right)=$

$\dfrac{1}{x}\ln x dx$；答案 C 中 $d\ [\ln(\ln x)+C]=\dfrac{1}{\ln x}\times\dfrac{1}{x}dx=\dfrac{dx}{x\ln x}$；答案 D 中 $d\left(\dfrac{\ln x}{x}+C\right)=$

$\dfrac{\dfrac{1}{x}x-\ln x}{x^2}dx=\dfrac{1-\ln x}{x^2}dx$。2. **解答** 选 D。因为 $y'=-2\sin 2x$，$dy=-2\sin 2x dx$。

3. 解答 （1）$\left(2x+\dfrac{1}{x}-\dfrac{1}{x^2}-\dfrac{1}{2\sqrt{x}}\right)$；（2）$(t-3)$；（3）$(\cos x+\sin x)$；（4）$\left(\dfrac{a^x}{\ln a}+C\right)$；

（5）$(\arcsin x+C)$；**4. 解答** $y'=3x^2+3^x\ln 3$；$dy=(3x^2+3^x\ln 3)\,dx$。**5. 解答** $y'=$

$2x\cos x-x^2\sin x$；$dy=(2x\cos x-x^2\sin x)\,dx$。**6. 解答** $y'=-\sin\ln x\times\dfrac{1}{x}-$

$\dfrac{1}{\cos x}(-\sin x)=-\dfrac{1}{x}\sin\ln x+\tan x$；$dy=\left(-\dfrac{1}{x}\sin\ln x+\tan x\right)dx$。**7. 解答** $y'=2x+1$；

$dy=(2x+1)\,dx$；$dy\Big|_{\substack{x=2\\\Delta x=0.01}}=(2\times 2+1)\times 0.01=0.05$。**8. 解答** 设 $y=e^x$，这里 $x=1$，

$dx=0.01$。则有 $y'=e^x$，$dy=e^x\,dx$，$dy\Big|_{\substack{x=1\\dx=0.01}}=e^1\times 0.01=0.01e$，$e^{1.01}\approx e^1+0.01e=$

$1.01e$。**9. 解答** 设 $y=\sqrt[5]{x}$，这里 $x=1$，$dx=-0.05$。则有 $y'=\dfrac{1}{5\sqrt[5]{x^4}}$；$dy=\dfrac{1}{5\sqrt[5]{x^4}}\,dx$，

$dy\Big|_{\substack{x=1\\dx=-0.05}}=\dfrac{1}{5\sqrt[5]{1^4}}\times(-0.05)=-0.01$。$\sqrt[5]{0.95}\approx\sqrt[5]{1}+(-0.01)=0.99$。**10. 解答** 设

$V=x^3$，这里 $x=100$，$dx=0.1$。则有 $dV=3x^2\,dx$，$dV\Big|_{\substack{x=100\\dx=0.1}}=3\times 100^2\times 0.1=3000$。

$V\Big|_{\substack{x=100\\dx=0.1}}\approx V\Big|_{x=100}+dV\Big|_{\substack{x=100\\dx=0.1}}=100^3+3000=1003000(\text{cm}^3)$。

检测题 2-5 答案

1. 解答 选 B。**2. 解答** 选 A。**3. 解答** 选 D。因为 $\lim\limits_{x\to 1}\dfrac{x^2-1}{\sin(3-3x)}=$

$\lim\limits_{x\to 1}\dfrac{2x}{-3\cos(3-3x)}=-\dfrac{2}{3}$。**4. 解答** 选 D。因为 $\lim\limits_{x\to\frac{\pi}{2}}(\sec x-\tan x)=\lim\limits_{x\to\frac{\pi}{2}}\dfrac{1-\sin x}{\cos x}=$

$\lim\limits_{x\to\frac{\pi}{2}}\dfrac{-\cos x}{-\sin x}=0$。**5. 解答** $\dfrac{0-0}{0\times 0}$。**6. 解答** 1。因为 $\lim\limits_{x\to+\infty}\dfrac{x+\sin x}{x}=\lim\limits_{x\to+\infty}\dfrac{1+\dfrac{1}{x}\sin x}{1}=1$。

7. 解答 $\lim\limits_{x\to 3}\dfrac{x^2-7x+12}{x^2-x-6}=\lim\limits_{x\to 3}\dfrac{2x-7}{2x-1}=-\dfrac{1}{5}$。**8. 解答** $\lim\limits_{x\to 1}\dfrac{x^3-1}{x^5-1}=\lim\limits_{x\to 1}\dfrac{3x^2}{5x^4}=\dfrac{3}{5}$。

9. 解答 $\lim\limits_{x\to\infty}\dfrac{\ln x}{\sqrt{x}}=\lim\limits_{x\to\infty}\dfrac{\dfrac{1}{x}}{\dfrac{1}{2\sqrt{x}}}=\lim\limits_{x\to\infty}\dfrac{2}{\sqrt{x}}=0$。**10. 解答** $\lim\limits_{x\to 0}\dfrac{e^x\sin x-x}{3x^2-x^5}=$

$\lim\limits_{x\to 0}\dfrac{e^x\sin x+e^x\cos x-1}{6x-5x^4}=\lim\limits_{x\to 0}\dfrac{e^x\sin x+e^x\cos x+e^x\cos x-e^x\sin x}{6-20x^3}=\lim\limits_{x\to 0}\dfrac{2e^x\cos x}{6-20x^3}=\dfrac{1}{3}$。

11. 解答 $\lim\limits_{x\to 1}\left(\dfrac{2}{x^2-1}-\dfrac{1}{x-1}\right)=\lim\limits_{x\to 1}\dfrac{2-(x+1)}{x^2-1}=\lim\limits_{x\to 1}\dfrac{-1}{2x}=-\dfrac{1}{2}$。**12. 解答** $\lim\limits_{x\to 0}(x+$

$e^x)^{\frac{1}{x}}=e^{\lim\limits_{x\to 0}\frac{\ln(x+e^x)}{x}}=e^{\lim\limits_{x\to 0}\frac{\frac{1}{x+e^x}(1+e^x)}{1}}=e^{\lim\limits_{x\to 0}\frac{1+e^x}{x+e^x}}=e^2$。

检测题 2-6答案

1.**解答** 选 B。因为 $y'=\dfrac{1-\ln x}{x^2}$，有驻点 $x=\mathrm{e}$。当 $x>\mathrm{e}$ 时，$y'<0$，函数单调减少；当 $0<x<\mathrm{e}$ 时，$y'>0$，函数单调增加。2.**解答** 选 A。因为 $y'=3(x+1)^2\geqslant 0$，函数单调增加。3.**解答** 单调减少。4.**解答** $<$。5.**解答** $f'(x)=4x^3-16x=4x(x+2)(x-2)$，有驻点 $x=0$，$x=\pm 2$。列表为：

x	$(-\infty,-2)$	-2	$(-2,0)$	0	$(0,2)$	2	$(2,+\infty)$
$f'(x)$	$-$	0	$+$	0	$-$	0	$+$
$f(x)$	↘		↗		↘		↗

函数 $f(x)$ 在 $(-\infty,-2)$ 与 $(0,2)$ 内单调减少；在 $(-2,0)$ 与 $(2,+\infty)$ 内单调增加。
6.**解答** 在 $(0,2\pi)$ 内，$y'=1-\sin x\geqslant 0$，故函数单调增加。7.**解答** $f'(x)=3-3x^2=3(1+x)(1-x)$，有驻点 $x=\pm 1$。列表为：

x	$(-\infty,-1)$	-1	$(-1,1)$	1	$(1,+\infty)$
$f'(x)$	$-$	0	$+$	0	$-$
$f(x)$	↘		↗		↘

函数 $f(x)$ 在 $(-\infty,-1)$ 与 $(1,+\infty)$ 内单调减少；在 $(-1,1)$ 内单调增加。

8.**解答** 函数的定义域为 $(0,+\infty)$。$y'=1-\dfrac{1}{x}=\dfrac{x-1}{x}$，有驻点 $x=1$。列表为：

x	$(0,1)$	1	$(1,+\infty)$
y'	$-$	0	$+$
y	↘		↗

函数 y 在 $(0,1)$ 内单调减少；在 $(1,+\infty)$ 内单调增加。9.**解答** $y'=1-\mathrm{e}^x$，有驻点 $x=0$。列表为：

x	$(-\infty,0)$	0	$(0,+\infty)$
y'	$+$	0	$-$
y	↗		↘

函数 y 在 $(-\infty,0)$ 内单调增加；在 $(0,+\infty)$ 内单调减少。10.**解答** $y'=1-\dfrac{2}{x^2}=\dfrac{x^2-2}{x^2}$，有驻点 $x=\pm\sqrt{2}$，不可导点 $x=0$(不在定义域内，舍去)。列表为：

x	$(-\infty,-\sqrt{2})$	$-\sqrt{2}$	$(-\sqrt{2},0)$	$(0,\sqrt{2})$	$\sqrt{2}$	$(\sqrt{2},+\infty)$
y'	$+$	0	$-$	$-$	0	$+$
y	↗		↘	↘		↗

函数 y 在 $(-\infty,-\sqrt{2})$ 与 $(\sqrt{2},+\infty)$ 内单调增加；在 $(-\sqrt{2},0)$ 与 $(0,\sqrt{2})$ 内单调减少。**11.证明** 设 $f(x)=\sin x-x,f(0)=0$。当 $0<x<\dfrac{\pi}{2}$ 时，$f'(x)=\cos x-1<0$，函数单调减少。所以 $f(x)<f(0)=0$，$\sin x-x<0$，故 $\sin x<x$。**12.证明** 设 $f(x)=e^x-ex$，$f(1)=0$。当 $x>1$ 时，$f'(x)=e^x-e>0$，函数单调增加。所以 $f(x)>f(1)=0$，$e^x-ex>0$，故 $e^x>ex$。

检测题 2-7 答案

1.解答 选 C。由驻点的定义可知。**2.解答** 选 A。因为在区间 $[-1,1]$ 上，$y'=3x^2\geq 0$，函数是单调增加的，所以最大值为 $y(1)=0$。**3.解答** 驻点。**4.解答** 0。因为在区间 $[0,\pi]$ 上，$y'=\cos x-1\leq 0$，函数是单调减少的，所以最大值为 $y(0)=0$。

5.解答 $y'=2x-2$，有驻点 $x=1$。当 $x<1$ 时，$y'<0$，函数单调减少；当 $x>1$ 时，$y'>0$，函数单调增加。所以在点 $x=1$ 处有极小值 $y(1)=2$。**6.解答** $y'=4x-4x^3=4x(1+x)(1-x)$，有驻点 $x=0$、$x=-1$、$x=1$。列表为：

x	$(-\infty,-1)$	-1	$(-1,0)$	0	$(0,1)$	1	$(1,+\infty)$
y'	$+$	0	$-$	0	$+$	0	$-$
y	↗	极大值	↘	极小值	↗	极大值	↘

极大值有 $y(-1)=1$ 与 $y(1)=1$，极小值有 $y(0)=0$。**7.解答** $y'=2(x-1)(x-2)^2+2(x-2)(x-1)^2=2(x-1)(x-2)(2x-3)$，有驻点 $x=1$、$x=2$、$x=\dfrac{3}{2}$。列表为：

x	$(-\infty,1)$	1	$\left(1,\dfrac{3}{2}\right)$	$\dfrac{3}{2}$	$\left(\dfrac{3}{2},2\right)$	2	$(2,+\infty)$
y'	$-$	0	$+$	0	$-$	0	$+$
y	↘	极小值	↗	极大值	↘	极小值	↗

极小值有 $y(1)=0$ 与 $y(2)=0$，极大值有 $y\left(\dfrac{3}{2}\right)=\dfrac{1}{16}$。**8.解答** $f'(x)=3x^2+2>0$，函数单调增加，所以最大值为 $f(2)=11$，最小值为 $f(0)=-1$。**9.解答** $f'(x)=1-\dfrac{1}{\sqrt{x}}=\dfrac{\sqrt{x}-1}{\sqrt{x}}$，在 $(0,4)$ 内有驻点 $x=1$。$f(1)=-1$，$f(0)=0$，$f(4)=0$。所求最大值为 $f(0)=f(4)=0$，最小值为 $f(1)=-1$。**10.解答** $y'=6x^2-6x=6x(x-1)$，在 $(-1,4)$ 内有驻点 $x=0$、$x=1$。$y(0)=0$，$y(1)=-1$，$y(-1)=-5$，$y(4)=80$。所求最大值为 $y(4)=80$，最小值为 $y(-1)=-5$。**11.解答** 设底面半径为 $r(r>0)$，则油罐的高为 $\dfrac{50}{\pi r^2}$。再设油罐的表面积为 s，$s=2\pi r^2+\dfrac{50}{\pi r^2}\times 2\pi r=2\pi r^2+\dfrac{100}{r}$。$s'=4\pi r-\dfrac{100}{r^2}=\dfrac{4\pi r^3-100}{r^2}$，有唯一驻点 $r=\sqrt[3]{\dfrac{25}{\pi}}$。由于表面积确实会有最小值存在，显然在唯一的驻点处才有最小值。此时，油

罐的高为 $\dfrac{2\sqrt[3]{25\pi^2}}{\pi}$。

检测题 2-8 答案

1.**解答** 选 D。2.**解答** 选 C。抓住分母等于零，且分子不等于零。3.**解答** $a=b$。

4.**解答** $y'=-\dfrac{1}{x^2}$，$y''=\dfrac{2}{x^3}$。当 $x<0$ 时，$y''<0$，凸弧；当 $x>0$ 时，$y''>0$，凹弧。

5.**解答** $y'=6x^2+6x+1$，$y''=12x+6$。当 $x<-\dfrac{1}{2}$ 时，$y''<0$，凸弧；当 $x>-\dfrac{1}{2}$ 时，$y''>0$，凹弧。当 $x=-\dfrac{1}{2}$ 时，$y=-2$，有拐点 $\left(-\dfrac{1}{2},-2\right)$。6.**解答** $y'=\dfrac{2x}{1+x^2}$，

$y''=\dfrac{2(1+x^2)-2x\times 2x}{(1+x^2)^2}=\dfrac{2-2x^2}{(1+x^2)^2}=\dfrac{2(1+x)(1-x)}{(1+x^2)^2}$。令 $y''=0$，有 $x=-1$，$x=1$。列表为：

x	$(-\infty,-1)$	-1	$(-1,1)$	1	$(1,+\infty)$
y''	$-$	0	$+$	0	$-$
y	凸弧	拐点	凹弧	拐点	凸弧

拐点为 $(-1,\ln 2)$ 与 $(1,\ln 2)$。7.**解答** $y'=-1-3x^2$，$y''=-6x$。当 $x<0$ 时，$y''>0$，凹弧；当 $x>0$ 时，$y''<0$，凸弧。当 $x=0$ 时，$y=3$，有拐点 $(0,3)$。8.**解答** 显然有

铅直渐近线 $x=-1$ 与 $x=1$。又由于 $a=\lim\limits_{x\to\infty}\dfrac{\dfrac{1}{1-x^2}}{x}=0$，$b=\lim\limits_{x\to\infty}\dfrac{1}{1-x^2}=0$，所以有水平渐

近线 $y=0$。9.**解答** 显然有铅直渐近线 $x=0$。又由于 $a=\lim\limits_{x\to\infty}\dfrac{2x+\dfrac{1}{x}}{x}=2$，$b=$

$\lim\limits_{x\to\infty}\left[\left(2x+\dfrac{1}{x}\right)-2x\right]=\lim\limits_{x\to\infty}\dfrac{1}{x}=0$，所以有斜渐近线 $y=2x$。10.**解答** $y'=3ax^2+2bx$，

$y''=6ax+2b$。由于点 $(1,3)$ 为拐点，所以有 $y''=0$，$6a+2b=0$，且有 $3=a+b$。解方程组

$\begin{cases} 6a+2b=0 \\ 3=a+b \end{cases}$，得 $\begin{cases} a=-\dfrac{3}{2} \\ b=\dfrac{9}{2} \end{cases}$。

自测题二答案

一、选择题

1.**解答** 选 C。因为 $\lim\limits_{h\to 0}\dfrac{f(x_0+2h)-f(x_0)}{h}=\lim\limits_{2h\to 0}\dfrac{f(x_0+2h)-f(x_0)}{2h}\times 2=2f'(x_0)$。

2.**解答** 选 D。因为 $y'=2x-1=1$，$x=1$，此时 $y=1$，即点 P 的坐标是 $(1,1)$。

3.**解答** 选 D。因为 $f'(x)=x(x+2)+(x+1)[x(x+2)]'$，$f'(-1)=-1$。

4.**解答** 选 B。由极值的第 II 充分条件判定可知。5.**解答** 选 B。抓住特点"分母等于

零，且分子不等于零"来判断。

二、填空题

6. **解答** $\cos x + \sin x$；7. **解答** $2x - 3y - 1 = 0$ 与 $2x + 3y + 1 = 0$。因为在曲线方程的两边同时对 x 求导，$2x - 6yy' = 0$，$y' = \dfrac{x}{3y}$。当 $y = 1$ 时，$x = \pm 2$，$y'\Big|_{\substack{x = \pm 2 \\ y = 1}} = \pm \dfrac{2}{3}$。切线方程为 $y - 1 = \dfrac{2}{3}(x - 2)$ 与 $y - 1 = -\dfrac{2}{3}(x + 2)$，即 $2x - 3y - 1 = 0$ 与 $2x + 3y + 1 = 0$。

8. **解答** 24。因为 $y' = 12x^2 - 4x$，$y'' = 24x - 4$，$y''' = 24$。9. **解答** $\dfrac{1}{\sqrt{1-x^2}} dx$。因为 $y' = \dfrac{1}{\sqrt{1-x^2}}$，$dy = \dfrac{1}{\sqrt{1-x^2}} dx$。10. **解答** 0。

三、解答题

11. **解答** $y' = \cos\ln x \times \dfrac{1}{x} + 2x = \dfrac{\cos\ln x}{x} + 2x$。12. **解答** $y' = e^x - \sin x$，$dy = (e^x - \sin x)\,dx$，$dy\big|_{x=0} = (e^0 - \sin 0)\,dx = dx$。13. **解答** $\lim\limits_{x \to +\infty} \dfrac{\ln 2x}{x-1} = \lim\limits_{x \to +\infty} \dfrac{\frac{2}{2x}}{1} = 0$。

14. **解答** $y' = 3x^2$，$y'' = 6x$。当 $x < 0$ 时，$y'' < 0$，凸弧；当 $x > 0$ 时，$y'' > 0$，凹弧。当 $x = 0$ 时，$y = 0$，有拐点 $(0,0)$。15. **解答** 在 $(1,3)$ 内，$y' = 9x^2 - 1 > 0$，函数单调增加。有最大值 $y(3) = 78$，最小值 $y(1) = 2$。

检测题 3-1 答案

1. **解答** 选 B。2. **解答** 选 B。因为 $f(x)$ 的一个原函数是 $x^2 - 1$，则有 $f(x) = (x^2 - 1)' = 2x$。$\int f'(x)\,dx = f(x) + C = 2x + C$。3. **解答** (1) $x^2 - x + C$；(2) $3^x \ln^2 3$；(3) $1 + \ln x$。4. **解答** (1) 因为 $(\sin x + \cos x + C)' = \cos x - \sin x$，故 $\int (\cos x - \sin x)\,dx = \sin x + \cos x + C$；(2) 因为 $(x^3 - x + C)' = 3x^2 - 1$，故 $\int (3x^2 - 1)\,dx = x^3 - x + C$。

5. **解答** (1) $\left(\int (x^2 \cos x - e^x \sin x)\,dx\right)' = x^2 \cos x - e^x \sin x$；(2) $d\int (\tan^2 x - 1)\,dx = (\tan^2 x - 1)\,dx$。6. **解答** (1) $\int (e^x - 3\cos x)\,dx = \int e^x\,dx - 3\int \cos x\,dx = e^x - 3\sin x + C$；

(2) $\int 2^x e^x\,dx = \int (2e)^x\,dx = \dfrac{(2e)^x}{\ln 2e} + C = \dfrac{2^x e^x}{1 + \ln 2} + C$；(3) $\int \left(2\sin x - \dfrac{x}{3} + \dfrac{1}{1+x^2} - 3^x\right) dx = 2\int \sin x\,dx - \dfrac{1}{3}\int x\,dx + \int \dfrac{1}{1+x^2}\,dx - \int 3^x\,dx = -2\cos x - \dfrac{1}{6}x^2 + \arctan x - \dfrac{3^x}{\ln 3} + C$；

(4) $\int \dfrac{(x - \sqrt{x})(1 + \sqrt{x})}{\sqrt{x}}\,dx = \int \dfrac{x^{\frac{3}{2}} - x^{\frac{1}{2}}}{x^{\frac{1}{2}}}\,dx = \int (x - 1)\,dx = \dfrac{x^2}{2} - x + C$；

(5) $\int \dfrac{1 + x + x^2}{x(1+x^2)}\,dx = \int \left[\dfrac{1+x^2}{x(1+x^2)} + \dfrac{x}{x(1+x^2)}\right] dx = \int \dfrac{1}{x}\,dx + \int \dfrac{1}{1+x^2}\,dx = \ln|x| +$

$\arctan x + C$；　（6）$\displaystyle\int\frac{x^4-1}{x^2-1}\mathrm{d}x=\int(x^2+1)\mathrm{d}x=\frac{1}{3}x^3+x+C$；　（7）$\displaystyle\int\frac{x^4}{1+x^2}\mathrm{d}x=$

$\displaystyle\int\frac{x^4-1+1}{1+x^2}\mathrm{d}x=\int\left(x^2-1+\frac{1}{1+x^2}\right)\mathrm{d}x=\frac{1}{3}x^3-x+\arctan x+C$；　（8）$\displaystyle\int\frac{\cos 2x}{\cos^2 x\sin^2 x}\mathrm{d}x=$

$\displaystyle\int\frac{\cos^2 x-\sin^2 x}{\cos^2 x\sin^2 x}\mathrm{d}x=\int\frac{1}{\sin^2 x}\mathrm{d}x-\int\frac{1}{\cos^2 x}\mathrm{d}x=-\cot x+\tan x+C$。**7.解答**　由题意有 $s=$

$\displaystyle\int 3t^2\mathrm{d}t=t^3+C$。当 $t=0$ 时，$s=0$。于是有 $0=0^3+C$，$C=0$，故所求方程为 $s=t^3$。当 $t=$

3 时，距离为 $s=27(\mathrm{m})$。

检测题 3-2 答案

1.**解答**　选 C。因为 $\displaystyle\int\frac{1}{1+\mathrm{e}^{-x}}\mathrm{d}x=\int\frac{\mathrm{e}^x}{\mathrm{e}^x+1}\mathrm{d}x=\int\frac{1}{\mathrm{e}^x+1}\mathrm{d}(\mathrm{e}^x+1)=\ln(\mathrm{e}^x+1)+C$。

2.**解答**　（1）$f[u(x)]$；　（2）$-$；　（3）$-$；　（4）$\dfrac{1}{3-x}$。3.**解答**　（1）$\displaystyle\int\frac{1}{1-x}\mathrm{d}x=$

$\displaystyle-\int\frac{1}{1-x}\mathrm{d}(1-x)=-\ln|1-x|+C$；（2）$\displaystyle\int x\mathrm{e}^{x^2}\mathrm{d}x=\frac{1}{2}\int\mathrm{e}^{x^2}\mathrm{d}x^2=\frac{1}{2}\mathrm{e}^{x^2}+C$；（3）$\displaystyle\int\frac{\ln^2 x}{x}\mathrm{d}x=$

$\displaystyle\int\ln^2 x\,\mathrm{d}\ln x=\frac{1}{3}\ln^3 x+C$；　（4）$\displaystyle\int\frac{2x+4}{x^2+4x+5}\mathrm{d}x=\int\frac{1}{x^2+4x+5}\mathrm{d}(x^2+4x+$

$5)+C$；　（5）$\displaystyle\int\frac{1}{\mathrm{e}^{-x}+\mathrm{e}^x}\mathrm{d}x=\int\frac{\mathrm{e}^x}{1+(\mathrm{e}^x)^2}\mathrm{d}x=\int\frac{1}{1+(\mathrm{e}^x)^2}\mathrm{d}\mathrm{e}^x=\arctan\mathrm{e}^x+C$；

（6）$\displaystyle\int x\sqrt{1-x^2}\,\mathrm{d}x=\frac{1}{2}\int\sqrt{1-x^2}\,\mathrm{d}x^2=-\frac{1}{2}\int(1-x^2)^{\frac{1}{2}}\mathrm{d}(1-x^2)=-\frac{1}{3}(1-x^2)^{\frac{3}{2}}+C$；

（7）$\displaystyle\int\frac{\sin x}{1+\cos^2 x}\mathrm{d}x=-\int\frac{1}{1+\cos^2 x}\mathrm{d}\cos x=-\arctan(\cos x)+C$；　（8）$\displaystyle\int\cos^2 x\,\mathrm{d}x=\frac{1}{2}\int(\cos 2x+$

$1)\mathrm{d}x=\frac{1}{2}\int\cos 2x\,\mathrm{d}x+\frac{1}{2}\int\mathrm{d}x=\frac{1}{4}\int\cos 2x\,\mathrm{d}2x+\frac{1}{2}\int\mathrm{d}x=\frac{1}{4}\sin 4x+\frac{1}{2}x+C$；　（9）$\displaystyle\int\frac{\sin 2x}{\cos^2 x}\mathrm{d}x=$

$\displaystyle\int\frac{2\sin x\cos x}{\cos^2 x}\mathrm{d}x=2\int\frac{\sin x}{\cos x}\mathrm{d}x=-2\int\frac{1}{\cos x}\mathrm{d}\cos x=-2\ln|\cos x|+C$；　（10）$\displaystyle\int\sin^2 x\cos^3 x\,\mathrm{d}x=$

$\displaystyle\int\sin^2 x(1-\sin^2 x)\cos x\,\mathrm{d}x=\int(\sin^2 x-\sin^4 x)\mathrm{d}\sin x=\frac{1}{3}\sin^3 x-\frac{1}{5}\sin^5 x+C$。

4.**解答**　（1）令 $\sqrt[6]{x}=t$ 则 $x=t^6$，$\mathrm{d}x=6t^5\mathrm{d}t$，$\sqrt{x}=t^3$，$\sqrt[3]{x}=t^2$。于是 $\displaystyle\int\frac{1}{\sqrt{x}+\sqrt[3]{x}}\mathrm{d}x=$

$\displaystyle\int\frac{1}{t^3+t^2}6t^5\mathrm{d}t=6\int\frac{(t^3+1)-1}{t+1}\mathrm{d}t=6\int\left(t^2-t+1-\frac{1}{t+1}\right)\mathrm{d}t=2t^3-3t^2+6t-6\ln|t+1|+$

$C=2\sqrt{x}-3\sqrt[3]{x}+6\sqrt[6]{x}-6\ln(\sqrt[6]{x}+1)+C$；　（2）令 $\sqrt{x-1}=t$，则 $x=t^2+1$，$\mathrm{d}x=2t\,\mathrm{d}t$。

于是 $\displaystyle\int\frac{\sqrt{x-1}}{x}\mathrm{d}x=\int\frac{t}{t^2+1}2t\,\mathrm{d}t=2\int\left(1-\frac{1}{t^2+1}\right)\mathrm{d}t=2t-2\arctan t+C=2\sqrt{x-1}-$

$2\arctan\sqrt{x-1}+C$；　（3）令 $\sqrt{1+\mathrm{e}^x}=t$，则 $\mathrm{e}^x=t^2-1$，$x=\ln(t^2-1)$，$\mathrm{d}x=\dfrac{2t}{t^2-1}\mathrm{d}t$。于是

$$\int \frac{1}{\sqrt{1+e^x}}dx = \int \left(\frac{1}{t} \times \frac{2t}{t^2-1}\right)dt = \int \frac{2}{t^2-1}dt = \int \left(\frac{1}{t-1}-\frac{1}{t+1}\right)dt = \ln|t-1|-\ln|t+1|+$$

$$C = \ln\left|\frac{t-1}{t+1}\right|+C = \ln\frac{\sqrt{1+e^x}-1}{\sqrt{1+e^x}+1}+C = 2\ln(\sqrt{1+e^x}-1)-x+C;$$ （4）令 $x = \sec t \left(0<t<\frac{\pi}{2}\right.$

或 $\left.\pi<t<\frac{3\pi}{2}\right)$，则 $dx = \sec t \tan t\, dt$。于是 $\int \frac{1}{x^2\sqrt{x^2-1}}dx = \int \frac{1}{\sec^2 t \sqrt{\sec^2 t -1}}\sec t \tan t\, dt =$

$$\int \frac{1}{\sec t}dt = \int \cos t\, dt = \sin t + C = \frac{\sqrt{x^2-1}}{x}+C。$$

检测题 3-3 答案

1. 解答 选 B。**2. 解答** （1）$\arctan x$，dx；（2）$\int \sqrt{e^x+1}\, de^x$；（3）$\frac{1}{2}e^x \sin x -$

$\frac{1}{2}e^x \cos x + C$。**3. 解答** （1）$\int \arccos x\, dx = x\arccos x - \int x\, d\arccos x = x\arccos x +$

$\int \frac{x}{\sqrt{1-x^2}}dx = x\arccos x - \frac{1}{2}\int \frac{1}{\sqrt{1-x^2}}d(1-x^2) = x\arccos x - \sqrt{1-x^2}+C;$

（2）$\int 16x^3 \ln x\, dx = 4\int \ln x\, dx^4 = 4x^4 \ln x - 4\int x^4\, d\ln x = 4x^4 \ln x - 4\int \frac{x^4}{x}dx = 4x^4 \ln x - x^4 + C;$

（3）$\int x \sin x \cos x\, dx = \frac{1}{2}\int x \sin 2x\, dx = -\frac{1}{4}\int x\, d(\cos 2x) = -\frac{1}{4}x\cos 2x + \frac{1}{4}\int \cos 2x\, dx =$

$-\frac{1}{4}x\cos 2x + \frac{1}{8}\int \cos 2x\, d(2x) = -\frac{1}{4}x\cos 2x + \frac{1}{8}\sin 2x + C;$ （4）$\int \ln^2 x\, dx = x\ln^2 x -$

$\int x\, d(\ln^2 x) = x\ln^2 x - \int x\frac{1}{x}2\ln x\, dx = x\ln^2 x - 2\int \ln x\, dx = x\ln^2 x - 2x\ln x + 2\int x\, d\ln x =$

$x\ln^2 x - 2x\ln x + 2\int x\frac{1}{x}dx = x\ln^2 x - 2x\ln x + 2x + C;$ （5）$\int 2x\ln(x^2+1)dx = \int \ln(x^2+$

$1)d(x^2+1) = (x^2+1)\ln(x^2+1) - \int (x^2+1)d\ln(x^2+1) = (x^2+1)\ln(x^2+1) -$

$\int (x^2+1)\frac{2x}{x^2+1}dx = (x^2+1)\ln(x^2+1) - x^2 + C;$ （6）$\int \frac{\ln\cos x}{\cos^2 x}dx = \int \ln\cos x\, d\tan x =$

$\tan x \ln\cos x - \int \tan x\, d\ln\cos x = \tan x \ln\cos x - \int \tan x\frac{(-\sin x)}{\cos x}dx = \tan x \ln\cos x + \int \tan^2 x\, dx =$

$\tan x \ln\cos x + \int (\sec^2 x - 1)dx = \tan x \ln\cos x + \tan x - x + C;$ （7）解法一：$\int x\arctan x\, dx =$

$\frac{1}{2}\int \arctan x\, dx^2 = \frac{1}{2}\left(x^2\arctan x - \int x^2\, d\arctan x\right) = \frac{1}{2}\left(x^2\arctan x - \int \frac{x^2}{1+x^2}dx\right) =$

$\frac{1}{2}\left(x^2\arctan x - \int \left(1-\frac{1}{1+x^2}\right)dx\right) = \frac{1}{2}x^2\arctan x - \frac{1}{2}x + \frac{1}{2}\arctan x + C;$ 解法二：（用循

环积分法）$\int x\arctan x\, dx = x^2\arctan x - \int x\, d(x\arctan x) = x^2\arctan x - \int x\left(\arctan x +\right.$

$$\frac{x}{1+x^2}\Big)\mathrm{d}x = x^2\arctan x - \int x\arctan x\,\mathrm{d}x - \int \frac{x^2}{1+x^2}\mathrm{d}x = x^2\arctan x - \int x\arctan x\,\mathrm{d}x -$$

$$\int \frac{(1+x^2)-1}{1+x^2}\mathrm{d}x = x^2\arctan x - \int x\arctan x\,\mathrm{d}x - \int\Big(1-\frac{1}{1+x^2}\Big)\mathrm{d}x = x^2\arctan x - \int x\arctan x\,\mathrm{d}x -$$

$x+\arctan x$。移项，得 $2\int x\arctan x\,\mathrm{d}x = x^2\arctan x - x + \arctan x + 2C$，所以 $\int x\arctan x\,\mathrm{d}x =$

$\frac{1}{2}x^2\arctan x - \frac{1}{2}x + \frac{1}{2}\arctan x + C$；（8）令 $\sqrt{2x+1}=t$，则 $x=\dfrac{t^2-1}{2}$，$\mathrm{d}x=t\,\mathrm{d}t$。于是

$$\int \mathrm{e}^{\sqrt{2x+1}}\,\mathrm{d}x = \int \mathrm{e}^t\,t\,\mathrm{d}t = \int t\,\mathrm{d}\mathrm{e}^t = t\mathrm{e}^t - \int \mathrm{e}^t\,\mathrm{d}t = t\mathrm{e}^t - \mathrm{e}^t + C = \sqrt{2x+1}\,\mathrm{e}^{\sqrt{2x+1}} - \mathrm{e}^{\sqrt{2x+1}} + C。$$

4.解答 由题意可知，$\int f(x)\,\mathrm{d}x = \mathrm{e}^{-x^2}+C$，$f(x)=(\mathrm{e}^{-x^2})' = -2x\mathrm{e}^{-x^2}$。$\int xf'(x)\,\mathrm{d}x =$

$\int x\,\mathrm{d}f(x) = xf(x) - \int f(x)\,\mathrm{d}x = xf(x) - \mathrm{e}^{-x^2} + C = -2x^2\mathrm{e}^{-x^2} - \mathrm{e}^{-x^2} + C。$

自测题三答案

一、选择题

1.解答 选 D。因为函数 $(x+1)^2$ 为 $f(x)$ 的一个原函数，则有 $\int f(x)\,\mathrm{d}x = (x+1)^2 +$

$C = x^2 + 2x + 1 + C$，所以 $x^2 + 2x$ 也是 $f(x)$ 的一个原函数。**2.解答** 选 B。因为函数

$f(x)$ 的一个原函数为 $\ln x$，则有 $\int f(x)\,\mathrm{d}x = \ln x + C$，故 $f(x) = (\ln x + C)' = \dfrac{1}{x}$，

$f'(x) = -\dfrac{1}{x^2}$。**3.解答** 选 C。因为 $\int \dfrac{1}{1-x}\mathrm{d}x = -\int \dfrac{1}{1-x}\mathrm{d}(1-x) = -\ln|1-x| + C$。

4.解答 选 C。**5.解答** 选 C。因为 $\int \cos x\,\mathrm{d}(1-\cos x) = -\int \cos x\,\mathrm{d}\cos x = -\dfrac{1}{2}\cos^2 x +$

C。**6.解答** 选 D。因为 $\int \dfrac{4}{4+x^2}\mathrm{d}x = \int \dfrac{1}{1+\left(\frac{x}{2}\right)^2}\mathrm{d}x = 2\int \dfrac{1}{1+\left(\frac{x}{2}\right)^2}\mathrm{d}\dfrac{x}{2} = 2\arctan\dfrac{x}{2} + C$。

7.解答 选 C。因为 $\int x\,\mathrm{d}\mathrm{e}^{-x} = x\mathrm{e}^{-x} - \int \mathrm{e}^{-x}\,\mathrm{d}x = x\mathrm{e}^{-x} + \int \mathrm{e}^{-x}\,\mathrm{d}(-x) = x\mathrm{e}^{-x} + \mathrm{e}^{-x} + C$。

二、填空题

8.解答 $2^x\ln 2$。因为 $(2^x)' = 2^x\ln 2$。**9.解答** $\mathrm{e}^x + C$。由 $\int f(\ln x)\,\mathrm{d}x = \dfrac{1}{2}x^2 + C$，得

$f(\ln x) = \left(\int f(\ln x)\,\mathrm{d}x\right)' = \left(\dfrac{1}{2}x^2 + C\right)' = x = \mathrm{e}^{\ln x}$，所以 $f(x) = \mathrm{e}^x$，$\int f(x)\,\mathrm{d}x = \int \mathrm{e}^x\,\mathrm{d}x =$

$\mathrm{e}^x + C$。**10.解答** $\dfrac{1}{8}\ln\left|\dfrac{x-4}{x+4}\right| + C$。由公式 $\int \dfrac{1}{x^2-a^2}\mathrm{d}x = \dfrac{1}{2a}\ln\left|\dfrac{x-a}{x+a}\right| + C$ 可得。

11.解答 $\dfrac{1}{2}F^2(x) + C$。由 $\int f(x)\,\mathrm{d}x = F(x) + C$ 知，$f(x) = F'(x)$。所以

$\int F(x)f(x)\,\mathrm{d}x = \int F(x)F'(x)\,\mathrm{d}x = \int F(x)\,\mathrm{d}F(x) = \dfrac{1}{2}F^2(x) + C$。**12.解答** $\arcsin\dfrac{x}{3} +$

C。由公式 $\int \dfrac{1}{\sqrt{a^2-x^2}}dx = \arcsin\dfrac{x}{a}+C$ 可得。13. **解答** $\int e^{\cos x}d\cos x$ 。由分部积分公式可得。

三、解答题

14. **解答** $\int \dfrac{dx}{x^2(1+x^2)} = \int\left(\dfrac{1}{x^2}-\dfrac{1}{1+x^2}\right)dx = -\dfrac{1}{x}-\arctan x+C$ 。

15. **解答** $\int \dfrac{dx}{x(x^2+1)} = \int\left(\dfrac{1}{x}-\dfrac{x}{x^2+1}\right)dx = \int\dfrac{1}{x}dx - \dfrac{1}{2}\int\dfrac{1}{x^2+1}d(x^2+1) =$

$\ln|x|-\dfrac{1}{2}\ln(x^2+1)+C$ 。16. **解答** $\int \dfrac{x^2}{x^2+1}dx = \int\dfrac{(x^2+1)-1}{x^2+1}dx = \int\left(1-\dfrac{1}{x^2+1}\right)dx =$

$x-\arctan x+C$ 。 17. **解答** $\int \dfrac{\sin x-\cos x}{\sin x+\cos x}dx = \int \dfrac{1}{\sin x+\cos x}d(\cos x+\sin x) =$

$\ln|\sin x+\cos x|+C$ 。18. **解答** $\int \dfrac{dx}{x^2+5x+4} = \int \dfrac{1}{(x+1)(x+4)}dx = \dfrac{1}{3}\int\left(\dfrac{1}{x+1}-\right.$

$\left.\dfrac{1}{x+4}\right)dx = \dfrac{1}{3}\ln|x+1|-\dfrac{1}{3}\ln|x+4|+C$ 。19. **解答** 令 $\sqrt[6]{x+1}=t$ ，则 $x=t^6-1$ ， $dx=6t^5dt$ 。

于是， $\int \dfrac{dx}{\sqrt{x+1}+\sqrt[3]{x+1}} = \int\dfrac{1}{t^3+t^2}6t^5dt = 6\int\dfrac{(t^3+1)-1}{t+1}dt = 6\int\left(t^2-t+1-\dfrac{1}{t+1}\right)dt = 2t^3-$

$3t^2+6t-6\ln|t+1|+C = 2\sqrt{x+1}-3\sqrt[3]{x+1}+6\sqrt[6]{x+1}-6\ln(\sqrt[6]{x+1}+1)+C$ 。

检测题 4-1 答案

1. **解答** 选 B。定积分值的大小与被积函数、积分区间有关，而与积分变量无关。

2. **解答** 选 C。答案 A 和 B 中， $\sin^2 x\,dx$ 与 $x\sin x\,dx$ 是偶函数在对称区间的定积分值不

为零；答案 D 中， $\displaystyle\int_{-1}^2 x\,dx$ 的被积函数虽然是奇函数，但积分区间却不是对称区间，所以

$\displaystyle\int_{-1}^2 x\,dx \neq 0$ ；答案 C 中， $\displaystyle\int_{-1}^1 \dfrac{x}{1+\cos x}dx$ 是奇函数，在对称区间的定积分值为零。

3. **解答** 选 A。由于函数 $f(x)$ 仅在区间 $[0,4]$ 上可积，而 $\displaystyle\int_0^2 f(x)dx + \int_2^3 f(x)dx$

上的积分区间 $[0,2]$ 与 $[2,3]$ 都在区间 $[0,4]$ 上，且满足定积分的可加性。

4. **解答** 选 A。在区间 $[0,1]$ 上，因为 $x\geqslant x^2$ ，所以 $\displaystyle\int_0^1 x\,dx \geqslant \int_0^1 x_2\,dx$ 。

5. **解答** $\displaystyle\int_0^2 (x+1)dx$ 。6. **解答** (1) $\dfrac{\pi}{4}$ 。 $\displaystyle\int_0^1 \sqrt{1-y^2}\,dy = \int_0^1 \sqrt{1-x^2}\,dx$ ，由定积分的

几何意义可知，这是一个圆心在原点，半径为 1 的圆在第一象限内的图形的面积，即四分之

一圆的面积；(2) 3。由定积分的几何意义可知， $\displaystyle\int_1^2 2x\,dx$ 表示的是一个直角梯形的面积，直

角梯形的上底为 2，下底为 4，高为 1，其面积为 3。7. **解答** 6；15。在区间 $[1,4]$ 上，

函数 $x+1$ 的最小值 $m=2$ ，最大值 $M=5$ 。由估值定理可知 $2\times 3\leqslant \displaystyle\int_1^4 (x+1)dx \leqslant 5\times 3$ ，即

$6\leqslant \displaystyle\int_1^4 (x+1)dx \leqslant 15$ 。8. **解答** $\displaystyle\int_1^2 [2f(x)-3g(x)]dx = 2\int_1^2 f(x)dx - 3\int_1^2 g(x)dx = 2\times$

$5-3\times3=1$。**9.解答** $\int_{-1}^{2}|x|\mathrm{d}x=\int_{-1}^{0}|x|\mathrm{d}x+\int_{0}^{2}|x|\mathrm{d}x$。由定积分的几何意义可知，

$\int_{-1}^{0}|x|\mathrm{d}x$ 表示的是等腰直角三角形的面积，其直角边长为 1，则面积为 $\dfrac{1}{2}$；$\int_{0}^{2}|x|\mathrm{d}x$ 表示

的是等腰直角三角形的面积，其直角边长为 2，则面积为 2。故 $\int_{-1}^{2}|x|\mathrm{d}x=\dfrac{1}{2}+2=\dfrac{5}{2}$。

10.解答 根据定积分的几何意义，$\int_{a}^{b}(x-x^2)\mathrm{d}x$ 表示的曲边梯形是由 $f(x)=x-x^2$、$x=$

a、$x=b$ 以及 x 轴所围成的图形，$\int_{a}^{b}(x-x^2)\mathrm{d}x$ 则是在 x 轴上方部分的面积减去 x 轴下方

部分的面积。因此如果下方部分的面积为 0，且上方部分的面积为最大时，$\int_{a}^{b}(x-x^2)\mathrm{d}x$ 的

值最大，即当 $a=0$，$b=1$ 时，积分 $\int_{a}^{b}(x-x^2)\mathrm{d}x$ 取得最大值。

检测题 4-2 答案

1.**解答** 选 A。这是一个不定积分，不是定积分。2.**解答** 选 B。答案 A 中，当 $x=1$ 时，分母为零，点 $x=1$ 为无穷间断点，不是第一类间断点；答案 C 中，当 $x=2$ 时，分母为零，点 $x=2$ 为无穷间断点，不是第一类间断点；答案 D 中，当 $x=1$ 时，分母为零，点 $x=1$ 为无穷间断点，不是第一类间断点；只有答案 B 中，被积函数在积分区间内是连续函数，可积。

3.**解答** $e-1$。因为 $\int_{0}^{1}e^{x}\mathrm{d}x=e^{x}\Big|_{0}^{1}=e^{1}-e^{0}=e-1$。4.**解答** x^2。5.**解答** （1）$\int_{0}^{\pi}(2x-$

$\sin x)\mathrm{d}x=(x^2+\cos x)\Big|_{0}^{\pi}=(\pi^2+\cos\pi)-(0^2+\cos0)=\pi^2-2$。（2）$\int_{1}^{\sqrt{3}}\dfrac{x^2+x+1}{x(1+x^2)}\mathrm{d}x=$

$\int_{1}^{\sqrt{3}}\dfrac{x+(x^2+1)}{x(1+x^2)}\mathrm{d}x=\int_{1}^{\sqrt{3}}\left(\dfrac{1}{1+x^2}+\dfrac{1}{x}\right)\mathrm{d}x=(\arctan x+\ln x)\Big|_{1}^{\sqrt{3}}=(\arctan\sqrt{3}+\ln\sqrt{3})-(\arctan1+$

$\ln1)=\left(\dfrac{\pi}{3}+\ln\sqrt{3}\right)-\dfrac{\pi}{4}=\dfrac{\pi}{12}+\ln\sqrt{3}$。（3）$\int_{1}^{2}\left(x+\dfrac{1}{x}\right)^2\mathrm{d}x=\int_{1}^{2}\left(x^2+\dfrac{1}{x^2}+2\right)\mathrm{d}x=$

$\left(\dfrac{1}{3}x^3-\dfrac{1}{x}+2x\right)\Big|_{1}^{2}=\left(\dfrac{8}{3}-\dfrac{1}{2}+4\right)-\left(\dfrac{1}{3}-1+2\right)=\dfrac{29}{6}$。（4）$\int_{0}^{1}\sqrt[4]{x}\left(\sqrt[4]{x}+\sqrt{x}\right)\mathrm{d}x=\int_{0}^{1}(\sqrt{x}+$

$\sqrt[4]{x^3})\mathrm{d}x=\left(\dfrac{2}{3}x^{\frac{3}{2}}+\dfrac{4}{7}x^{\frac{7}{4}}\right)\Big|_{0}^{1}=\left(\dfrac{2}{3}+\dfrac{4}{7}\right)-0=\dfrac{26}{21}$。6.**解答** $\int_{0}^{1}|2x-1|\mathrm{d}x=\int_{0}^{\frac{1}{2}}|2x-1|$

$\mathrm{d}x+\int_{\frac{1}{2}}^{1}|2x-1|\mathrm{d}x=\int_{0}^{\frac{1}{2}}(1-2x)\mathrm{d}x+\int_{\frac{1}{2}}^{1}(2x-1)\mathrm{d}x=(x-x^2)\Big|_{0}^{\frac{1}{2}}+(x^2-x)\Big|_{\frac{1}{2}}^{1}=\dfrac{1}{4}+\dfrac{1}{4}=$

$\dfrac{1}{2}$。7.**解答** $\int_{-1}^{1}f(x)\mathrm{d}x=\int_{-1}^{0}f(x)\mathrm{d}x+\int_{0}^{1}f(x)\mathrm{d}x=\int_{-1}^{0}1\mathrm{d}x+\int_{0}^{1}2\mathrm{d}x=x\Big|_{-1}^{0}+2x\Big|_{0}^{1}=1$

$+2=3$。8.**解答** $\int_{0}^{1}(2x+k)\mathrm{d}x=(x^2+kx)\Big|_{0}^{1}=1+k=2$，故 $k=1$。

检测题 4-3 答案

1.**解答** 选 B。2.**解答** 选 B。当 $5-x=t$ 时，上下限的对应关系正好就是 $\begin{cases}3\to2\\1\to4\end{cases}$。

3.**解答** 选C。因为被积函数 $x[f(x)+f(-x)]$ 是奇函数，且积分区间为对称区间，所以 $\int_{-a}^{a} x[f(x)+f(-x)]\mathrm{d}x = 0$。4.**解答** 选B。由于定积分的分部积分公式是 $\int_{a}^{b} u(x)\mathrm{d}v(x) = u(x)v(x)\Big|_{a}^{b} - \int_{a}^{b} v(x)\mathrm{d}u(x)$，显然排除掉C与D。答案A中先换元，令 $\sqrt{x}=t$，则 $x=t^2$，$\mathrm{d}x=2t\mathrm{d}t$。当 $x=4$ 时，$t=2$；当 $x=9$ 时，$t=3$。于是 $\int_{4}^{9} \mathrm{e}^{\sqrt{x}}\mathrm{d}x = \int_{2}^{3} \mathrm{e}^t 2t\mathrm{d}t = 2\int_{2}^{3} t\mathrm{d}\mathrm{e}^t$。答案A也是错误的。最后看答案B，令 $\ln x = t$，则 $x=\mathrm{e}^t$，$\mathrm{d}x=\mathrm{e}^t\mathrm{d}t$。当 $x=1$ 时，$t=0$；当 $x=\mathrm{e}$ 时，$t=1$。于是 $\int_{1}^{\mathrm{e}} \ln x\mathrm{d}x = \int_{0}^{1} t\mathrm{e}^t\mathrm{d}t = \int_{0}^{1} x\mathrm{e}^x\mathrm{d}x$。故应选B。5.**解答** 选B。因为 $\int_{0}^{\frac{\pi}{2}} x\cos x\mathrm{d}x = \int_{0}^{\frac{\pi}{2}} x\mathrm{d}\sin x$，所以 $u(x)=x, \mathrm{d}v(x)=\mathrm{d}\sin x$。6.**解答** 选B。因为 $\int_{0}^{1} x\mathrm{e}^{-x}\mathrm{d}x = -\int_{0}^{1} x\mathrm{d}\mathrm{e}^{-x} = -x\mathrm{e}^{-x}\Big|_{0}^{1} + \int_{0}^{1} \mathrm{e}^{-x}\mathrm{d}x = -\frac{1}{\mathrm{e}} - \mathrm{e}^{-x}\Big|_{0}^{1} = 1-\frac{2}{\mathrm{e}}$。而答案A可以直接积分，$\int_{0}^{1} \mathrm{e}^x\mathrm{d}x = \mathrm{e}^x\Big|_{0}^{1} = \mathrm{e}-1$；答案C可以积分，$\int_{0}^{1} \mathrm{e}^{-x}\mathrm{d}x = -\mathrm{e}^{-x}\Big|_{0}^{1} = 1-\frac{1}{\mathrm{e}}$；答案D可以换元积分，$\int_{0}^{1} x\mathrm{e}^{x^2}\mathrm{d}x = \frac{1}{2}\int_{0}^{1} \mathrm{e}^{x^2}\mathrm{d}x^2 \xrightarrow{\text{令 } x^2=t} \frac{1}{2}\int_{0}^{1} \mathrm{e}^t\mathrm{d}t = \frac{1}{2}\mathrm{e}^t\Big|_{0}^{1} = \frac{\mathrm{e}}{2}-\frac{1}{2}$。

7.**解答** $\sin t$；0；$\frac{\pi}{2}$。8.**解答** $-\int_{a}^{b} v(x)\mathrm{d}u(x)$。9.**解答** （1）$\int_{0}^{\sqrt{3}} \frac{2x}{1+x^2}\mathrm{d}x = \int_{0}^{\sqrt{3}} \frac{1}{1+x^2}\mathrm{d}(1+x^2)$；令 $1+x^2=u$，$\int_{1}^{4} \frac{1}{u}\mathrm{d}u = \ln u\Big|_{1}^{4} = \ln 4$。（2）设 $x-1=t$，则 $x=t+1$，$\mathrm{d}x=\mathrm{d}t$。当 $x=0$ 时，$t=-1$；当 $x=1$ 时，$t=0$。于是 $\int_{0}^{1} (x-1)^{10} x\mathrm{d}x = \int_{-1}^{0} t^{10}(t+1)\mathrm{d}t = \int_{-1}^{0} (t^{11}+t^{10})\mathrm{d}t = \left(\frac{t^{12}}{12}+\frac{t^{11}}{11}\right)\Big|_{-1}^{0} = \frac{1}{132}$。（3）设 $\sqrt{1-x}=t$，则 $x=1-t^2$，$\mathrm{d}x=-2t\mathrm{d}t$。当 $x=0$ 时，$t=1$；当 $x=1$ 时，$t=0$。于是 $\int_{0}^{1} x\sqrt{1-x}\mathrm{d}x = \int_{1}^{0} (1-t^2)t(-2t\mathrm{d}t) = 2\int_{0}^{1} (t^2-t^4)\mathrm{d}t = 2\left(\frac{t^3}{3}-\frac{t^5}{5}\right)\Big|_{0}^{1} = \frac{4}{15}$。（4）设 $\sqrt{5-4x}=t$，则 $x=\frac{5-t^2}{4}$，$\mathrm{d}x=-\frac{1}{2}t\mathrm{d}t$。当 $x=-1$ 时，$t=3$；当 $x=1$ 时，$t=1$。于是 $\int_{-1}^{1} \frac{x}{\sqrt{5-4x}}\mathrm{d}x = \int_{3}^{1} \frac{\frac{5-t^2}{4}}{t}\left(-\frac{1}{2}t\mathrm{d}t\right) = \frac{1}{8}\int_{1}^{3} (5-t^2)\mathrm{d}t = \frac{1}{8}\left(5t-\frac{t^3}{3}\right)\Big|_{1}^{3} = \frac{1}{6}$。（5）设 $x=2\sin t$，则 $\mathrm{d}x=2\cos t\mathrm{d}t$。当 $x=-\sqrt{2}$ 时，$t=-\frac{\pi}{4}$；当 $x=\sqrt{2}$ 时，$t=\frac{\pi}{4}$。于是 $\int_{-\sqrt{2}}^{\sqrt{2}} \sqrt{4-x^2}\mathrm{d}x = \int_{-\frac{\pi}{4}}^{\frac{\pi}{4}} \sqrt{4-4\sin^2 t}\,2\cos t\mathrm{d}t = \int_{-\frac{\pi}{4}}^{\frac{\pi}{4}} 4\cos^2 t\mathrm{d}t = 2\int_{-\frac{\pi}{4}}^{\frac{\pi}{4}} (1+\cos 2t)\mathrm{d}t = (2t+\sin 2t)\Big|_{-\frac{\pi}{4}}^{\frac{\pi}{4}} = \pi+2$。10.**解答** （1）$\int_{0}^{1} \ln(x+1)\mathrm{d}x = \int_{0}^{1} \ln(x+1)\mathrm{d}(x+1) = (x+1)\ln(x+1)\Big|_{0}^{1} - \int_{0}^{1} (x+1)\mathrm{d}\ln(x+1) = 2\ln 2 - \int_{0}^{1} (x+$

1) $\dfrac{1}{x+1}\mathrm{d}x = 2\ln 2 - x\Big|_0^1 = 2\ln 2 - 1$。 （2）$\displaystyle\int_0^{\frac{\pi}{4}} x\cos 2x\,\mathrm{d}x = \dfrac{1}{2}\int_0^{\frac{\pi}{4}} x\,\mathrm{d}\sin 2x = \dfrac{1}{2}x\sin 2x\Big|_0^{\frac{\pi}{4}} - $

$\dfrac{1}{2}\displaystyle\int_0^{\frac{\pi}{4}}\sin 2x\,\mathrm{d}x = \dfrac{\pi}{8} + \dfrac{1}{4}\cos 2x\Big|_0^{\frac{\pi}{4}} = \dfrac{\pi}{8} - \dfrac{1}{4}$。 （3）$\displaystyle\int_0^{\frac{\pi}{2}} x^2\sin x\,\mathrm{d}x = -\int_0^{\frac{\pi}{2}} x^2\,\mathrm{d}\cos x = -x^2\cos x\Big|_0^{\frac{\pi}{2}} + $

$\displaystyle\int_0^{\frac{\pi}{2}}\cos x\,\mathrm{d}x^2 = \int_0^{\frac{\pi}{2}} 2x\cos x\,\mathrm{d}x = 2\int_0^{\frac{\pi}{2}} x\,\mathrm{d}\sin x = 2x\sin x\Big|_0^{\frac{\pi}{2}} - 2\int_0^{\frac{\pi}{2}}\sin x\,\mathrm{d}x = \pi + 2\cos x\Big|_0^{\frac{\pi}{2}} = \pi - 2$。

（4）$\displaystyle\int_0^{\frac{\pi}{2}} \mathrm{e}^x\sin x\,\mathrm{d}x = \int_0^{\frac{\pi}{2}}\sin x\,\mathrm{d}\mathrm{e}^x = \mathrm{e}^x\sin x\Big|_0^{\frac{\pi}{2}} - \int_0^{\frac{\pi}{2}}\mathrm{e}^x\,\mathrm{d}\sin x = \mathrm{e}^{\frac{\pi}{2}} - \int_0^{\frac{\pi}{2}}\mathrm{e}^x\cos x\,\mathrm{d}x = \mathrm{e}^{\frac{\pi}{2}} - $

$\displaystyle\int_0^{\frac{\pi}{2}}\cos x\,\mathrm{d}\mathrm{e}^x = \mathrm{e}^{\frac{\pi}{2}} - \left(\mathrm{e}^x\cos x\Big|_0^{\frac{\pi}{2}} - \int_0^{\frac{\pi}{2}}\mathrm{e}^x\,\mathrm{d}\cos x\right) = \mathrm{e}^{\frac{\pi}{2}} + 1 - \int_0^{\frac{\pi}{2}}\mathrm{e}^x\sin x\,\mathrm{d}x$，故 $2\displaystyle\int_0^{\frac{\pi}{2}}\mathrm{e}^x\sin x\,\mathrm{d}x = $

$\mathrm{e}^{\frac{\pi}{2}} + 1$，$\displaystyle\int_0^{\frac{\pi}{2}}\mathrm{e}^x\sin x\,\mathrm{d}x = \dfrac{1}{2}\mathrm{e}^{\frac{\pi}{2}} + \dfrac{1}{2}$。 （5）令 $\sqrt[3]{x} = t$，则 $x = t^3$，$\mathrm{d}x = 3t^2\,\mathrm{d}t$。当 $x = 0$ 时，$t = $

0；当 $x = 1$ 时，$t = 1$。于是 $\displaystyle\int_0^1 \mathrm{e}^{\sqrt[3]{x}}\,\mathrm{d}x = \int_0^1 \mathrm{e}^t\times 3t^2\,\mathrm{d}t = 3\int_0^1 t^2\,\mathrm{d}\mathrm{e}^t = 3t^2\mathrm{e}^t\Big|_0^1 - 3\int_0^1 \mathrm{e}^t\,\mathrm{d}t^2 = 3\mathrm{e} - $

$3\displaystyle\int_0^1 \mathrm{e}^t\times 2t\,\mathrm{d}t = 3\mathrm{e} - 6\int_0^1 t\,\mathrm{d}\mathrm{e}^t = 3\mathrm{e} - 6t\mathrm{e}^t\Big|_0^1 + 6\int_0^1 \mathrm{e}^t\,\mathrm{d}t = 3\mathrm{e} - 6\mathrm{e} + 6\mathrm{e}^t\Big|_0^1 = 3\mathrm{e} - 6$。 **11. 证明** 令

$a - 2x = t$，则 $x = \dfrac{a - t}{2}$，$\mathrm{d}x = -\dfrac{1}{2}\mathrm{d}t$。当 $x = 0$ 时，$t = a$；当 $x = \dfrac{a}{2}$ 时，$t = 0$。于是

$\displaystyle\int_0^{\frac{a}{2}} f(a - 2x)\,\mathrm{d}x = \int_a^0 f(t)\left(-\dfrac{1}{2}\mathrm{d}t\right) = \dfrac{1}{2}\int_0^a f(t)\,\mathrm{d}t = \dfrac{1}{2}\int_0^a f(x)\,\mathrm{d}x$。故 $\displaystyle\int_0^a f(x)\,\mathrm{d}x = $

$2\displaystyle\int_0^{\frac{a}{2}} f(a - 2x)\,\mathrm{d}x$。证毕。

检测题 4-4 答案

1. **解答** 选 C。抓住"四线两平行"中的两平行直线是垂直于谁。垂直于 y 轴，就是 Y 型。 2. **解答** 选 A。抓住理解"围成"两字，必须用完指定的每一个线条，且不能留有缺口，也无需用到别的线条。 3. **解答** 选 A。 4. **解答** $\dfrac{4}{3}\pi a^2 b$。 5. **解答** 如答案图 1。解方程

组 $\begin{cases} y = x \\ y = x^2 \end{cases}$ 得交点 $(0,0)$ 与 $(1,1)$。$\mathrm{d}A = (x - x^2)\,\mathrm{d}x$。所求面积为 $A = \displaystyle\int_0^1 (x - x^2)\,\mathrm{d}x = $

$\left(\dfrac{x^2}{2} - \dfrac{x^3}{3}\right)\Big|_0^1 = \dfrac{1}{6}$。

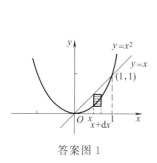

答案图 1

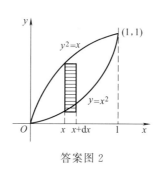

答案图 2

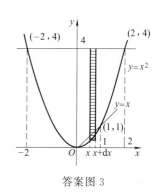

答案图 3

6. **解答** 如答案图 2。解方程组 $\begin{cases} y = x^2 \\ x = y^2 \end{cases}$ 得交点 $(0,0)$ 与 $(1,1)$。$dA = (\sqrt{x} - x^2)\,dx$。

所求面积为 $A = \displaystyle\int_0^1 (\sqrt{x} - x^2)\,dx = \left(\dfrac{2}{3} x^{\frac{3}{2}} - \dfrac{x^3}{3}\right)\Big|_0^1 = \dfrac{1}{3}$。7. **解答** 如答案图 3。解方程组

$\begin{cases} y = x \\ y = x^2 \end{cases}$ 得交点 $(0,0)$ 与 $(1,1)$。解方程组 $\begin{cases} y = 4 \\ y = x^2 \end{cases}$ 得交点 $(-2,4)$ 与 $(2,4)$。所求图形的面积

可以理解成直线 $y = 4$ 与曲线 $y = x^2$ 所围成的平面图形面积，减去直线 $y = x$ 与曲线 $y = x^2$

所围成的平面图形面积。则所求面积为 $A = \displaystyle\int_{-2}^2 (4 - x^2)\,dx - \int_0^1 (x - x^2)\,dx =$

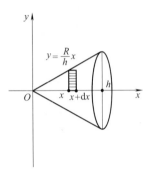

$\left(4x - \dfrac{1}{3}x^3\right)\Big|_{-2}^2 - \left(\dfrac{1}{2}x^2 - \dfrac{1}{3}x^3\right)\Big|_0^1 = \dfrac{32}{3} - \dfrac{1}{6} = \dfrac{21}{2}$。8. **解答** 如答

案图 4。正圆锥体是由直线 $y = \dfrac{R}{h}x$、$x = h$ 以及 x 轴所围成的平面

图形绕 x 轴旋转一周而形成的。体积微元为 $dV = \pi\left(\dfrac{R}{h}x\right)^2 dx =$

$\dfrac{\pi R^2}{h^2}x^2\,dx$。所求体积为 $V_x = \displaystyle\int_0^h \dfrac{\pi R^2}{h^2} x^2\,dx = \dfrac{\pi R^2}{3h^2}x^3\Big|_0^h = \dfrac{\pi R^2 h}{3}$。

答案图 4

9. **解答** $y' = \dfrac{1}{2\sqrt{x}} - \dfrac{\sqrt{x}}{2}$，则 $s = \displaystyle\int_1^3 \sqrt{1 + y'^2}\,dx =$

$\displaystyle\int_1^3 \sqrt{1 + \left(\dfrac{1}{2\sqrt{x}} - \dfrac{\sqrt{x}}{2}\right)^2}\,dx = \int_1^3 \left(\dfrac{1}{2\sqrt{x}} + \dfrac{\sqrt{x}}{2}\right)\,dx = \dfrac{\sqrt{x}}{3}(3+x)\ \Big|_1^3 = 2\sqrt{3} - \dfrac{4}{3}$。

10. **解答** 由胡克定律知，在弹性限度内，弹簧的伸长量与所受外力成正比，所以 $F(x) = kx$，其中 k 为比例系数。将 $x = 0.01\text{m}$、$F(x) = 4\text{N}$ 代入 $F(x) = kx$ 中，得 $4 = 0.01k$，$k = 400\text{N/m}$，所以 $F(x) = 400x$。在弹性范围内把弹簧拉长 0.2m 时所做的功为 $W = \displaystyle\int_0^{0.2} 400x\,dx$

$= 200x^2\Big|_0^{0.2} = 8(\text{J})$。

自测题四答案

一、选择题

1. **解答** 选 A。因为定积分 $y = \displaystyle\int_0^1 x\,dx$ 是一个常数，而常数的导数为 0。2. **解答** 选

D。因为 $\displaystyle\int_0^1 x\,dx = \dfrac{x^2}{2}\Big|_0^1 = \dfrac{1}{2}$。而答案 A 中 $\displaystyle\int_2^5 0\,dx = 0 \times \int_2^5 dx = 0$；答案 B 中定积分的上下

限相同，则 $\displaystyle\int_a^a x^2\,dx = 0$；答案 C 中是奇函数，在对称区间上的定积分值为 0。3. **解答** 选

B。因为从定积分的可加性得。其他答案的积分区间中均有不在指定区间 $[-2,1]$ 的情

况存在，自然就不满足定积分的可加性。4. **解答** 选 D。在积分区间 $[0,2]$ 上，有 $\sin x <$

$x < \text{e}^x$，故有 $c < a < b$。5. **解答** 选 C。令 $\sqrt[3]{x-8} = t$，则 $x = t^3 + 8$，$dx = 3t^2\,dt$。当 $x = 7$

时，$t = -1$；当 $x = 0$ 时，$t = -2$。于是 $\displaystyle\int_7^0 \dfrac{1}{\sqrt[3]{x-8}}\,dx = \int_{-1}^{-2} \dfrac{1}{t} 3t^2\,dt = \int_{-1}^{-2} 3t\,dt = \int_{-1}^{-2} 3x\,dx$。

6.解答 选 C。$\int_0^k e^{2x}\mathrm{d}x=\dfrac{1}{2}e^{2x}\Big|_0^k=\dfrac{1}{2}(e^{2k}-1)$，由题意 $\int_0^k e^{2x}\mathrm{d}x=\dfrac{3}{2}$，$\dfrac{1}{2}(e^{2k}-1)=\dfrac{3}{2}$，故 $k=\ln 2$。 **7.解答** 选 B。 **8.解答** 选 D。

二、填空题

9.解答 0。 **10.解答** $\int_3^4 f(x)\mathrm{d}x$。 **11.解答** e。因为 $\int_0^1(x^{10}e^x)'\mathrm{d}x=(x^{10}e^x)\Big|_0^1=\mathrm{e}$。

12.解答 0。因为 $\int_0^1 x^n\mathrm{d}x=\dfrac{1}{n+1}x^{n+1}\Big|_0^1=\dfrac{1}{n+1}$，故 $\lim\limits_{n\to\infty}\int_0^1 x^n\mathrm{d}x=\lim\limits_{n\to\infty}\dfrac{1}{n+1}=0$。

13.解答 -1 或 $\dfrac{1}{3}$。因为 $\int_{-1}^1 f(x)\mathrm{d}x=\int_{-1}^1(3x^2+2x+1)\mathrm{d}x=(x^3+x^2+x)\Big|_{-1}^1=4$。

而 $f(a)=3a^2+2a+1$，由 $\int_{-1}^1 f(x)\mathrm{d}x=2f(a)$，得 $4=2(3a^2+2a+1)$，故 $a=\dfrac{1}{3}$ 或 $a=-1$。

三、解答题

14.解答 $\int_{-\pi}^{\pi}\left(2\cos x+\dfrac{3x}{1+x^2}\right)\mathrm{d}x=2\int_{-\pi}^{\pi}\cos x\mathrm{d}x+3\int_{-\pi}^{\pi}\dfrac{x}{1+x^2}\mathrm{d}x=2\sin x\Big|_{-\pi}^{\pi}+0=0$。

15.解答 $\int_3^4\dfrac{2x-3}{x^2-3x+2}\mathrm{d}x=\int_3^4\dfrac{1}{x^2-3x+2}\mathrm{d}(x^2-3x+2)=\ln(x^2-3x+2)\Big|_3^4=$

$\ln 3$。 **16.解答** 令 $\sqrt[6]{1-x}=t$，则 $x=1-t^6$，$\mathrm{d}x=-6t^5\mathrm{d}t$。当 $x=0$ 时，$t=1$；当 $x=1$ 时，

$t=0$。于是 $\int_0^1(\sqrt{1-x}+\sqrt[3]{1-x})\mathrm{d}x=\int_1^0(t^3+t^2)(-6t^5\mathrm{d}t)=\int_1^0(-6t^8-6t^7)\mathrm{d}t=$

$\left(-\dfrac{2}{3}t^9-\dfrac{3}{4}t^8\right)\Big|_1^0=\dfrac{17}{12}$。 **17.解答** $\int_0^1 x\mathrm{d}\dfrac{1}{1+x^2}=\dfrac{x}{1+x^2}\Big|_0^1-\int_0^1\dfrac{1}{1+x^2}\mathrm{d}x=\dfrac{1}{2}-\arctan x\Big|_0^1=$

$\dfrac{1}{2}-\dfrac{\pi}{4}$。

四、应用题

18.解答 如答案图 5。$\mathrm{d}A=[(x^2+1)-x]\mathrm{d}x$。所求面积为 $A=\int_{-1}^2[(x^2+1)-x]\mathrm{d}x=$

$\left(\dfrac{1}{3}x^3-\dfrac{1}{2}x^2+x\right)\Big|_{-1}^2=\dfrac{9}{2}$。

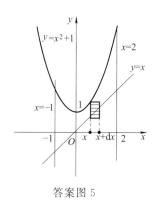

答案图 5

答案图 6

19. 解答 如答案图 6。$\mathrm{d}W = (3x+4)\,\mathrm{d}x$。$W = \int_0^4 (3x+4)\,\mathrm{d}x = \left(\dfrac{3}{2}x^2 + 4x\right)\Big|_0^4 = 40$。

20. 解答 在等式 $f(x) = x^2 - \int_0^a f(x)\,\mathrm{d}x$ 的两边都取定积分，则有 $\int_0^a f(x)\,\mathrm{d}x = \int_0^a \left[x^2 - \int_0^a f(x)\,\mathrm{d}x\right]\mathrm{d}x = \int_0^a x^2\,\mathrm{d}x - \int_0^a f(x)\,\mathrm{d}x\int_0^a \mathrm{d}x = \dfrac{1}{3}x^3\Big|_0^a - a\int_0^a f(x)\,\mathrm{d}x = \dfrac{a^3}{3} - a\int_0^a f(x)\,\mathrm{d}x$。这是一个循环积分，移项得 $(1+a)\int_0^a f(x)\,\mathrm{d}x = \dfrac{a^3}{3}$，由于 a 是不等于 -1 的常数，故 $\int_0^a f(x)\,\mathrm{d}x = \dfrac{a^3}{3(1+a)}$，$f(x) = x^2 - \dfrac{a^3}{3(1+a)}$。

检测题 5-1 答案

1. 解答 选 C。因为 A、D 不是等式；B 虽然是等式，但没有导数或微分。只有 C 既是等式又含有导数。**2. 解答** 选 B。因为 $y = x^2$，$y' = 2x$，$\mathrm{d}y = 2x\,\mathrm{d}x$。**3. 解答** 选 B。能使微分方程 $y' = 3y^{\frac{2}{3}}$ 成立的只有 B、D。但 D 中含有任意常数 C，是通解；而 B 不含任意常数 C，是特解。**4. 解答** 2。微分方程中，导数的最高阶为 2 阶。**5. 解答** 3。微分方程的阶数是 3，与独立常数的个数相同。**6. 解答** 通。因为函数含有与微分方程的阶数相同的独立常数 C_1、C_2，且能使得微分方程等式成立，所以是通解。**7. 解答** 函数 $y = 2\cos x - 3\sin x$ 是微分方程 $y'' + y = 0$ 的解。因为 $y = 2\cos x - 3\sin x$，$y' = -2\sin x - 3\cos x$，$y'' = -2\cos x + 3\sin x$。故 $y'' + y = 0$ 成立。**8. 解答** 因为 $y = C\mathrm{e}^{-3x} + \mathrm{e}^{-2x}$，所以 $\dfrac{\mathrm{d}y}{\mathrm{d}x} = -3C\mathrm{e}^{-3x} - 2\mathrm{e}^{-2x}$。代入微分方程中，得到 $-3C\mathrm{e}^{-3x} - 2\mathrm{e}^{-2x} = \mathrm{e}^{-2x} - 3(C\mathrm{e}^{-3x} + \mathrm{e}^{-2x})$，为恒等式。故 $y = C\mathrm{e}^{-3x} + \mathrm{e}^{-2x}$ 为通解。将 $y\,|_{x=0} = 0$ 代入 $y = C\mathrm{e}^{-3x} + \mathrm{e}^{-2x}$ 中，有 $0 = C\mathrm{e}^{-3\times 0} + \mathrm{e}^{-2\times 0}$，得 $C = -1$，故所求特解为 $y = -\mathrm{e}^{-3x} + \mathrm{e}^{-2x}$。**9. 解答** 设曲线函数为 $y = f(x)$，由题意可得 $\dfrac{\mathrm{d}y}{\mathrm{d}x} = x^2$，从而 $\mathrm{d}y = x^2\,\mathrm{d}x$，所以曲线的微分方程为 $\mathrm{d}y - x^2\,\mathrm{d}x = 0$。

检测题 5-2 答案

1. 解答 选 B。因为 $\dfrac{\mathrm{d}y}{\mathrm{d}x} = 3(x-1)(2-y)$ 分离变量为 $\dfrac{1}{2-y}\mathrm{d}y = 3(x-1)\mathrm{d}x$。

2. 解答 选 B。**3. 解答** 选 A。因为 $(x^2 - y^2)\mathrm{d}x + 2xy\,\mathrm{d}y = 0$ 可转化为齐次方程的一般形式：$\dfrac{\mathrm{d}y}{\mathrm{d}x} = \dfrac{y^2 - x^2}{2xy} = \dfrac{\left(\dfrac{y}{x}\right)^2 - 1}{2\dfrac{y}{x}}$。**4. 解答** $\dfrac{\mathrm{d}y}{\mathrm{d}x} = f\left(\dfrac{y}{x}\right)$，$\dfrac{\mathrm{d}y}{\mathrm{d}x} = f\left(\dfrac{x}{y}\right)$。**5. 解答** （1）分离变量得 $y\,\mathrm{d}y = \dfrac{1-x^2}{x}\mathrm{d}x$，两边积分得 $\int y\,\mathrm{d}y = \int \dfrac{1-x^2}{x}\mathrm{d}x$，通解为 $\dfrac{1}{2}y^2 = \ln|x| - \dfrac{1}{2}x^2 + C$。

（2）分离变量得 $10^y\,\mathrm{d}y = 10^x\,\mathrm{d}x$，两边积分得 $\int 10^y\,\mathrm{d}y = \int 10^x\,\mathrm{d}x$，$\dfrac{10^y}{\ln 10} = \dfrac{10^x}{\ln 10} + \dfrac{C}{\ln 10}$，通解为 $10^y = 10^x + C$。（3）分离变量得 $\dfrac{1}{\tan y}\mathrm{d}y = \tan x\,\mathrm{d}x$，两边积分得 $\int \dfrac{\cos y}{\sin y}\mathrm{d}y = \int \dfrac{\sin x}{\cos x}\mathrm{d}x$，

$\ln|\sin y|=-\ln|\cos x|+\ln|C|$，故通解为 $\sin y\cos x=C$。6.**解答** （1）原微分方程可转化

为齐次方程 $\dfrac{dy}{dx}=\dfrac{x^3+y^3}{xy^2}=\left(\dfrac{x}{y}\right)^2+\dfrac{y}{x}$。令 $u=\dfrac{y}{x}$，$y=ux$，$\dfrac{dy}{dx}=\dfrac{du}{dx}x+u$。代入得 $\dfrac{du}{dx}x+$

$u=\left(\dfrac{1}{u}\right)^2+u$，即 $\dfrac{du}{dx}x=\dfrac{1}{u^2}$。分离变量得 $u^2du=\dfrac{1}{x}dx$，两边积分得 $\displaystyle\int u^2du=\int\dfrac{1}{x}dx$，

$\dfrac{1}{3}u^3=\ln|x|+\dfrac{1}{3}\ln|C|$，$e^{u^3}=Cx^3$。换元回来得通解为 $e^{\left(\frac{y}{x}\right)^3}=Cx^3$。（2）原微分方程可

转化为齐次方程 $\dfrac{dy}{dx}=\dfrac{y}{x}\ln\dfrac{y}{x}$。令 $u=\dfrac{y}{x}$，$y=ux$，$\dfrac{dy}{dx}=\dfrac{du}{dx}x+u$，代入得 $\dfrac{du}{dx}x+u=u\ln u$，

分离变量得 $\dfrac{1}{u(\ln u-1)}du=\dfrac{1}{x}dx$，两边积分得 $\displaystyle\int\dfrac{1}{u(\ln u-1)}du=\int\dfrac{1}{x}dx$，$\displaystyle\int\dfrac{1}{\ln u-1}d(\ln u-$

$1)=\displaystyle\int\dfrac{1}{x}dx$，$\ln|\ln u-1|=\ln|x|+\ln|C|$，故 $u=e^{Cx+1}$。换元回来得 $\dfrac{y}{x}=e^{Cx+1}$，即所求

通解为 $y=xe^{Cx+1}$。7.**解答** 分离变量得 $\dfrac{dy}{y}=-\dfrac{2}{x}dx$，两边积分得 $\displaystyle\int\dfrac{1}{y}dy=-\int\dfrac{2}{x}dx$，

$\ln|y|=-2\ln|x|+\ln|C|$，得通解为 $yx^2=C$。将初始条件 $y|_{x=2}=1$ 代入到通解中得 $1\times$

$2^2=C$，故 $C=4$，即所求特解为 $x^2y=4$。

检测题 5-3 答案

1.**解答** 选 A。因为微分方程 $x(y')^2-2y+x=0$ 中 y' 的次数是 2 次，而线性微分方程
中 y 与 y' 的次数只能是 1 次。其他答案均可转化为一阶线性微分方程的一般形式。

2.**解答** $e^{\int P(x)dx}$。3.**解答** $\dfrac{dy}{dx}+P(x)y=0$。4.**解答** $y=Ce^{-\int P(x)dx}$。

5.**解答** （1）这是一个一阶非齐次线性微分方程，且 $P(x)=\tan x$，$Q(x)=\sin 2x$。由通

解公式得 $y=e^{-\int\tan x dx}\left[\displaystyle\int(\sin 2x\times e^{\int\tan x dx})dx+C\right]=e^{\ln\cos x}\left[\displaystyle\int(\sin 2x\times e^{-\ln\cos x})dx+C\right]=$

$\cos x\left(\displaystyle\int 2\sin x\cos x\dfrac{1}{\cos x}dx+C\right)=\cos x\left(\displaystyle\int 2\sin x dx+C\right)=\cos x(-2\cos x+C)$。所求通解为 $y=$

$\cos x(-2\cos x+C)$。（2）这是一个一阶非齐次线性微分方程，且 $P(x)=3$，$Q(x)=2$。由

通解公式得 $y=e^{-\int 3dx}\left(\displaystyle\int 2e^{\int 3dx}dx+C\right)=e^{-3x}\left(\displaystyle\int 2e^{3x}dx+C\right)=e^{-3x}\left(\dfrac{2}{3}e^{3x}+C\right)=\dfrac{2}{3}+$

Ce^{-3x}。所求通解为 $y=\dfrac{2}{3}+Ce^{-3x}$。（3）这是一个一阶非齐次线性微分方程，且 $P(x)=$

$-3x$，$Q(x)=x$。由通解公式得 $y=e^{\int 3xdx}\left(\displaystyle\int xe^{-\int 3xdx}dx+C\right)=e^{\frac{3}{2}x^2}\left(\displaystyle\int xe^{-\frac{3}{2}x^2}dx+C\right)=$

$e^{\frac{3}{2}x^2}\left[-\dfrac{1}{3}\displaystyle\int e^{-\frac{3}{2}x^2}d\left(-\dfrac{3}{2}x^2\right)+C\right]=e^{\frac{3}{2}x^2}\left(-\dfrac{1}{3}e^{-\frac{3}{2}x^2}+C\right)=-\dfrac{1}{3}+Ce^{\frac{3}{2}x^2}$。所求通解为 $y=$

$-\dfrac{1}{3}+Ce^{\frac{3}{2}x^2}$。6.**解答** （1）这是一个一阶非齐次线性微分方程，且 $P(x)=-1$，$Q(x)=x$。由

通解公式得 $y=e^{\int dx}\left(\displaystyle\int xe^{-\int dx}dx+C\right)=e^x\left(\displaystyle\int xe^{-x}dx+C\right)=e^x\left(-\displaystyle\int xde^{-x}+C\right)=$

$e^x\left(-xe^{-x}+\int e^{-x}dx+C\right)=e^x\left(-xe^{-x}-e^{-x}+C\right)=-x-1+Ce^x$。将初始条件 $y\big|_{x=0}=2$ 代入到通解中得 $2=0-1+Ce^0$，$C=3$。故所求特解为 $y=-x-1+3e^x$。（2）这里 $P(x)=2x$，$Q(x)=xe^{-x^2}$。用积分因子 $e^{\int p(x)dx}=e^{\int 2xdx}=e^{x^2}$ 同时乘以原微分方程的两边，得 $y'e^{x^2}+2xye^{x^2}=xe^{-x^2}e^{x^2}$，即 $(ye^{x^2})'=x$。两边积分得 $ye^{x^2}=\dfrac{1}{2}x^2+C$，即通解为 $y=\dfrac{1}{2}x^2e^{-x^2}+Ce^{-x^2}$。将初始条件 $y\big|_{x=0}=1$ 代入到通解中得 $1=\dfrac{1}{2}\times 0^2\times e^0+Ce^0$，$C=1$。故所求特解为 $y=\dfrac{1}{2}x^2e^{-x^2}+e^{-x^2}$。

自测题五答案

一、选择题

　　1.**解答**　选 B。2.**解答**　选 D。3.**解答**　选 C。因为线性微分方程是指 y 与 y'、y''、y'''、…的次数为一次，所以排除掉答案 A 与 B，又由于答案 D 中微分方程的阶数是二阶，所以又排除掉 D。答案 C 正是一阶非齐次线性微分方程的一般形式。4.**解答**　选 C。因为 $y'-2xy-x-2=0$ 可转化为一阶非齐次线性微分方程的一般形式：$y'-2xy=x+2$。

　　5.**解答**　选 A。因为 $xy'-y=x$ 转化为一阶非齐次线性微分方程的一般形式 $y'-\dfrac{1}{x}y=1$。这里 $P(x)=-\dfrac{1}{x}$。6.**解答**　选 A。由 $\dfrac{dy}{dx}=3x^2$，分离变量得 $dy=3x^2dx$，两边积分得 $y=x^3+C$。通过点 $(0,1)$ 处时，$1=0^3+C$，$C=1$，此时有特解为 $y=x^3+1$，排除掉答案 C；与直线 $y=3x+1$ 相切时，斜率为 $\dfrac{dy}{dx}=3x^2=3$，$x=\pm 1$，切点为 $(1,4)$ 与 $(-1,-2)$。在切点为 $(1,4)$ 处时，$4=1^3+C$，$C=3$，此时有特解为 $y=x^3+3$；在切点 $(-1,-2)$ 处时，$-2=(-1)^3+C$，$C=-1$，此时有特解为 $y=x^3-1$，排除掉答案 B。7.**解答**　选 A。通解一定满足三点：（1）是函数形式；（2）能使微分方程的等式成立；（3）含有与阶数相同的独立的任意常数。只有答案 A 满足条件。8.**解答**　选 B。将一阶非齐次微分方程 $y\dfrac{dx}{dy}=y^2+x$ 化为一般形式 $\dfrac{dx}{dy}-\dfrac{1}{y}x=y\left[\text{形如}\dfrac{dx}{dy}+P(y)x=Q(y)\right]$，与之对应的一阶齐次微分方程为 $\dfrac{dx}{dy}-\dfrac{1}{y}x=0$，即有 $y\dfrac{dx}{dy}=x$。

二、填空题

　　9.**解答**　3。因为这是一个三阶微分方程，而独立的任意常数的个数是与微分方程的阶数相等的。10.**解答**　2。11.**解答**　$y=\sin x+C$。12.**解答**　$-\dfrac{1}{y}=\sin x-2$。因为微分方程 $y'=y^2\cos x$ 分离变量得 $\dfrac{1}{y^2}dy=\cos xdx$，两边积分得 $\int\dfrac{1}{y^2}dy=\int\cos xdx$，$-\dfrac{1}{y}=\sin x+C$。将初始条件 $y\big|_{x=\frac{\pi}{2}}=1$ 代入到通解中得 $-\dfrac{1}{1}=\sin\dfrac{\pi}{2}+C$，$C=-2$。所以特解为 $-\dfrac{1}{y}=$

$\sin x - 2$。**13.解答** $y'-y=0$。由 $y=Ce^x$ 得 $C=\dfrac{y}{e^x}$；又 $y'=Ce^x$，$C=\dfrac{y'}{e^x}$。故 $\dfrac{y}{e^x}=\dfrac{y'}{e^x}$ 整理

得 $y'-y=0$。**14.解答** $e^{-\frac{y^2}{2}}$。因为积分因子 $e^{\int P(y)dy}=e^{-\int ydy}=e^{-\frac{y^2}{2}}$。

三、解答题

15.解答 分离变量得 $\left(1+\dfrac{1}{y}\right)dy=\dfrac{1}{x}dx$，两边积分得 $\int\left(1+\dfrac{1}{y}\right)dy=\int\dfrac{1}{x}dx$，$y+\ln y=$

$\ln x+\ln C$，通解为 $ye^y=Cx$。**16.解答** 变形为 $y'=\dfrac{y}{x}+\left(\dfrac{y}{x}\right)^2$。令 $u=\dfrac{y}{x}$，则 $y=ux$，

$y'=\dfrac{du}{dx}x+u$。代入得 $\dfrac{du}{dx}x+u=u+u^2$，$\dfrac{du}{dx}=\dfrac{u^2}{x}$。分离变量得 $\dfrac{1}{u^2}du=\dfrac{1}{x}dx$，两边积分得

$\int\dfrac{1}{u^2}du=\int\dfrac{1}{x}dx$，$-\dfrac{1}{u}=\ln x+\ln C$，$e^{-\frac{1}{u}}=Cx$。换元回来得通解 $e^{-\frac{x}{y}}=Cx$。

17.解答 这是一个一阶非齐次线性微分方程，且 $P(x)=-\dfrac{1}{x+1}$，$Q(x)=x+1$。

由通解公式得 $y=e^{\int\frac{1}{x+1}dx}\left[\int(x+1)e^{-\int\frac{1}{x+1}dx}dx+C\right]=e^{\ln(x+1)}\left[\int(x+1)e^{-\ln(x+1)}dx+C\right]=$

$(x+1)\left[\int(x+1)\dfrac{1}{x+1}dx+C\right]=(x+1)[(x+1)+C]=(x+1)^2+C(x+1)$。故所求通

解为 $y=(x+1)^2+C(x+1)$。**18.解答** 原微分方程可变形为 $\dfrac{dx}{dy}+\dfrac{1}{y}x=1$，这是一个一阶

非齐次线性微分方程，且 $P(y)=\dfrac{1}{y}$，$Q(y)=1$。由通解公式得 $x=$

$e^{-\int\frac{1}{y}dy}\left(\int e^{\int\frac{1}{y}dy}dy+C\right)=e^{-\ln y}\left(\int e^{\ln y}dy+C\right)=\dfrac{1}{y}\left(\int ydy+C\right)=\dfrac{1}{y}\left(\dfrac{1}{2}y^2+C\right)=\dfrac{y}{2}+\dfrac{C}{y}$。故

所求通解为 $x=\dfrac{y}{2}+\dfrac{C}{y}$。**19.解答** 原微分方程可变形为 $y'=\dfrac{y}{x}+\cos^2\dfrac{y}{x}$，这是一个齐次方

程。令 $u=\dfrac{y}{x}$，则 $y=ux$，$y'=\dfrac{du}{dx}x+u$。代入得 $\dfrac{du}{dx}x+u=u+\cos^2u$，$\dfrac{du}{dx}=\dfrac{\cos^2u}{x}$。分离变

量得 $\sec^2u\,du=\dfrac{1}{x}dx$，两边积分得 $\int\sec^2u\,du=\int\dfrac{1}{x}dx$，$\tan u=\ln x+\ln C$，$e^{\tan u}=Cx$，换元

回来得通解为 $e^{\tan\frac{y}{x}}=Cx$。将初始条件 $y\big|_{x=1}=\dfrac{\pi}{4}$ 代入到通解中得 $e^{\tan\frac{\pi}{4}{1}}=C\times 1$，$C=e$。故

所求特解为 $e^{\tan\frac{y}{x}}=ex$。**20.解答** 这是一个一阶非齐次线性微分方程，且 $P(x)=-1$，

$Q(x)=e^x$。由通解公式得 $y=e^{\int dx}\left(\int e^x e^{-\int dx}dx+C\right)=e^x\left(\int e^x e^{-x}dx+C\right)=e^x(x+C)$。将

初始条件 $y\big|_{x=0}=1$ 代入到通解方程中得 $1=e^0(0+C)$，$C=1$。故所求特解为 $y=e^x(x+1)$。

检测题 6-1答案

1.**解答** 选A。2.**解答** 选A。因为当 $f(2,1)$ 时，即 $f(x+2,y+1)=f(2,1)$，有

$x=0$，$y=0$。所以 $f(2,1)=3\times 0^2-0\times 0-0^2+1=1$。3.**解答** 5。4.**解答** 圆柱面。

5. 解答 $\begin{cases} x^2+y^2=1 \\ z=0 \end{cases}$。 6. 解答 4。 7. 解答 相等。 8. 解答 定义域为

$\left\{(x,y)\ \middle|\ \begin{cases} x+y-1>0 \\ 1-x^2-y^2>0 \end{cases}\right\}$。 9. 解答 $\lim\limits_{(x,y)\to(1,-1)}\dfrac{2x-y^2}{x^2+y^2}=\dfrac{2\times1-(-1)^2}{1^2+(-1)^2}=\dfrac{1}{2}$。

10. 解答 $\lim\limits_{\substack{x\to0\\y\to0}}\dfrac{3-\sqrt{x^2+y^2+9}}{x^2+y^2}=\lim\limits_{\substack{x\to0\\y\to0}}\dfrac{(3-\sqrt{x^2+y^2+9})(3+\sqrt{x^2+y^2+9})}{(x^2+y^2)(3+\sqrt{x^2+y^2+9})}=$

$\lim\limits_{\substack{x\to0\\y\to0}}\dfrac{-(x^2+y^2)}{(x^2+y^2)(3+\sqrt{x^2+y^2+9})}=\lim\limits_{\substack{x\to0\\y\to0}}\dfrac{-1}{3+\sqrt{x^2+y^2+9}}=-\dfrac{1}{6}$。

11. 解答 因为 $\lim\limits_{(x,y)\to(0,0)}(x^2+y^2)=0$，函数 x^2+y^2 为无穷小；而 $\left|\cos\dfrac{1}{xy}\right|\leqslant1$，$\cos\dfrac{1}{xy}$

为有界函数，所以 $\lim\limits_{(x,y)\to(0,0)}(x^2+y^2)\cos\dfrac{1}{xy}=0$。 12. 解答 令 $y=kx$，则有 $\lim\limits_{\substack{x\to0\\y\to0}}\dfrac{xy}{\sqrt{x^4+y^4}}=$

$\lim\limits_{\substack{x\to0\\y\to0}}\dfrac{xkx}{\sqrt{x^4+(kx)^4}}=\dfrac{k}{\sqrt{1+k^4}}$。 由于 k 的任意性，所以 $\dfrac{k}{\sqrt{1+k^4}}$ 不恒定。故 $\lim\limits_{\substack{x\to0\\y\to0}}\dfrac{xy}{\sqrt{x^4+y^4}}$ 无

极限。

检测题 6-2 答案

1. 解答 选 B。 2. 解答 选 D。 3. 解答 $\cos x$；$\cos^2(x+y)$。 4. 解答 因为令 $F(x,$

$y,z)=xz-y-e^z$，则有 $F'_x=z$，$F'_y=-1$，$F'_z=x-e^z$；$\dfrac{\partial z}{\partial x}=-\dfrac{F'_x}{F'_z}=-\dfrac{z}{x-e^z}$，$\dfrac{\partial z}{\partial y}=-$

$\dfrac{F'_y}{F'_z}=-\dfrac{-1}{x-e^z}=\dfrac{1}{x-e^z}$。 5. 解答 （1）$\dfrac{\partial z}{\partial x}=3x^2+6xy-2y^3$，$\dfrac{\partial z}{\partial y}=3x^2-6xy^2+2y$；

（2）$\dfrac{\partial z}{\partial x}=y+\dfrac{1}{y}$，$\dfrac{\partial z}{\partial y}=x-\dfrac{x}{y^2}$；（3）$\dfrac{\partial u}{\partial x}=y^2+2xz$，$\dfrac{\partial u}{\partial y}=2xy+z^2$，$\dfrac{\partial u}{\partial z}=2yz+x^2$。

6. 解答 $\dfrac{\partial z}{\partial x}=2x-2y$，$\dfrac{\partial z}{\partial y}=-2x+9y^2$；$\dfrac{\partial z}{\partial x}\bigg|_{(1,2)}=2\times1-2\times2=-2$，$\dfrac{\partial z}{\partial y}\bigg|_{(1,2)}=$

$-2\times1+9\times2^2=34$。 7. 解答 $\dfrac{\partial z}{\partial x}=3x^2+6xy$，$\dfrac{\partial^2 z}{\partial x^2}=6x+6y$。 8. 解答 $\dfrac{\partial z}{\partial x}=\dfrac{\partial z}{\partial u}\dfrac{\partial u}{\partial x}+$

$\dfrac{\partial z}{\partial v}\dfrac{\partial v}{\partial x}=2uv\cos y+u^2\sin y=2x\cos y\times x\sin y\times\cos y+(x\cos y)^2\sin y=3x^2\cos^2 y\sin y$；$\dfrac{\partial z}{\partial y}=$

$\dfrac{\partial z}{\partial u}\dfrac{\partial u}{\partial y}+\dfrac{\partial z}{\partial v}\dfrac{\partial v}{\partial y}=2uv(-x\sin y)+u^2 x\cos y=2x\cos y\times x\sin y(-x\sin y)+(x\cos y)^2 x\cos y$

$=-2x^3\cos y\sin^2 y+x^3\cos^3 y$。 9. 解答 $\dfrac{dz}{dt}=\dfrac{\partial z}{\partial x}\dfrac{dx}{dt}+\dfrac{\partial z}{\partial y}\dfrac{dy}{dt}=1\times\cos t-2\times3t^2=\cos t-6t^2$。

10. 解答 令 $F(x,y,z)=e^z-xyz-xy$，则有 $F'_x=-yz-y$，$F'_y=-xz-x$，

$F'_z=e^z-xy$；$\dfrac{\partial z}{\partial x}=-\dfrac{F'_x}{F'_z}=\dfrac{yz+y}{e^z-xy}$，$\dfrac{\partial z}{\partial y}=-\dfrac{F'_y}{F'_z}=\dfrac{xz+x}{e^z-xy}$。 11. 解答 令 $F(x,y)=x^2+$

$3xy-y^2-1$，则有 $F'_x=2x+3y$，$F'_y=3x-2y$；$\dfrac{dy}{dx}=-\dfrac{F'_x}{F'_y}=-\dfrac{2x+3y}{3x-2y}=\dfrac{2x+3y}{2y-3x}$。

检测题 6-3 答案

1. **解答**　选 D。2. **解答**　偏微分。3. **解答**　$dz = ydx + xdy$。4. **解答**　$dx - 2dy$。因为 $df = y^2dx + 2xydy$，$df\Big|_{\substack{x=1 \\ y=-1}} = (-1)^2dx + 2 \times 1 \times (-1)dy = dx - 2dy$。5. **解答**　0.233，0.1。因为 $\Delta z = 3(x + \Delta x)^3 + (y + \Delta y)^2 - (3x^3 + y^2) = 9x^2\Delta x + 9x(\Delta x)^2 + 3(\Delta x)^3 + 2y\Delta y + (\Delta y)^2$，$\Delta z\Big|_{\substack{x=1 \\ y=2 \\ \Delta x=0.1 \\ \Delta y=-0.2}} = 9 \times 1^2 \times 0.1 + 9 \times 1 \times 0.1^2 + 3 \times 0.1^3 + 2 \times 2 \times (-0.2) + (-0.2)^2 = 0.233$；$dz = 9x^2dx + 2ydy$，$dz\Big|_{\substack{x=1 \\ y=2 \\ \Delta x=0.1 \\ \Delta y=-0.2}} = 9 \times 1^2 \times 0.1 + 2 \times 2 \times (-0.2) = 0.1$。

6. **解答**　$dz = (ye^x + \cos y)dx + (e^x - x\sin y)dy$。7. **解答**　$dz = (y + 2x)dx + (x + 2y)dy$，$dz\Big|_{\substack{x=1 \\ y=0}} = (0 + 2 \times 1)dx + (1 + 2 \times 0)dy = 2dx + dy$。8. **解答**　$du = (y + z)dx + (x + z)dy + (x + y)dz$。9. **解答**　设 $z = x^y$。这里 $x = 2$，$y = 3$，$\Delta x = 0.01$，$\Delta y = 0.01$。则有 $dz = yx^{y-1}dx + x^y\ln xdy$，$dz\Big|_{\substack{x=2 \\ y=3 \\ \Delta x=0.01 \\ \Delta y=0.01}} = 3 \times 2^{3-1} \times 0.01 + 2^3 \times \ln 2 \times 0.01 \approx 0.12 + 0.08 \times 0.693 \approx 0.175$。故 $2.01^{3.01} \approx 2^3 + 0.175 = 8.175$。10. **解答**　设底面半径为 r，内高为 h，圆柱容器体积为 V。则有 $V = \pi r^2 h$，这里 $r = 4$，$h = 20$，$\Delta x = \Delta h = 0.1$。$dV = 2\pi rhdr + \pi r^2dh$。$dV\Big|_{\substack{r=4 \\ h=20 \\ \Delta r=0.1 \\ \Delta h=0.1}} = 2\pi \times 4 \times 20 \times 0.1 + \pi \times 4^2 \times 0.1 = 17.6\pi (\text{cm}^3)$。

检测题 6-4 答案

1. **解答**　选 B。2. **解答**　选 B。因为 $z'_x = 3x^2 - 3$，$z'_y = -1$。由于 $z'_x(1,0) = 0$，$z'_y(1,0) = -1$，点 $(1,0)$ 不是驻点，所以没有极值。3. **解答**　选 C。因为 $z'_x = -2x$，$z'_y = -2y$。令 $\begin{cases} z'_x = 0 \\ z'_y = 0 \end{cases}$，得驻点 $(0,0)$。$A = z''_{xx}(0,0) = -2$，$B = z''_{xy}(0,0) = 0$，$C = z''_{yy}(0,0) = -2$。由于 $B^2 - AC = -4 < 0$，$A = -2 < 0$，所以有极大值。4. **解答**　-5。因为 $f'_x = 4x + a + y^2$，$f'_y = 2xy + 2$。由于在点 $(1, -1)$ 处取得极值，所以点 $(1, -1)$ 为驻点，则有 $\begin{cases} f'_x = 0 \\ f'_y = 0 \end{cases}$，从而 $a = -5$。5. **解答**　解方程组 $\begin{cases} z'_x = 2 - 2x = 0 \\ z'_y = -2 - 2y = 0 \end{cases}$，得驻点 $(1, -1)$。$A = z''_{xx}(1, -1) = -2$，$B = z''_{xy}(1, -1) = 0$，$C = z''_{yy}(1, -1) = -2$。由于 $B^2 - AC = 0^2 - (-2) \times (-2) = -4 < 0$，$A = -2 < 0$，所以有极大值 $f(1, -1) = 2$。6. **解答**　解方程组

$\begin{cases} f'_x = 3x^2 - 3y = 0 \\ f'_y = 3y^2 - 3x = 0 \end{cases}$，得驻点 $(0,0)$ 与 $(1,1)$。在驻点 $(0,0)$ 处，$A = f''_{xx}(0,0) = 0$，$B = f''_{xy}(0,0) = -3$，$C = f''_{yy}(0,0) = 0$。$B^2 - AC = 9 > 0$，无极值。在驻点 $(1,1)$ 处，$A = f''_{xx}(1,1) = 6$，$B = f''_{xy}(1,1) = -3$，$C = f''_{yy}(1,1) = 6$。$B^2 - AC = (-3)^2 - 6 \times 6 = -27 < 0$，且 $A > 0$，有极小值 $f(1,1) = -1$。**7.解答** 将附加条件 $y - x = 1$ 代入函数 $f(x, y) = x^2 - xy + y^2$ 中，得 $f(x) = x^2 + x + 1$。由 $f'(x) = 2x + 1 = 0$，得 $x = -\dfrac{1}{2}$。此时 $f''(x) = 2 > 0$，有极小值 $f\left(-\dfrac{1}{2}\right) = \dfrac{3}{4}$。**8.解答** 设场地正面长 x 米，宽为 y 米，所用材料费用为 z 元，则有 $z = 10x + 5(x + 2y) = 15x + 10y$，且 $xy = 60$。用拉格朗日乘数法，设

$$F(x, y, \lambda) = 15x + 10y + \lambda(xy - 60)，令 \begin{cases} F'_x = 15 + \lambda y = 0 \\ F'_y = 10 + \lambda x = 0 \\ F'_\lambda = xy - 60 = 0 \end{cases}，得到唯一驻点 (2\sqrt{10}, 3\sqrt{10})。$$

由于问题的实际意义，此最小值一定存在，故当 $x = 2\sqrt{10}$ 米，$y = 3\sqrt{10}$ 米时，所用材料费最省。**9.解答** $f'_x = \dfrac{-x}{\sqrt{9 - x^2 - y^2}}$，$f'_y = \dfrac{-y}{\sqrt{9 - x^2 - y^2}}$，有驻点 $(0,0)$ 在 $x^2 + y^2 < 1$ 内。又在边界线 $x^2 + y^2 = 1$ 上，$f(x, y) = \sqrt{9 - x^2 - y^2} = 2\sqrt{2}$。$f(0,0) = 3$。所以最大值为 3，最小值为 $2\sqrt{2}$。**10.解答** 设长方体容器的长为 x，宽为 y，则高为 $\dfrac{8}{xy}$，表面积为 A。$A = 2\left(xy + x\dfrac{8}{xy} + y\dfrac{8}{xy}\right) = 2\left(xy + \dfrac{8}{x} + \dfrac{8}{y}\right)$，$A'_x = 2\left(y - \dfrac{8}{x^2}\right)$，$A'_y = 2\left(x - \dfrac{8}{y^2}\right)$。令 $\begin{cases} A'_x = 0 \\ A'_y = 0 \end{cases}$，得驻点 $(2,2)$。由于长方体容器的表面积的最小值一定存在，并在开区域 D：$x > 0$，$y > 0$ 内有唯一驻点，故点 $(2,2)$ 为 A 的最小值点。即当长为 2，宽为 2，高为 2 时，才能使得长方体容器的表面积最小。

检测题 6-5答案

1.解答 选 B。因为 $\iint\limits_{D} \mathrm{d}x\mathrm{d}y$ 所表示的是一个圆柱体的体积，其底面是一个半径为 2 的圆盘，高为 1，其体积为 4π。**2.解答** 选 C。因为 $\iint\limits_{D} \mathrm{d}x\mathrm{d}y$ 所表示的是一个长方体的体积，其底面长为 2，宽为 1，其高为 1，其体积为 2。**3.解答** a。因为 $\iint\limits_{D} \mathrm{d}x\mathrm{d}y$ 所表示的是一个直柱体的体积，其底面面积为 a，高为 1，其体积为 a。**4.解答** $>$。**5.解答** $\geqslant$。因为在区域 D 上 $0 \leqslant x + y \leqslant 1$，所以 $(x+y)^2 \geqslant (x+y)^3$，从而有 $\iint\limits_{D}(x+y)^2\mathrm{d}\sigma \geqslant \iint\limits_{D}(x+y)^3\mathrm{d}\sigma$。

6.解答 $\iint\limits_{D}(x^2 + y^2)\mathrm{d}x\mathrm{d}y$。**7.解答** 在区域 D 上，由于有 $0 \leqslant xy \leqslant 1$，$0 \leqslant x + y \leqslant 2$，所以 $0 \leqslant xy(x + y) \leqslant 2$。从而有 $0 \leqslant I \leqslant 2\sigma$。区域 D 的面积为 $\sigma = 1$，故 $0 \leqslant I \leqslant 2$。

检测题 6-6答案

1.解答 选 A。**2.解答** 选 B。**3.解答** 选 B。**4.解答** 选 D。如答案图 7。

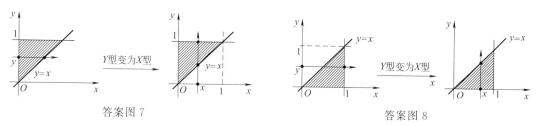

答案图 7   答案图 8

5.解答 选 C。如答案图 8。**6.解答** $\int_{2}^{3}\mathrm{d}x\int_{1}^{4}f(x,y)\mathrm{d}y$ 。**7.解答** $\int_{0}^{1}\mathrm{d}x\int_{x}^{2x}\mathrm{d}y$ 。

8.解答 $\iint\limits_{D}6xy^{2}\mathrm{d}\sigma=\int_{2}^{3}\mathrm{d}x\int_{1}^{2}6xy^{2}\mathrm{d}y=\int_{2}^{3}2xy^{3}\Big|_{1}^{2}\mathrm{d}x=\int_{2}^{3}14x\mathrm{d}x=7x^{2}\Big|_{2}^{3}=35$ 。

9.解答 $\int_{1}^{2}\mathrm{d}x\int_{1}^{x}2xy\mathrm{d}y=\int_{1}^{2}xy^{2}\Big|_{1}^{x}\mathrm{d}x=\int_{1}^{2}(x^{3}-x)\mathrm{d}x=\left(\dfrac{x^{4}}{4}-\dfrac{x^{2}}{2}\right)\Big|_{1}^{2}=\dfrac{9}{4}$ 。

10.解答 区域 D 可化为 $\begin{cases}-1\leqslant x\leqslant 1\\-2\leqslant y\leqslant 2\end{cases}$。$\iint\limits_{D}\left(1-\dfrac{x}{3}-\dfrac{y}{4}\right)\mathrm{d}x\mathrm{d}y=\int_{-1}^{1}\mathrm{d}x\int_{-2}^{2}\left(1-\dfrac{x}{3}-\dfrac{y}{4}\right)$

$\mathrm{d}y=\int_{-1}^{1}\left(y-\dfrac{xy}{3}-\dfrac{y^{2}}{8}\right)\Big|_{-2}^{2}\mathrm{d}x=\int_{-1}^{1}\left(4-\dfrac{4x}{3}\right)\mathrm{d}x=\left(4x-\dfrac{2x^{2}}{3}\right)\Big|_{-1}^{1}=8$ 。

自测题六答案

一、选择题

1.解答 选 B。**2.解答** 选 D。**3.解答** 选 B。因为令 $F(x,y,z)=\dfrac{x}{2}+\dfrac{y}{3}+\dfrac{z}{4}-1$，则

有 $F'_{x}=\dfrac{1}{2}$，$F'_{z}=\dfrac{1}{4}$。$\dfrac{\partial z}{\partial x}=-\dfrac{F'_{x}}{F'_{z}}=-\dfrac{\dfrac{1}{2}}{\dfrac{1}{4}}=-2$。**4.解答** 选 C。因为 $\dfrac{\partial z}{\partial x}=2x$，$\dfrac{\partial z}{\partial y}=2y$，

$\dfrac{\partial z}{\partial x}\Big|_{(0,0)}=2\times0=0$；$\dfrac{\partial z}{\partial y}\Big|_{(0,0)}=2\times0=0$。在点 $(0,0)$ 处有偏导数，选项 A 排除。而驻点是

使 $f'_{x}(x,y)=0$ 与 $f'_{y}(x,y)=0$ 同时成立的点，因此选项 B 被排除。又因为函数在点 $(0,0)$

外的函数值都大于 0，选项 D 被排除。只有选项 C 才满足。**5.解答** 选 D。因为区域 D 的

面积 $\sigma=[2-(-1)]\times(2-0)=6$，而 $\iint\limits_{D}\mathrm{d}x\mathrm{d}y=\sigma$。**6.解答** 选 B。因为区域 D 可表示为 Y

型区域：$\begin{cases}y-1\leqslant x\leqslant 0\\0\leqslant y\leqslant 1\end{cases}$。

二、填空题

7.解答 4。**8.解答** xy。因为 $f(x,x-y)=x^{2}-xy=x(x-y)$，故 $f(x,y)=xy$。

9.解答 $\left\{(x,y)\Big|\begin{matrix}x+y>0\\x-y>0\end{matrix}\right\}$。**10.解答** e。因为 $\dfrac{\partial u}{\partial x}=yze^{xyz}$，$\dfrac{\partial u}{\partial x}\Big|_{(1,1,1)}=e$。

11. **解答** $6t^5\ln t+t^5-\cos t$。因为 $\dfrac{\mathrm{d}z}{\mathrm{d}t}=\dfrac{\partial z}{\partial u}\dfrac{\mathrm{d}u}{\mathrm{d}t}+\dfrac{\partial z}{\partial v}\dfrac{\mathrm{d}v}{\mathrm{d}t}+\dfrac{\partial z}{\partial t}=2uv\times 3t^2+u^2\dfrac{1}{t}-\cos t=$

$2t^3\ln t\times 3t^2+(t^3)^2\dfrac{1}{t}-\cos t=6t^5\ln t+t^5-\cos t$。 12. **解答** 9π。因为区域 D 的面积 $\sigma=9\pi$,

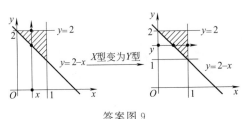

答案图 9

而 $\displaystyle\iint\limits_{D}\mathrm{d}x\mathrm{d}y=\sigma$。 13. **解答** $\displaystyle\int_{1}^{2}\mathrm{d}y\int_{2-y}^{1}f(x,$

$y)\mathrm{d}x$。答案图 9。因为 $I=\displaystyle\int_{0}^{1}\mathrm{d}x\int_{2-x}^{2}f(x,y)\mathrm{d}y$

的积分区域为 X 型区域 $\begin{cases}0\leqslant x\leqslant 1\\2-x\leqslant y\leqslant 2\end{cases}$,改变积

分次序后为 Y 型区域 $\begin{cases}2-y\leqslant x\leqslant 1\\1\leqslant y\leqslant 2\end{cases}$。所以交换

积分顺序后,$I=\displaystyle\int_{1}^{2}\mathrm{d}y\int_{2-y}^{1}f(x,y)\mathrm{d}x$。

三、解答题

14. **解答** $\displaystyle\lim_{(x,y)\to(0,0)}\dfrac{3-\sqrt{9-xy}}{xy}=\lim_{(x,y)\to(0,0)}\dfrac{(3+\sqrt{9-xy})(3-\sqrt{9-xy})}{xy\,(3+\sqrt{9-xy})}=$

$\displaystyle\lim_{(x,y)\to(0,0)}\dfrac{9-(9-xy)}{xy\,(3+\sqrt{9-xy})}=\lim_{(x,y)\to(0,0)}\dfrac{1}{3+\sqrt{9-xy}}=\dfrac{1}{6}$。 15. **解答** $f'_x(x,y)=\ln y+$

$y^2\cos x$;$f'_y(x,y)=\dfrac{x}{y}+2y\sin x$。 16. **解答** $z'_y=x^3-2\cos y,\ z''_{yy}=2\sin y。\ z''_{yy}(1,0)=$

$2\sin 0=0$。 17. **解答** $z'_x=2y+y^x\ln y,\ z'_y=2x+xy^{x-1}$,故 $\mathrm{d}z=z'_x\mathrm{d}x+z'_y\mathrm{d}y=(2y+$

$y^x\ln y)\,\mathrm{d}x+(2x+xy^{x-1})\,\mathrm{d}y$。 18. **解答** 令 $F(x,y,z)=x^2+\dfrac{y^2}{4}-\dfrac{z^2}{9}-1$,则有 $F'_x=$

$2x$,$F'_y=\dfrac{y}{2}$,$F'_z=-\dfrac{2z}{9}$。 $\dfrac{\partial z}{\partial x}=-\dfrac{F'_x}{F'_z}=-\dfrac{2x}{-\dfrac{2z}{9}}=\dfrac{9x}{z}$;$\dfrac{\partial z}{\partial y}=-\dfrac{F'_y}{F'_z}=-\dfrac{\dfrac{y}{2}}{-\dfrac{2z}{9}}=\dfrac{9y}{4z}$。

19. **解答** 解方程组 $\begin{cases}f'_x=2x+4=0\\f'_y=2y-6=0\end{cases}$,得驻点 $(-2,3)$。 $A=f''_{xx}(-2,3)=2$;$B=$

$f''_{xy}(-2,3)=0$;$C=f''_{yy}(-2,3)=2$。由于 $B^2-AC=-4<0$,且 $A>0$,所以有极小值

$f(-2,3)=1$。 20. **解答** $\displaystyle\int_{0}^{1}\mathrm{d}y\int_{1}^{3}6xy^2\mathrm{d}x=\int_{0}^{1}3y^2\mathrm{d}y\int_{1}^{3}2x\mathrm{d}x=y^3\Big|_{0}^{1}\ x^2\Big|_{1}^{3}=1\times 8=8$。

四、综合题

21. **解答** 如答案图 10。区域 D 可化为 X 型区域 $\begin{cases}0\leqslant x\leqslant 2\\0\leqslant y\leqslant 2-x\end{cases}$,

于是 $\displaystyle\iint\limits_{D}(3x+2y)\mathrm{d}x\mathrm{d}y=\int_{0}^{2}\mathrm{d}x\int_{0}^{2-x}(3x+2y)\mathrm{d}y=\int_{0}^{2}(3xy+$

$y^2)\Big|_{0}^{2-x}\mathrm{d}x=\int_{0}^{2}(-2x^2+2x+4)\mathrm{d}x=\left(-\dfrac{2}{3}x^3+x^2+4x\right)\Big|_{0}^{2}=\dfrac{20}{3}$。

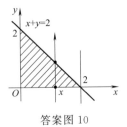

答案图 10

检测题 7-1 答案

1. **解答** 选 A。 2. **解答** 选 C。 3. **解答** $\dfrac{1}{2}$。因为 $s = \lim\limits_{n \to \infty} \dfrac{\dfrac{1}{3}\left[1 - \left(\dfrac{1}{3}\right)^n\right]}{1 - \dfrac{1}{3}} = \dfrac{1}{2}$。

4. **解答** 1，2，3，4，$\cdots$，n，$\cdots$。 5. **解答** 收敛。 6. **解答** (1) $\sum\limits_{n=1}^{\infty} \dfrac{\sin 2n}{n^2} = \sin 2 + \dfrac{\sin 4}{4} + \dfrac{\sin 6}{9} + \dfrac{\sin 8}{16} + \dfrac{\sin 10}{25} + \cdots$；(2) $\sum\limits_{n=1}^{\infty} \dfrac{2}{n+3} = \dfrac{2}{4} + \dfrac{2}{5} + \dfrac{2}{6} + \dfrac{2}{7} + \dfrac{2}{8} + \cdots$。

7. **解答** (1) $s_n = \dfrac{1}{2 \times 3} + \dfrac{1}{3 \times 4} + \cdots + \dfrac{1}{(n+1)(n+2)} = \left(\dfrac{1}{2} - \dfrac{1}{3}\right) + \left(\dfrac{1}{3} - \dfrac{1}{4}\right) + \cdots + \left(\dfrac{1}{n+1} - \dfrac{1}{n+2}\right) = \dfrac{1}{2} - \dfrac{1}{n+2}$，$s = \lim\limits_{n \to \infty} s_n = \lim\limits_{n \to \infty}\left(\dfrac{1}{2} - \dfrac{1}{n+2}\right) = \dfrac{1}{2}$，所以级数 $\sum\limits_{n=1}^{\infty} \dfrac{1}{(n+1)(n+2)}$ 收敛。 (2) $\sum\limits_{n=1}^{\infty}\left(\dfrac{1}{2^n} + \dfrac{5}{3^n}\right) = \sum\limits_{n=1}^{\infty} \dfrac{1}{2^n} + 5\sum\limits_{n=1}^{\infty} \dfrac{1}{3^n}$。等比级数 $\sum\limits_{n=1}^{\infty} \dfrac{1}{2^n}$ 的公比 $q = \dfrac{1}{2} < 1$，级数收敛；等比级数 $\sum\limits_{n=1}^{\infty} \dfrac{1}{3^n}$ 的公比 $q = \dfrac{1}{3} < 1$，级数也收敛。故原级数 $\sum\limits_{n=1}^{\infty}\left(\dfrac{1}{2^n} + \dfrac{5}{3^n}\right)$ 也收敛。 (3) $\lim\limits_{n \to \infty} u_n = \lim\limits_{n \to \infty} \dfrac{n}{2n+1} = \dfrac{1}{2} \neq 0$，故原级数 $\sum\limits_{n=1}^{\infty} \dfrac{n}{2n+1}$ 发散。 (4) $s_n = \dfrac{-\dfrac{2}{3}\left[1 - \left(-\dfrac{1}{3}\right)^n\right]}{1 - \left(-\dfrac{1}{3}\right)} = -\dfrac{1}{2}\left[1 - \left(-\dfrac{1}{3}\right)^n\right]$，$s = \lim\limits_{n \to \infty} s_n = \lim\limits_{n \to \infty}\left(-\dfrac{1}{2}\right)\left[1 - \left(-\dfrac{1}{3}\right)^n\right] = -\dfrac{1}{2}$，故原级数 $\sum\limits_{n=1}^{\infty} (-1)^n \dfrac{2}{3^n}$ 收敛。

检测题 7-2 答案

1. **解答** 选 D。 2. **解答** 选 A。 3. **解答** (1) 收敛；(2) $p > 1$；(3) $|q| < 1$。

4. **解答** (1) 因为 $\dfrac{1}{2^n + 1} < \dfrac{1}{2^n}$，而 $\sum\limits_{n=1}^{\infty} \dfrac{1}{2^n}$ 是公比为 $\dfrac{1}{2}$ 的等比级数，它是收敛的。由比较判敛法得级数 $\sum\limits_{n=1}^{\infty} \dfrac{1}{1 + 2^n}$ 也收敛；(2) 因为 $(1+n)^2 = 1 + 2n + n^2 > 1 + n^2$，故 $\dfrac{1+n}{1+n^2} > \dfrac{1+n}{(1+n)^2} = \dfrac{1}{1+n}$，而 $\sum\limits_{n=1}^{\infty} \dfrac{1}{1+n}$ 是发散的，由比较判敛法得级数 $\sum\limits_{n=1}^{\infty} \dfrac{1+n}{1+n^2}$ 发散；

(3) $\dfrac{1}{(n+1)(n+4)} < \dfrac{1}{n^2}$，而 $\sum\limits_{n=1}^{\infty} \dfrac{1}{n^2}$ 是 $p = 2$ 的 p 级数，它是收敛的；由比较判敛法得级数 $\sum\limits_{n=1}^{\infty} \dfrac{1}{(n+1)(n+4)}$ 收敛； (4) 因为 $\rho = \lim\limits_{n \to \infty} \dfrac{u_{n+1}}{u_n} = \lim\limits_{n \to \infty} \dfrac{3^{n+1}}{2^{n+1}(n+1)} \times \dfrac{2^n n}{3^n} =$

$\lim\limits_{n\to\infty}\dfrac{3n}{2(n+1)}=\dfrac{3}{2}>1$，由比值判敛法得级数 $\sum\limits_{n=1}^{\infty}\dfrac{3^n}{2^n n}$ 发散；（5） $\rho=\lim\limits_{n\to\infty}\dfrac{u_{n+1}}{u_n}=\lim\limits_{n\to\infty}\left[\dfrac{(n+1)^2}{3^{n+1}}\times\right.$

$\left.\dfrac{3^n}{n^2}\right]=\lim\limits_{n\to\infty}\dfrac{(n+1)^2}{3n^2}=\dfrac{1}{3}<1$，由比值判敛法得级数 $\sum\limits_{n=1}^{\infty}\dfrac{n^2}{3^n}$ 收敛；　（6） $\rho=\lim\limits_{n\to\infty}\dfrac{u_{n+1}}{u_n}=$

$\lim\limits_{n\to\infty}\left[\dfrac{(n+1)!}{10^{n+1}}\times\dfrac{10^n}{n!}\right]=\lim\limits_{n\to\infty}\dfrac{n+1}{10}=+\infty>1$，由比值判敛法得级数 $\sum\limits_{n=1}^{\infty}\dfrac{n!}{10^n}$ 发散。

5. 解答　（1） $\sum\limits_{n=1}^{\infty}|a_n|=\sum\limits_{n=1}^{\infty}\dfrac{1}{\sqrt[3]{n}}=\sum\limits_{n=1}^{\infty}\dfrac{1}{n^{\frac{1}{3}}}$ ，它是 $p=\dfrac{1}{3}$ 的 p 级数，是发散的；又因为

$u_n=\dfrac{1}{\sqrt[3]{n}}>\dfrac{1}{\sqrt[3]{n+1}}=u_{n+1}$ ，且有 $\lim\limits_{n\to\infty}u_n=\lim\limits_{n\to\infty}\dfrac{1}{\sqrt[3]{n}}=0$ ，由莱布尼茨判敛法得交错级数

$\sum\limits_{n=1}^{\infty}(-1)^n\dfrac{1}{\sqrt[3]{n}}$ 收敛。综上所述，原级数条件收敛。　　（2） $\sum\limits_{n=1}^{\infty}|a_n|=\sum\limits_{n=1}^{\infty}\dfrac{n}{3^{n+1}}$ ，因为 $\rho=$

$\lim\limits_{n\to\infty}\left(\dfrac{n+1}{3^{n+2}}\times\dfrac{3^{n+1}}{n}\right)=\lim\limits_{n\to\infty}\dfrac{n+1}{3n}=\dfrac{1}{3}<1$ ，由比值判敛法可得它是收敛的，所以原级数绝对收

敛。　　（3） $\sum\limits_{n=1}^{\infty}|a_n|=\sum\limits_{n=1}^{\infty}\dfrac{1}{\ln(n+1)}$ ，因为 $\dfrac{1}{\ln(n+1)}>\dfrac{1}{n}$ ，而 $\sum\limits_{n=1}^{\infty}\dfrac{1}{n}$ 是发散的，故

$\sum\limits_{n=1}^{\infty}\dfrac{1}{\ln(n+1)}$ 发散；又因为 $u_n=\dfrac{1}{\ln(n+1)}>\dfrac{1}{\ln(n+2)}=u_{n+1}$ ，且有 $\lim\limits_{n\to\infty}u_n=\lim\limits_{n\to\infty}\dfrac{1}{\ln(n+1)}=0$ ，

由莱布尼茨判敛法得交错级数 $\sum\limits_{n=1}^{\infty}(-1)^n\dfrac{1}{\ln(n+1)}$ 收敛。综上所述，原级数条件收敛。

（4） $\rho=\lim\limits_{n\to\infty}\left|\dfrac{u_{n+1}}{u_n}\right|=\lim\limits_{n\to\infty}\left[\dfrac{(n+1)!}{(n+1)^{n+1}}\times\dfrac{n^n}{n!}\right]=\lim\limits_{n\to\infty}\dfrac{n^n}{(n+1)^n}=\lim\limits_{n\to\infty}\left(\dfrac{n}{n+1}\right)^n=\lim\limits_{n\to\infty}\dfrac{1}{\left(1+\dfrac{1}{n}\right)^n}$

$\dfrac{1}{e}<1$ ，由比值判敛法可得级数 $\sum\limits_{n=1}^{\infty}\left|(-1)^{n-1}\dfrac{n!}{n^n}\right|$ 收敛，即原级数绝对收敛。

检测题 7-3 答案

1. 解答　选 A。**2. 解答**　选 B。**3. 解答**　选 B。**4. 解答**　选 D。通过计算 $-3<\dfrac{x-2}{3}<$

3 ，可得 $-7<x<11$ 。**5. 解答**　$\sum\limits_{n=0}^{\infty}x^n(-1<x<1)$ 。**6. 解答**　2。**7. 解答**　$1+C_m^1 x+$

$C_m^2 x^2+\cdots+C_m^n x^n+\cdots+C_m^m x^m\ (m\in Z_+)$ 。**8. 解答**　（1） $\rho=\lim\limits_{n\to\infty}\left|\dfrac{a_{n+1}}{a_n}\right|=$

$\lim\limits_{n\to\infty}\left|\dfrac{(-1)^n}{n+1}\times\dfrac{n}{(-1)^{n-1}}\right|=\lim\limits_{n\to\infty}\dfrac{n}{n+1}=1$ ，$R=\dfrac{1}{\rho}=1$ ，故收敛区间为 $(-1,1)$ 。　（2） $\rho=$

$\lim\limits_{n\to\infty}\left|\dfrac{a_{n+1}}{a_n}\right|=\lim\limits_{n\to\infty}\left|\dfrac{(-1)^{n+1}}{2^{n+1}(n+1)}\times\dfrac{2^n n}{(-1)^n}\right|=\lim\limits_{n\to\infty}\dfrac{n}{2(n+1)}=\dfrac{1}{2}$ ，$R=\dfrac{1}{\rho}=2$ ，故收敛区间为

$(-2,2)$ 。　（3） $\rho=\lim\limits_{n\to\infty}\left|\dfrac{a_{n+1}}{a_n}\right|=\lim\limits_{n\to\infty}\left|\dfrac{n+1}{3^{n+1}}\times\dfrac{3^n}{n}\right|=\lim\limits_{n\to\infty}\dfrac{n+1}{3n}=\dfrac{1}{3}$ ，$R=\dfrac{1}{\rho}=3$ ，故收敛区

间为$(-3,3)$。(4) $\rho=\lim\limits_{n\to\infty}\left|\dfrac{a_{n+1}}{a_n}\right|=\lim\limits_{n\to\infty}\left|\dfrac{2n!}{2(n+1)!}\right|=\lim\limits_{n\to\infty}\dfrac{1}{n+1}=0$,$R=+\infty$,故收敛区间为$(-\infty,+\infty)$。(5) $\rho=\lim\limits_{n\to\infty}\left|\dfrac{a_{n+1}}{a_n}\right|=\lim\limits_{n\to\infty}\left|\dfrac{(n+1)!}{2^{n+1}}\times\dfrac{2^n}{n!}\right|=\lim\limits_{n\to\infty}\dfrac{n+1}{2}=+\infty$,$R=0$,故只在点$x=0$处收敛。(6) $\rho=\lim\limits_{n\to\infty}\left|\dfrac{a_{n+1}}{a_n}\right|=\lim\limits_{n\to\infty}\left|\dfrac{n^2}{(n+1)^2}\right|=1$,$R=\dfrac{1}{\rho}=1$。由$-1<x+3<1$可得$-4<x<-2$,故原级数收敛区间为$(-4,-2)$。**9.解答** 级数$\sum\limits_{n=1}^{\infty}x^n$比级数$\sum\limits_{n=0}^{\infty}x^n$少一项1。级数$\sum\limits_{n=1}^{\infty}x^n$的和函数为$s(x)=\sum\limits_{n=1}^{\infty}x^n=x+x^2+x^3+\cdots+x^n+\cdots=\dfrac{1}{1-x}-1(-1<x<1)$,而级数$\sum\limits_{n=0}^{\infty}x^n$的和函数为$s(x)=\sum\limits_{n=0}^{\infty}x^n=1+x+x^2+x^3+\cdots+x^n+\cdots=\dfrac{1}{1-x}$ $(-1<x<1)$。**10.解答** (1) $s(x)=\sum\limits_{n=0}^{\infty}(2n+1)x^n=\sum\limits_{n=0}^{\infty}2nx^n+\sum\limits_{n=0}^{\infty}x^n=$

$2x\sum\limits_{n=0}^{\infty}nx^{n-1}+\sum\limits_{n=0}^{\infty}x^n=2x\sum\limits_{n=0}^{\infty}(x^n)'+\sum\limits_{n=0}^{\infty}x^n=2x\left(\sum\limits_{n=0}^{\infty}x^n\right)'+\sum\limits_{n=0}^{\infty}x^n=2x\left(\dfrac{1}{1-x}\right)'+\dfrac{1}{1-x}=$

$2x\dfrac{1}{(1-x)^2}+\dfrac{1}{1-x}=\dfrac{1+x}{(1-x)^2}$ $(-1<x<1)$。(2) $s'(x)=\left[\sum\limits_{n=1}^{\infty}\dfrac{(-1)^{n-1}}{n}x^n\right]'=$

$\sum\limits_{n=1}^{\infty}\left[\dfrac{(-1)^{n-1}}{n}x^n\right]'=\sum\limits_{n=1}^{\infty}(-1)^{n-1}x^{n-1}=\sum\limits_{n=1}^{\infty}(-x)^{n-1}=\dfrac{1}{1+x}$,$s(x)=\int_0^x s'(x)\mathrm{d}x=$

$\int_0^x\dfrac{1}{1+x}\mathrm{d}x=\ln(1+x)(-1<x\leqslant1)$。(3) $s(x)=\sum\limits_{n=1}^{\infty}(-1)^{n-1}\dfrac{x^{2n-1}}{2n-1}=\int_0^x\sum\limits_{n=1}^{\infty}(-1)^{n-1}x^{2n-2}\mathrm{d}x=$

$\int_0^x\sum\limits_{n=1}^{\infty}(-x^2)^{n-1}\mathrm{d}x=\int_0^x\dfrac{1}{1+x^2}\mathrm{d}x=\arctan x(-1\leqslant x\leqslant1)$。**11.解答** (1) $\dfrac{1}{1-x}=1+x+$

$x^2+x^3+\cdots+x^n+\cdots=\sum\limits_{n=0}^{\infty}x^n$ $(-1<x<1)$。把上式中x对应换成$-3x$,得$f(x)=$

$\dfrac{1}{1+3x}=1+(-3x)+(-3x)^2+(-3x)^3+\cdots+(-3x)^n+\cdots=\sum\limits_{n=0}^{\infty}(-3x)^n=\sum\limits_{n=0}^{\infty}(-3)^nx^n$。

$\left(\text{由}-1<-3x<1,\text{得收敛域为}-\dfrac{1}{3}<x<\dfrac{1}{3}。\right)$ (2) $f(x)=\dfrac{1}{4-x}=\dfrac{1}{2-(x-2)}=\dfrac{1}{2}\times$

$\dfrac{1}{1-\dfrac{x-2}{2}}=\dfrac{1}{2}\left[1+\left(\dfrac{x-2}{2}\right)+\left(\dfrac{x-2}{2}\right)^2+\left(\dfrac{x-2}{2}\right)^3+\cdots+\left(\dfrac{x-2}{2}\right)^n+\cdots\right]=\dfrac{1}{2}\sum\limits_{n=0}^{\infty}\left(\dfrac{x-2}{2}\right)^n=$

$\sum\limits_{n=0}^{\infty}\dfrac{(x-2)^n}{2^{n+1}}$。$\left(\text{由}-1<\dfrac{x-2}{2}<1\text{可得,收敛域为}0<x<4。\right)$ (3) $\ln(1+x)=x-\dfrac{1}{2}x^2+$

$\dfrac{1}{3}x^3+\cdots+\dfrac{(-1)^{n-1}}{n}x^n+\cdots=\sum\limits_{n=1}^{\infty}\dfrac{(-1)^{n-1}}{n}x^n$ $(-1<x\leqslant1)$,故$f(x)=\ln x=\ln[1+(x-$

$1)]=(x-1)-\dfrac{1}{2}(x-1)^2+\dfrac{1}{3}(x-1)^3+\cdots+\dfrac{(-1)^{n-1}}{n}(x-1)^n+\cdots=\sum\limits_{n=1}^{\infty}\dfrac{(-1)^{n-1}}{n}(x-$

$1)^n$。(由$-1<x-1\leqslant1$得,收敛域为$0<x\leqslant2$)。

自测题七答案

一、选择题

1.**解答** 选 B。2.**解答** 选 C。因为这是一个 p 级数，由 p 级数的判敛法可知。

3.**解答** 选 B。4.**解答** 选 D。5.**解答** 选 B。因为答案 A 中，$\lim\limits_{n\to\infty} u_n = \lim\limits_{n\to\infty}(-1)^n$

$\dfrac{n}{n+1} \neq 0$，级数 $\sum\limits_{n=1}^{\infty}(-1)^n \dfrac{n}{n+1}$ 发散；答案 B 中，交错级数 $\sum\limits_{n=1}^{\infty}(-1)^n \dfrac{1}{n}$ 收敛，但级数

$\sum\limits_{n=1}^{\infty}\left| (-1)^n \dfrac{1}{n} \right| = \sum\limits_{n=1}^{\infty} \dfrac{1}{n}$ 是调和级数，发散，因此级数 $\sum\limits_{n=1}^{\infty}(-1)^n \dfrac{1}{n}$ 条件收敛；答案 C 中，

交错级数 $\sum\limits_{n=1}^{\infty}(-1)^n \dfrac{1}{n^2}$ 收敛，且级数 $\sum\limits_{n=1}^{\infty}\left| (-1)^n \dfrac{1}{n^2} \right| = \sum\limits_{n=1}^{\infty} \dfrac{1}{n^2}$ 是一个 p 级数，$p=2>1$，收

敛，因此级数 $\sum\limits_{n=1}^{\infty}(-1)^n \dfrac{1}{n^2}$ 是绝对收敛；答案 D 中，级数 $\sum\limits_{n=1}^{\infty}(-1)^n \dfrac{1}{2^n}$ 是等比级数，且

$|q| = \left| -\dfrac{1}{2} \right| = \dfrac{1}{2} < 1$，收敛，又 $\sum\limits_{n=1}^{\infty}\left| (-1)^n \dfrac{1}{2^n} \right| = \sum\limits_{n=1}^{\infty} \dfrac{1}{2^n}$ 也是等比级数，且 $|q| = \dfrac{1}{2} < 1$，

收敛，因此级数 $\sum\limits_{n=1}^{\infty}(-1)^n \dfrac{1}{2^n}$ 是绝对收敛。6.**解答** 选 C。级数 $\sum\limits_{n=1}^{\infty}(-1)^n (\sqrt{n+1} - \sqrt{n}) =$

$\sum\limits_{n=1}^{\infty} \dfrac{(-1)^n}{\sqrt{n+1} + \sqrt{n}}$ 是交错级数，且 $|u_n| = \left| \dfrac{(-1)^n}{\sqrt{n+1} + \sqrt{n}} \right| = \dfrac{1}{\sqrt{n+1} + \sqrt{n}} > |u_{n+1}| =$

$\left| \dfrac{(-1)^{n+1}}{\sqrt{n+2} + \sqrt{n+1}} \right| = \dfrac{1}{\sqrt{n+2} + \sqrt{n+1}}$，$\lim\limits_{n\to\infty} u_n = \lim\limits_{n\to\infty} \dfrac{(-1)^n}{\sqrt{n+1} + \sqrt{n}} = 0$，因此级数收敛；又

$\sum\limits_{n=1}^{\infty}\left| (-1)^n (\sqrt{n+1} - \sqrt{n}) \right| = \sum\limits_{n=1}^{\infty}(\sqrt{n+1} - \sqrt{n}) = \lim\limits_{n\to\infty}(\sqrt{n+1} - 1) = \infty$，级数

$\sum\limits_{n=1}^{\infty}\left| (-1)^n (\sqrt{n+1} - \sqrt{n}) \right|$ 发散，因此级数 $\sum\limits_{n=1}^{\infty}(-1)^n (\sqrt{n+1} - \sqrt{n})$ 是条件收敛。

7.**解答** 选 D。级数 $\sum\limits_{n=1}^{\infty} \dfrac{1}{n}\left(\dfrac{x}{5} \right)^n = \sum\limits_{n=1}^{\infty} \dfrac{1}{5^n n} x^n$，$\rho = \lim\limits_{n\to\infty}\left| \dfrac{5^n n}{5^{n+1}(n+1)} \right| = \lim\limits_{n\to\infty} \dfrac{n}{5(n+1)} =$

$\dfrac{1}{5}$，收敛半径 $R = \dfrac{1}{\rho} = 5$，收敛区间为 $(-5,5)$。当 $x=-5$ 时，级数变为 $\sum\limits_{n=1}^{\infty} \dfrac{(-1)^n}{5^n n}$，是交

错级数，$|u_n| = \dfrac{1}{5^n n} > \dfrac{1}{5^{n+1}(n+1)} = |u_{n+1}|$，$\lim\limits_{n\to\infty} u_n = \lim\limits_{n\to\infty} \dfrac{(-1)^n}{5^n n} = 0$，级数收敛；当 $x=$

5 时，级数变为 $\sum\limits_{n=1}^{\infty} \dfrac{1}{5^n n}$，由比值判敛法，$\rho = \lim\limits_{n\to\infty} \dfrac{5^n n}{5^{n+1}(n+1)} = \lim\limits_{n\to\infty} \dfrac{n}{5(n+1)} = \dfrac{1}{5} < 1$，

级数收敛。因此，幂级数 $\sum\limits_{n=1}^{\infty} \dfrac{1}{n}\left(\dfrac{x}{5} \right)^n$ 的收敛域为 $[-5, 5]$。8.**解答** 选 B。

二、填空题

9.**解答** 2。$s = \sum\limits_{n=0}^{\infty}\left(\dfrac{1}{2} \right)^n = \dfrac{1}{1 - \dfrac{1}{2}} = 2$。10.**解答** 0。由级数收敛的必要条件可知。

11.**解答** ks。由于 $\sum\limits_{n=1}^{\infty}ku_n=k\sum\limits_{n=1}^{\infty}u_n=ks$。 12.**解答** $(-3,3)$。由于 $\rho=\lim\limits_{n\to\infty}\left|\dfrac{3^n}{3^{n+1}}\right|=\dfrac{1}{3}$，

收敛半径 $R=3$，从而收敛区间为 $(-3,3)$。 13.**解答** $\dfrac{1}{1+x}$。

三、解答题

14.**解答** （1） $\sum\limits_{n=1}^{\infty}\left(\dfrac{1}{n}+\dfrac{1}{3^n}\right)=\sum\limits_{n=1}^{\infty}\dfrac{1}{n}+\sum\limits_{n=1}^{\infty}\dfrac{1}{3^n}$，因为 $\sum\limits_{n=1}^{\infty}\dfrac{1}{n}$ 发散，由性质可知原级数发

散。 （2） $\dfrac{1}{4^n+n}<\dfrac{1}{4^n}$，因为 $\sum\limits_{n=1}^{\infty}\dfrac{1}{4^n}$ 收敛，由比较判别法得 $\sum\limits_{n=1}^{\infty}\dfrac{1}{4^n+n}$ 收敛。 （3） $\rho=$

$\lim\limits_{n\to\infty}\dfrac{u_{n+1}}{u_n}=\lim\limits_{n\to\infty}\left(\dfrac{2^{n+1}}{2n+1}\times\dfrac{2n-1}{2^n}\right)=2>1$，由比值判别法得原级数发散。 15.**解答**

（1） $\sum\limits_{n=1}^{\infty}|u_n|=\sum\limits_{n=1}^{\infty}\left|(-1)^n\dfrac{5^{n-1}}{n!}\right|=\sum\limits_{n=1}^{\infty}\dfrac{5^{n-1}}{n!}$，因为 $\rho=\lim\limits_{n\to\infty}\left(\dfrac{5^n}{(n+1)!}\cdot\dfrac{n!}{5^{n-1}}\right)=\lim\limits_{n\to\infty}\dfrac{5}{n+1}=0<$

1，由比值判别法知此级数收敛。故原级数绝对收敛。 （2） $|u_n|=\dfrac{1}{\sqrt{n^2-1}}>\dfrac{1}{\sqrt{n^2}}=\dfrac{1}{n}$，而

级数 $\sum\limits_{n=1}^{\infty}\dfrac{1}{n}$ 发散，由比较判别法知 $\sum\limits_{n=1}^{\infty}\dfrac{1}{\sqrt{n^2-1}}$ 发散。又因为 $|u_n|>|u_{n+1}|$，以及

$\lim\limits_{n\to\infty}u_n=\lim\limits_{n\to\infty}(-1)^n\dfrac{1}{\sqrt{n^2-1}}=0$，由莱布尼茨审敛法知该交错级数收敛。综上所述，原级数

条件收敛。 （3） $\lim\limits_{n\to\infty}u_n=\lim\limits_{n\to\infty}(-1)\dfrac{2n+1}{3n-1}\ne0$，所以原级数发散。 16.**解答** （1） $\rho=$

$\lim\limits_{n\to\infty}\left|\dfrac{a_{n+1}}{a_n}\right|=\lim\limits_{n\to\infty}\dfrac{2^n n^2}{2^{n+1}(n+1)^2}=\lim\limits_{n\to\infty}\dfrac{n^2}{2(n+1)^2}=\dfrac{1}{2}$，收敛半径 $R=\dfrac{1}{\rho}=2$，故原级数的收

敛区间为 （-2，2）。 （2） $\rho=\lim\limits_{n\to\infty}\left|\dfrac{a_{n+1}}{a_n}\right|=\lim\limits_{n\to\infty}\left[\dfrac{2(n+1)+1}{(n+1)!}\times\dfrac{n!}{2n+1}\right]=$

$\lim\limits_{n\to\infty}\dfrac{2n+3}{(n+1)(2n+1)}=0$，收敛半径 $R=+\infty$，故原级数的收敛区间为 $(-\infty,\infty)$。

17.**解答** $s(x)=\sum\limits_{n=1}^{\infty}nx^{n-2}=\dfrac{1}{x}\sum\limits_{n=1}^{\infty}nx^{n-1}=\dfrac{1}{x}\left(\sum\limits_{n=1}^{\infty}x^n\right)'=\dfrac{1}{x}\left(\dfrac{1}{1-x}-1\right)'=\dfrac{1}{x(1-x)^2}$

$(-1<x<1)$。 18.**解答** $\ln(2+x)=\ln\left[2\times\left(1+\dfrac{x}{2}\right)\right]=\ln2+\ln\left(1+\dfrac{x}{2}\right)=\ln2+\dfrac{x}{2}-\dfrac{x^2}{2\times2^2}+$

$\dfrac{x^3}{3\times2^3}-\dfrac{x^4}{4\times2^4}+\cdots=\ln2+\sum\limits_{n=1}^{\infty}(-1)^{n+1}\dfrac{x^n}{n2^n}$ $(-2<x\le2)$。

检测题 8-1答案

1.**解答** 选 D。因为 $\begin{vmatrix}4&-5\\1&2\end{vmatrix}=4\times2-1\times(-5)=13$。 2.**解答** 选 B。 3.**解答** 选 B。

因为 $M_{11}=\begin{vmatrix}0&1\\1&3\end{vmatrix}=-1$。 4.**解答** 选 D。抓住三角行列式的特征：主对角线上方（或下

方）的元素全都为 0，而不是副对角线上方（或下方）的元素全都为 0。5.**解答** 选 D。因为 $A_{13}=(-1)^{1+3}\begin{vmatrix} x & 4 \\ 3 & 1 \end{vmatrix}=x-12=2$，$x=14$。6.**解答** 0。因为行列式的第一列的元素与第二列的元素对应成比例，由性质可知，该行列式的值为 0。7.**解答** 21。因为 $\begin{vmatrix} 1 & 0 & 0 \\ 4 & 3 & 0 \\ 7 & 2 & 7 \end{vmatrix}$ 是一个三角行列式，故 $\begin{vmatrix} 1 & 0 & 0 \\ 4 & 3 & 0 \\ 7 & 2 & 7 \end{vmatrix}=1\times 3\times 7=21$。8.**解答** $m\times(-1)^{1+1}\begin{vmatrix} 1 & 1 \\ 1 & 4 \end{vmatrix}$。9.**解答** 17。因为 $A_{12}=(-1)^{1+2}\begin{vmatrix} -5 & 1 \\ 2 & 3 \end{vmatrix}=17$。10.**解答** $\begin{vmatrix} 2 & -2 & -2 \\ 2 & -2 & 2 \\ -2 & 2 & 2 \end{vmatrix}\xlongequal{c_2+c_1}\begin{vmatrix} 2 & 0 & -2 \\ 2 & 0 & 2 \\ -2 & 0 & 2 \end{vmatrix}=0$。11.**解答** $\begin{vmatrix} 1 & 1 & 0 \\ -2 & 0 & 1 \\ 3 & 1 & 0 \end{vmatrix}=-\begin{vmatrix} 1 & 1 \\ 3 & 1 \end{vmatrix}=2$。12.**解答** $\begin{vmatrix} 2 & 7 & 2 \\ 0 & 3 & 5 \\ 0 & 0 & 1 \end{vmatrix}=2\times 3\times 1=6$。13.**解答** $\begin{vmatrix} 1 & 1 & 1 & 1 \\ 1 & -1 & 2 & 1 \\ 4 & 1 & 2 & 0 \\ 5 & 0 & 4 & 2 \end{vmatrix}\xlongequal[r_3+r_2]{r_1+r_2}\begin{vmatrix} 2 & 0 & 3 & 2 \\ 1 & -1 & 2 & 1 \\ 5 & 0 & 4 & 1 \\ 5 & 0 & 4 & 2 \end{vmatrix}=-\begin{vmatrix} 2 & 3 & 2 \\ 5 & 4 & 1 \\ 5 & 4 & 2 \end{vmatrix}\xlongequal{r_3-r_2}$

$\begin{vmatrix} 2 & 3 & 2 \\ 5 & 4 & 1 \\ 0 & 0 & 1 \end{vmatrix}=-\begin{vmatrix} 2 & 3 \\ 5 & 4 \end{vmatrix}=7$。14.**解答** $D=\begin{vmatrix} 1 & -2 & 1 \\ 1 & 2 & -1 \\ 3 & 1 & 1 \end{vmatrix}=6$；$D_1=\begin{vmatrix} 2 & -2 & 1 \\ -2 & 2 & -1 \\ 3 & 1 & 1 \end{vmatrix}=0$；

$D_2=\begin{vmatrix} 1 & 2 & 1 \\ 1 & -2 & -1 \\ 3 & 3 & 1 \end{vmatrix}=2$；$D_3=\begin{vmatrix} 1 & -2 & 2 \\ 1 & 2 & -2 \\ 3 & 1 & 3 \end{vmatrix}=16$。由克莱姆法则可得，$x_1=\dfrac{D_1}{D}=\dfrac{0}{6}=$

0；$x_2=\dfrac{D_2}{D}=\dfrac{2}{6}=\dfrac{1}{3}$；$x_3=\dfrac{D_3}{D}=\dfrac{16}{6}=\dfrac{8}{3}$。

检测题 8-2 答案

　　1.**解答** 选 B。因为零矩阵有可能不是方阵，而三角矩阵一定是方阵。2.**解答** 选 C。因为行矩阵、列矩阵都不是方阵，零矩阵不一定都是方阵。3.**解答** 选 C。答案 A 中抓住数与行列式的乘积，只是用数乘以行列式的某一行（或某一列），不是所有的元素都要乘以该数。答案 B 中要理解矩阵只是一个数表，不是一个数值，而行列式代表的结果是一个数值。答案 D 中，矩阵 $\boldsymbol{A}$ 与其负矩阵 $-\boldsymbol{A}$ 相加的和是零矩阵，不是零。4.**解答** 选 B。因为

$\boldsymbol{B}=-\dfrac{1}{2}\boldsymbol{A}=-\dfrac{1}{2}\begin{pmatrix} 4 & 6 \\ 8 & 2 \end{pmatrix}=\begin{pmatrix} -2 & -3 \\ -4 & -1 \end{pmatrix}$。5.**解答** $\begin{pmatrix} 2 & 0 & 6 \\ -2 & 4 & 2 \\ 2 & 0 & 2 \end{pmatrix}$；$-4$。$|\boldsymbol{A}|=$

$\begin{vmatrix} 1 & 0 & 3 \\ -1 & 2 & 1 \\ 1 & 0 & 1 \end{vmatrix}=2\begin{vmatrix} 1 & 3 \\ 1 & 1 \end{vmatrix}=-4$。6.**解答** $\begin{pmatrix} 5 & -2 \\ -4 & 3 \end{pmatrix}$。因为 $\boldsymbol{A}^*=\begin{pmatrix} A_{11} & A_{21} \\ A_{12} & A_{22} \end{pmatrix}=$

$\begin{pmatrix} 5 & -2 \\ -4 & 3 \end{pmatrix}$。**7. 解答** $\begin{pmatrix} 6 \\ -6 \end{pmatrix}$。因为 $AB = \begin{pmatrix} 1 & 2 & 1 \\ 3 & -3 & 0 \end{pmatrix}\begin{pmatrix} 0 \\ 2 \\ 2 \end{pmatrix} = \begin{pmatrix} 1\times0+2\times2+1\times2 \\ 3\times0+(-3)\times2+0\times2 \end{pmatrix} =$

$\begin{pmatrix} 6 \\ -6 \end{pmatrix}$。**8. 解答** $-10k^3$。因为 $|A| = \begin{vmatrix} 0 & 2 & -1 \\ 1 & 0 & 0 \\ 0 & 4 & 3 \end{vmatrix} = -\begin{vmatrix} 2 & -1 \\ 4 & 3 \end{vmatrix} = -10$，故 $|kA| =$

$k^3|A| = -10k^3$。**9. 解答** 由于有 $A = B$，则有 $\begin{cases} 2x-3y=0 \\ 2x+y=8 \end{cases}$，解之得 $\begin{cases} x=3 \\ y=2 \end{cases}$。

10. 解答 $AB - AC = \begin{pmatrix} 2 & -2 & 1 \\ 5 & 0 & 2 \end{pmatrix}\begin{pmatrix} 0 & 2 & 0 \\ 0 & -3 & 1 \\ 0 & 0 & 2 \end{pmatrix} - \begin{pmatrix} 2 & -2 & 1 \\ 5 & 0 & 2 \end{pmatrix}\begin{pmatrix} 1 & 0 & 0 \\ 0 & 3 & 0 \\ 0 & 0 & 2 \end{pmatrix} =$

$\begin{pmatrix} 0 & 10 & 0 \\ 0 & 10 & 4 \end{pmatrix} - \begin{pmatrix} 2 & -6 & 2 \\ 5 & 0 & 4 \end{pmatrix} = \begin{pmatrix} -2 & 16 & -2 \\ -5 & 10 & 0 \end{pmatrix}$。**11. 解答** $|A| = \begin{vmatrix} -1 & 2 & 3 \\ 0 & 3 & 4 \\ 0 & 0 & 5 \end{vmatrix} = -15$，

$|B| = \begin{vmatrix} 2 & -2 & 3 \\ 1 & 0 & 4 \\ -1 & 0 & 2 \end{vmatrix} = 2\begin{vmatrix} 1 & 4 \\ -1 & 2 \end{vmatrix} = 12$，故 $|2A| = 2^3|A| = 8\times(-15) = -120$，$|AB| =$

$|A||B| = -15\times12 = -180$。**12. 解答** $A = \begin{pmatrix} 0 & 2 & 4 & 1 \\ 3 & 2 & 7 & -3 \\ 2 & 4 & 10 & -3 \end{pmatrix} \xrightarrow{r_1 \leftrightarrow r_2}$

$\begin{pmatrix} 3 & 2 & 7 & -3 \\ 0 & 2 & 4 & 1 \\ 2 & 4 & 10 & -3 \end{pmatrix} \xrightarrow{r_1 - r_3} \begin{pmatrix} 1 & -2 & -3 & 0 \\ 0 & 2 & 4 & 1 \\ 2 & 4 & 10 & -3 \end{pmatrix} \xrightarrow{r_3 - 2r_1} \begin{pmatrix} 1 & -2 & -3 & 0 \\ 0 & 2 & 4 & 1 \\ 0 & 8 & 16 & -3 \end{pmatrix} \xrightarrow{r_3 - 4r_2}$

$\begin{pmatrix} 1 & -2 & -3 & 0 \\ 0 & 2 & 4 & 1 \\ 0 & 0 & 0 & -7 \end{pmatrix}$，故 $R(A) = 3$。**13. 解答** $|A| = \begin{vmatrix} 1 & 0 \\ 1 & 1 \end{vmatrix} = 1$，$A^* = \begin{pmatrix} 1 & 0 \\ -1 & 1 \end{pmatrix}$，

$A^{-1} = \frac{1}{|A|}A^* = \begin{pmatrix} 1 & 0 \\ -1 & 1 \end{pmatrix}$。

检测题 8-3 答案

1. 解答 选 B。**2. 解答** 选 B。因为 $\begin{pmatrix} x_1 \\ x_2 \\ x_3 \end{pmatrix} = \begin{pmatrix} 1 & 2 & -1 \\ 0 & 1 & -3 \\ 0 & 0 & 5 \end{pmatrix}^{-1}\begin{pmatrix} 5 \\ -1 \\ 10 \end{pmatrix} = \frac{1}{5}\begin{pmatrix} 5 & -10 & -5 \\ 0 & 5 & 3 \\ 0 & 0 & 1 \end{pmatrix}$

$\begin{pmatrix} 5 \\ -1 \\ 10 \end{pmatrix} = \frac{1}{5}\begin{pmatrix} -15 \\ 25 \\ 10 \end{pmatrix} = \begin{pmatrix} -3 \\ 5 \\ 2 \end{pmatrix}$。**3. 解答** $\overline{A} = \begin{pmatrix} 1 & -2 & -1 & -2 & 6 \\ 1 & 0 & -3 & -2 & 9 \\ 2 & 1 & 0 & -5 & -2 \end{pmatrix}$。**4. 解答** (1) $\begin{cases} x_1=4 \\ x_2=-5 \\ x_3=2 \end{cases}$。

(2) $\begin{cases} x_1 = -10 \\ x_2 = -10 - 2C_1 \\ x_3 = C_1 \\ x_4 = 3 \end{cases}$（其中 C_1 为任意常数）。 （3）$\begin{cases} x_1 = 1 + 2C_1 \\ x_2 = C_1 \\ x_3 = -5 - 2C_2 \\ x_4 = C_2 \end{cases}$（其中 C_1、C_2 为任意常

数）。 **5. 解答** 由 $\begin{pmatrix} 2 & 1 \\ 1 & 1 \end{pmatrix} X = \begin{pmatrix} 0 & -1 \\ 2 & 0 \end{pmatrix}$，得 $X = \begin{pmatrix} 2 & 1 \\ 1 & 1 \end{pmatrix}^{-1} \begin{pmatrix} 0 & -1 \\ 2 & 0 \end{pmatrix} = \begin{pmatrix} 1 & -1 \\ -1 & 2 \end{pmatrix} \begin{pmatrix} 0 & -1 \\ 2 & 0 \end{pmatrix} =$

$\begin{pmatrix} -2 & -1 \\ 4 & 1 \end{pmatrix}$。 **6. 解答** 由 $X \begin{pmatrix} 1 & 2 & 3 \\ 2 & 2 & 1 \\ 3 & 4 & 3 \end{pmatrix} = \begin{pmatrix} 2 & 0 & -1 \\ 2 & 1 & 2 \end{pmatrix}$ 得，$X = \begin{pmatrix} 2 & 0 & -1 \\ 2 & 1 & 2 \end{pmatrix} \begin{pmatrix} 1 & 2 & 3 \\ 2 & 2 & 1 \\ 3 & 4 & 3 \end{pmatrix}^{-1} =$

$\begin{pmatrix} 2 & 0 & -1 \\ 2 & 1 & 2 \end{pmatrix} \begin{vmatrix} 1 & 3 & -2 \\ -\dfrac{3}{2} & -3 & \dfrac{5}{2} \\ 1 & 1 & -1 \end{vmatrix} = \begin{pmatrix} 1 & 5 & -3 \\ \dfrac{5}{2} & 5 & -\dfrac{7}{2} \end{pmatrix}$。

7. 解答 由 $AX + I = A + X$ 得，$(A - I)X = A - I$，而 $A - I = \begin{pmatrix} 1 & 0 & 1 \\ 0 & 2 & 0 \\ 1 & 6 & 1 \end{pmatrix} -$

$\begin{pmatrix} 1 & 0 & 0 \\ 0 & 1 & 0 \\ 0 & 0 & 1 \end{pmatrix} = \begin{pmatrix} 0 & 0 & 1 \\ 0 & 1 & 0 \\ 1 & 6 & 0 \end{pmatrix}$，$|A - I| = \begin{vmatrix} 0 & 0 & 1 \\ 0 & 1 & 0 \\ 1 & 6 & 0 \end{vmatrix} = -1 \neq 0$，$\therefore A - I$ 可逆。$\therefore X = (A - I)^{-1}$

$(A - I) = I = \begin{pmatrix} 1 & 0 & 0 \\ 0 & 1 & 0 \\ 0 & 0 & 1 \end{pmatrix}$。 **8. 解答** $\overline{A} = \begin{pmatrix} 3 & -7 & -5 \\ 2 & 5 & 16 \end{pmatrix} \xrightarrow{r_1 - r_2} \begin{pmatrix} 1 & -12 & -21 \\ 2 & 5 & 16 \end{pmatrix} \xrightarrow{r_2 - 2r_1}$

$\begin{pmatrix} 1 & -12 & -21 \\ 0 & 29 & 58 \end{pmatrix} \xrightarrow{\frac{1}{29} r_2} \begin{pmatrix} 1 & -12 & -21 \\ 0 & 1 & 2 \end{pmatrix} \xrightarrow{r_1 + 12 r_2} \begin{pmatrix} 1 & 0 & 3 \\ 0 & 1 & 2 \end{pmatrix}$。$\therefore \begin{cases} x_1 = 3 \\ x_2 = 2 \end{cases}$。

9. 解答 $\overline{A} = \begin{pmatrix} 1 & -2 & 1 & 1 & 1 \\ 1 & -2 & 1 & -1 & -1 \\ 1 & -2 & 1 & -5 & -5 \end{pmatrix} \xrightarrow[r_3 - r_1]{r_2 - r_1} \begin{pmatrix} 1 & -2 & 1 & 1 & 1 \\ 0 & 0 & 0 & -2 & -2 \\ 0 & 0 & 0 & -6 & -6 \end{pmatrix} \xrightarrow{-\frac{1}{2} r_2}$

$\begin{pmatrix} 1 & -2 & 1 & 1 & 1 \\ 0 & 0 & 0 & 1 & 1 \\ 0 & 0 & 0 & -6 & -6 \end{pmatrix} \xrightarrow[r_3 + 6 r_2]{r_1 - r_2} \begin{pmatrix} 1 & -2 & 1 & 0 & 0 \\ 0 & 0 & 0 & 1 & 1 \\ 0 & 0 & 0 & 0 & 0 \end{pmatrix}$。$\therefore$ 线性方程组的解为 $\begin{cases} x_1 = 2C_1 - C_2 \\ x_2 = C_1 \\ x_3 = C_2 \\ x_4 = 1 \end{cases}$（其

中 C_1、C_2 为任意常数）。 **10. 解答** $\overline{A} = \begin{pmatrix} 1 & 1 & -1 & 0 \\ 2 & 1 & -2 & 0 \\ -1 & 0 & 1 & 0 \end{pmatrix} \xrightarrow[r_3 + r_1]{r_2 - 2r_1} \begin{pmatrix} 1 & 1 & -1 & 0 \\ 0 & -1 & 0 & 0 \\ 0 & 1 & 0 & 0 \end{pmatrix} \xrightarrow{r_2 \leftrightarrow r_3}$

$\begin{pmatrix} 1 & 1 & -1 & 0 \\ 0 & 1 & 0 & 0 \\ 0 & -1 & 0 & 0 \end{pmatrix} \xrightarrow[r_3 + r_2]{r_1 - r_2} \begin{pmatrix} 1 & 0 & -1 & 0 \\ 0 & 1 & 0 & 0 \\ 0 & 0 & 0 & 0 \end{pmatrix}$。 故线性方程组的解为 $\begin{cases} x_1 = C_1 \\ x_2 = 0 \\ x_3 = C_1 \end{cases}$（其中 C_1 为任意

常数）。 11. 解答 $\overline{A} = \begin{pmatrix} 2 & -1 & 1 & 1 \\ -1 & -2 & 1 & -1 \\ 1 & -3 & 2 & m \end{pmatrix} \xrightarrow{r_1 \leftrightarrow r_3} \begin{pmatrix} 1 & -3 & 2 & m \\ -1 & -2 & 1 & -1 \\ 2 & -1 & 1 & 1 \end{pmatrix} \xrightarrow[r_3 - 2r_1]{r_2 + r_1}$

$\begin{pmatrix} 1 & -3 & 2 & m \\ 0 & -5 & 3 & m-1 \\ 0 & 5 & -3 & 1-2m \end{pmatrix} \xrightarrow{-\frac{1}{5}r_2} \begin{pmatrix} 1 & -3 & 2 & m \\ 0 & 1 & -\frac{3}{5} & \frac{1-m}{5} \\ 0 & 5 & -3 & 1-2m \end{pmatrix} \xrightarrow[r_3 - 5r_2]{r_1 + 3r_2} \begin{pmatrix} 1 & 0 & \frac{1}{5} & \frac{3+2m}{5} \\ 0 & 1 & -\frac{3}{5} & \frac{1-m}{5} \\ 0 & 0 & 0 & -m \end{pmatrix}$。

当 $m=0$ 时，线性方程组有解，其解为 $\begin{cases} x_1 = \dfrac{3}{5} - \dfrac{1}{5}C \\ x_2 = \dfrac{1}{5} + \dfrac{3}{5}C \\ x_3 = C \end{cases}$（$C$ 为任意常数）。

自测题八答案

一、选择题

1. 解答 选 C。因为 $A_{23} = (-1)^{2+3}M_{23} = -1 \times (-6) = 6$。 2. 解答 选 D。 3. 解答 选 C。 4. 解答 选 D。 5. 解答 选 D。抓住对角矩阵的特点，即主对角线上的元素不全为零，其余的元素全为零。所以对角矩阵不一定是阶梯形矩阵。 6. 解答 选 A。抓住写伴随矩阵时，要把每一行的所有代数余子式对应写在每一列的位置上，构造成新的矩阵。

7. 解答 选 D。因为 $(2A)^{-1} = \begin{pmatrix} 1 & 2 \\ 3 & 4 \end{pmatrix}$，所以 $2A = \begin{pmatrix} 1 & 2 \\ 3 & 4 \end{pmatrix}^{-1}$，$A = \dfrac{1}{2}\begin{pmatrix} 1 & 2 \\ 3 & 4 \end{pmatrix}^{-1}$。

8. 解答 选 D。因为 $\begin{pmatrix} 3 & 0 & 0 \\ 0 & 2 & 0 \\ 0 & 0 & 2 \end{pmatrix}\begin{pmatrix} x_1 \\ x_2 \\ x_3 \end{pmatrix} = \begin{pmatrix} 3x_1 \\ 2x_2 \\ 2x_3 \end{pmatrix} = \begin{pmatrix} -15 \\ 6 \\ 0 \end{pmatrix}$，所以 $\begin{pmatrix} x_1 \\ x_2 \\ x_3 \end{pmatrix} = \begin{pmatrix} -5 \\ 3 \\ 0 \end{pmatrix}$，即 $\begin{cases} x_1 = -5 \\ x_2 = 3 \\ x_3 = 0 \end{cases}$。

二、填空题

9. 解答 2。 10. 解答 6。因为 $D = \begin{vmatrix} 0 & 0 & -1 \\ 0 & 2 & 7 \\ 3 & 5 & 1 \end{vmatrix} \xrightarrow{r_1 \leftrightarrow r_3} -\begin{vmatrix} 3 & 5 & 1 \\ 0 & 2 & 7 \\ 0 & 0 & -1 \end{vmatrix} = 6$。

11. 解答 $\begin{pmatrix} -3 & 3 & 0 \\ -6 & 0 & 9 \end{pmatrix}$。 12. 解答 $\begin{pmatrix} 1 & 0 & 0 & -3 \\ 0 & 1 & 0 & 7 \\ 0 & 0 & 1 & -4 \end{pmatrix}$。因为 $\begin{pmatrix} 1 & 2 & 2 & 3 \\ 0 & 2 & 3 & 2 \\ 0 & 3 & 5 & 1 \end{pmatrix} \xrightarrow{r_3 - r_2}$

$\begin{pmatrix} 1 & 2 & 2 & 3 \\ 0 & 2 & 3 & 2 \\ 0 & 1 & 2 & -1 \end{pmatrix} \xrightarrow{r_2 \leftrightarrow r_3} \begin{pmatrix} 1 & 2 & 2 & 3 \\ 0 & 1 & 2 & -1 \\ 0 & 2 & 3 & 2 \end{pmatrix} \xrightarrow[r_3 - 2r_2]{r_2 - 2r_2} \begin{pmatrix} 1 & 0 & -2 & 5 \\ 0 & 1 & 2 & -1 \\ 0 & 0 & -1 & 4 \end{pmatrix} \xrightarrow{-r_3} \begin{pmatrix} 1 & 0 & -2 & 5 \\ 0 & 1 & 2 & -1 \\ 0 & 0 & 1 & -4 \end{pmatrix}$

$\xrightarrow[r_2 - 2r_3]{r_1 + 2r_3} \begin{pmatrix} 1 & 0 & 0 & -3 \\ 0 & 1 & 0 & 7 \\ 0 & 0 & 1 & -4 \end{pmatrix}$。 13. 解答 2。因为 $x_2 = \dfrac{D_2}{D} = \dfrac{4}{2} = 2$。 14. 解答 $\begin{pmatrix} 3 & 4 \\ 1 & 2 \end{pmatrix}$。因为在

矩阵方程 $\begin{pmatrix} 0 & 1 \\ 1 & 0 \end{pmatrix}X = \begin{pmatrix} 1 & 2 \\ 3 & 4 \end{pmatrix}$ 的两边都左乘 $\begin{pmatrix} 0 & 1 \\ 1 & 0 \end{pmatrix}^{-1}$，得 $X = \begin{pmatrix} 0 & 1 \\ 1 & 0 \end{pmatrix}^{-1}\begin{pmatrix} 1 & 2 \\ 3 & 4 \end{pmatrix} = \dfrac{1}{-1}$

$$\begin{pmatrix} 0 & -1 \\ -1 & 0 \end{pmatrix}\begin{pmatrix} 1 & 2 \\ 3 & 4 \end{pmatrix}=\begin{pmatrix} 0 & 1 \\ 1 & 0 \end{pmatrix}\begin{pmatrix} 1 & 2 \\ 3 & 4 \end{pmatrix}=\begin{pmatrix} 3 & 4 \\ 1 & 2 \end{pmatrix}。$$

三、解答题

15. 解答 $\begin{vmatrix} 1 & 2 & 3 \\ 0 & 5 & 1 \\ -1 & 7 & 8 \end{vmatrix} \xrightarrow{r_3+r_1} \begin{vmatrix} 1 & 2 & 3 \\ 0 & 5 & 1 \\ 0 & 9 & 11 \end{vmatrix}=\begin{vmatrix} 5 & 1 \\ 9 & 11 \end{vmatrix}=46。$

16. 解答 $\begin{vmatrix} 3 & 1 & 3 & 2 \\ 0 & 2 & 1 & -1 \\ 0 & 0 & 4 & 3 \\ 3 & 4 & 5 & 6 \end{vmatrix} \xrightarrow{r_4-r_1} \begin{vmatrix} 3 & 1 & 3 & 2 \\ 0 & 2 & 1 & -1 \\ 0 & 0 & 4 & 3 \\ 0 & 3 & 2 & 4 \end{vmatrix}=3\begin{vmatrix} 2 & 1 & -1 \\ 0 & 4 & 3 \\ 3 & 2 & 4 \end{vmatrix} \xrightarrow[c_2+c_3]{c_1+2c_3}$

$3\begin{vmatrix} 0 & 0 & -1 \\ 6 & 7 & 3 \\ 11 & 6 & 4 \end{vmatrix}=3\times(-1)\begin{vmatrix} 6 & 7 \\ 11 & 6 \end{vmatrix}=123。$ 17. 解答 $\boldsymbol{AB}=\begin{pmatrix} 5 & 3 & 0 \\ -2 & 3 & -1 \end{pmatrix}\begin{pmatrix} 2 & 0 \\ -2 & 1 \\ 3 & 9 \end{pmatrix}=$

$\begin{pmatrix} 4 & 3 \\ -13 & -6 \end{pmatrix}。$ 18. 解答 $|\boldsymbol{A}|=\begin{vmatrix} 1 & 2 & 0 \\ 3 & 5 & 0 \\ -1 & 2 & 1 \end{vmatrix}=-1,\ \boldsymbol{A}^*=\begin{pmatrix} 5 & -2 & 0 \\ -3 & 1 & 0 \\ 11 & -4 & -1 \end{pmatrix},\ 故\ \boldsymbol{A}^{-1}=$

$\frac{1}{|\boldsymbol{A}|}\boldsymbol{A}^*=\frac{1}{-1}\begin{pmatrix} 5 & -2 & 0 \\ -3 & 1 & 0 \\ 11 & -4 & -1 \end{pmatrix}=\begin{pmatrix} -5 & 2 & 0 \\ 3 & -1 & 0 \\ -11 & 4 & 1 \end{pmatrix}。$ 19. 解答 $\overline{\boldsymbol{A}}=\begin{pmatrix} 1 & 2 & -1 & 6 \\ 2 & 5 & 8 & 3 \\ 4 & 9 & -7 & 28 \end{pmatrix} \xrightarrow[r_3-4r_1]{r_2-2r_1}$

$\begin{pmatrix} 1 & 2 & -1 & 6 \\ 0 & 1 & 10 & -9 \\ 0 & 1 & -3 & 4 \end{pmatrix} \xrightarrow[r_3-r_2]{r_1-2r_2} \begin{pmatrix} 1 & 0 & -21 & 24 \\ 0 & 1 & 10 & -9 \\ 0 & 0 & -13 & 13 \end{pmatrix} \xrightarrow{-\frac{1}{13}r_3} \begin{pmatrix} 1 & 0 & -21 & 24 \\ 0 & 1 & 10 & -9 \\ 0 & 0 & 1 & -1 \end{pmatrix} \xrightarrow[r_2-10r_3]{r_1+21r_3}$

$\begin{pmatrix} 1 & 0 & 0 & 3 \\ 0 & 1 & 0 & 1 \\ 0 & 0 & 1 & -1 \end{pmatrix}。\ 故 \begin{cases} x=3 \\ y=1 \\ z=-1 \end{cases}。$